Lineare Algebra für Wirtschaftswissenschaftler

Von
Universitätsprofessor
Dr. Walter Oberhofer

Vierte, durchgesehene Auflage

R. Oldenbourg Verlag München Wien

Die Deutsche Bibliothek – CIP-Einheitsaufnahme

Oberhofer, Walter:
Lineare Algebra für Wirtschaftswissenschaftler / von Walter Oberhofer. – 4., durchges. Aufl. – München ; Wien : Oldenbourg, 1993
ISBN 3-486-22647-9

Gesamtherstellung: Rieder, Schrobenhausen

ISBN 3-486-22647-9

Inhaltsverzeichnis

Vorwort (zur vierten Auflage)

Die Nachfrage nach der dritten Auflage war so stark, daß bereits eine vierte Auflage nach knapp einem Jahr erforderlich wird. Dadurch konnte ich mich darauf beschränken, den gesamten Text nochmals kritisch durchzusehen.

Vorwort (zur dritten Auflage)

Die Konzeption des Lehrbuches hat sich voll bewährt. Ich konnte mich daher in der dritten Auflage darauf beschränken, ein Kapitel über komplexe Zahlen zuzufügen.

Vorwort (zur ersten und zweiten Auflage)

Das vorliegende Buch ist aus einer einsemestrigen Vorlesung für Studenten der Wirtschaftswissenschaften hervorgegangen. Es ist gegliedert in drei Teile.

Der erste Teil umfaßt die Kapitel 1 bis 4 und der zweite die Kapitel 5 bis 7. In diesen beiden Teilen wird ein Grundkurs in Linearer Algebra angeboten, der für Studenten der Wirtschaftswissenschaften das nötige Rüstzeug der Linearen Algebra bereitstellt.

In den Kapiteln 1 bis 3 werden zuerst Vektoren und Matrizen und ihre Beziehungen eingeführt. Dabei erfolgt die Einführung nicht axiomatisch, sondern an konkreten Beispielen. Das Kapitel 4 vermittelt die **zentrale Problematik** der Linearen Algebra, nämlich die der linearen Gleichungssysteme. Zuerst wird der Gaußsche Algorithmus als Lösungsverfahren für lineare Gleichungssysteme dargestellt und daraus die zentralen Begriffe der linearen Abhängigkeit und des Ranges einer Matrix abgeleitet.

Zwar behandeln die Kapitel 5 bzw. 6 noch die wichtigen Begriffe der Inversen bzw. der Determinante. Diese beiden Begriffe bringen aber nichts wesentlich Neues, das über Kapitel 4 hinausgeht, sie gestatten aber Ergebnisse aus Kapitel 4 sehr knapp darzustellen und sind in der Anwendung sehr gebräuchlich.

In Kapitel 7 wird etwas analytische Geometrie betrieben. Diese Überlegungen dienen letztlich dazu, um analytische Beziehungen in der Ökonomie geometrisch zu veranschaulichen.

Der dritte Teil umfaßt die Kapitel 8 und 9. Dieser Teil ist weiterführender Natur. In Kapitel 8 werden die Anfangsgründe der Eigenwerttheorie behandelt, die vom Grad der Abstraktion den Umfang des Buches an mehreren Stellen sprengt. Dies kommt einmal darin zum Ausdruck, daß bei der Besprechung des Jacobi Verfahrens, des Satzes von Frobenius und der Jordanschen Normalform auf weiterführende Literatur verwiesen werden muß.

Zum anderen wäre für eine umfassende Darstellung der Eigenwerttheorie die Einführung der komplexen Zahlen nötig. Dies ist im Rahmen dieses Buches nicht möglich. Es wurde die folgende Vorgehensweise gewählt. Bei der Berechnung der Eigenwerte, wo zum ersten Male komplexe Zahlen auftreten, wird darauf hingewiesen. Die folgenden Überlegungen werden durchgeführt, so als ob alle Eigenwerte reell wären, sie sind aber so gehalten, daß sie genauso für komplexe gelten.

Trotz dieser Grenzen, die einer Darstellung der Eigenwerttheorie gesetzt sind, wird sie gebracht. Bei der Behandlung vieler Modelle der Ökonomie, ist man auf dieses Instrumentarium angewiesen.

Im Rahmen der Eigenwerttheorie werden speziell Matrizen einfacher Struktur, symmetrische und nichtnegative Matrizen betrachtet.

Im letzten Kapitel wird kurz auf die Theorie quadratischer Formen eingegangen, die insbesondere bei Maximierungsproblemen Verwendung finden.

In den einzelnen Kapiteln sind zur Veranschaulichung theoretischer Begriffe oft Beispiele eingestreut und am Ende eines jeden Kapitels werden zur Vertiefung des

Stoffes Übungen und Aufgaben gebracht, dabei sind mit * gekennzeichnete Aufgaben weiterführender Natur.

In den ersten beiden Kapiteln werden zum größten Teil nicht ökonomische Anwendungen gebracht, die aber zur Beübung des Stoffes besonders gut geeignet sind.

Die Lineare Algebra ist als mathematische Methode längst voll entwickelt und ausgereift, und es gibt viele gute mathematische Lehrbücher über Lineare Algebra.

Deswegen kann und soll der Zweck eines solchen Lehrbuches nur darin liegen, den Stoff der Linearen Algebra hinsichtlich seiner Anwendung allgemein und präzise darzustellen sowie praxisbezogen gut aufzubereiten.

Diese beiden Ziele, möglichst große Allgemeinheit und Praxisbezogenheit, ergeben im Rahmen eines bestimmten Stoffumfangs einen Zielkonflikt, der bei vielen Büchern dieser Art dadurch gelöst wird, daß ein Ziel besonders stark betont wird.

Als Beleg für diese Behauptung sei an die übliche Einführung der Vektoren erinnert. Die meisten Lehrbücher führen Vektoren als abstrakte mathematische Objekte ein, die mit gewissen mathematischen Eigenschaften versehen sind. Dies ist für die Mathematik eine übliche und auch sinnvolle Vorgehensweise. Der Anwender, der Vektoren ausschließlich in Form von Zahlentupeln verwendet, wird durch diese Einführung der Vektoren unnötig belastet. So wünschenswert es – von einem rein wissenschaftlichen Standpunkt aus betrachtet – wäre, daß ein Student beispielbeispielsweise auch einen abstrakten Vektorraum begreift, so illusorisch ist diese Vorstellung im Rahmen einer beschränkten Studienzeit, wie wohl auch die Erfahrung vieler Hochschullehrer zeigt.

Es ist das Hauptanliegen dieses vorliegenden Buches, die Lineare Algebra so allgemein und abstrakt darzustellen, wie dies die Anwendung in den Wirtschaftswissenschaften erfordert und dabei abstrakte Begriffe in Hinblick auf die Anwendung motiviert einzuführen.

An dieser Stelle möchte ich den Herren Dr. Johann Heil und Dr. Hans-Günther Seifert herzlich danken. Sie haben eine erste Fassung des Manuskripts durchgearbeitet und manche Verbesserung eingebracht.

Weiter möchte ich mich bei Frau Angelika Gerschitz bedanken. Sie hat die Druckvorlage nicht nur sehr sorgfältig, sondern auch unter großem Termindruck geschrieben.

Mein Dank gilt ferner dem Oldenbourg Verlag, vertreten durch Herrn Dipl. Volksw. Martin Weigert, für die gedeihliche Zusammenarbeit.

Walter Oberhofer

Einleitung

Die Anwendungen mathematischer Methoden und mathematischer Modelle haben in den Wirtschaftswissenschaften in den letzten zwei bis drei Jahrzehnten eine enorme Verbreitung gefunden.

Die praktischen Erfolge in den Wirtschaftswissenschaften – auf diese ist eine angewandte Wissenschaft wie die Wirtschaftswissenschaften letztlich angewiesen – sind aber durch diese Mathematisierung nicht in dem Maße eingetreten, wie sie von vielen erwartet worden sind.

Die Ursache dafür ist wohl darin zu suchen, daß die Mathematisierung zum Teil um ihrer selbst willen in einem akademisch wissenschaftlichen Rahmen betrieben wurde, wobei der Bezug zur Realität sehr oft verloren ging.

Trotzdem sind gewisse mathematische Methoden und Modelle für die Wirtschaftswissenschaften von großer Bedeutung. Wegen ihrer Komplexität kann man ökonomische Erscheinungen nur vereinfacht darstellen, wobei es darauf ankommt, in der Vereinfachung das Wesentliche zu erfassen und das Unwesentliche zu eliminieren. Das läuft darauf hinaus, die Realität in **Modellen** zu erfassen. Nun hat es sich gezeigt, daß solche Modelle in einer mathematisch-logischen Form präziser, übersichtlicher und einfacher sind, als z. B. in einer verbal-logischen Form. Darüberhinaus kann man auf der Ebene des mathematischen Modells viel leichter Widersprüche entdecken und Folgerungen ableiten.

Unter den mathematischen Methoden, die in den Wirtschaftswissenschaften – und nicht nur dort – ein breites Anwendungsspektrum besitzen, ist neben der Analysis vor allem die Lineare Algebra zu nennen.

Dieser Tatbestand kommt auch darin zum Ausdruck, daß es heute für einen Studenten der Wirtschaftswissenschaften praktisch zur Pflicht gemacht wird, im Laufe seines Studiums eine Vorlesung über Lineare Algebra zu hören.

Teil I

Grundkurs 1

Kapitel 1: Einführende Bemerkungen zum Meßproblem

In der reinen Mathematik sind abstrakte Größen und ihre Beziehungen zueinander Gegenstand der Überlegungen; für diese Größen werden Annahmen gesetzt (Axiome) und dann mit Hilfe der Regeln der Logik daraus neue Beziehungen hergeleitet (Sätze). In den empirischen Wissenschaften, die sich mathematischer Modelle bedienen, werden realen Größen mathematische Größen zugeordnet und realen Beziehungen mathematische Beziehungen (mathematisches Modell). Die dann resultierenden Sätze werden auf die Realität übertragen. Dieser Rückschluß vom mathematischen Modell auf die Realität ist aber nur dann sinnvoll, wenn den realen Größen in „adäquater Weise" mathematische Größen zugeordnet werden können (Meßproblem), und wenn auch die realen Beziehungen in „adäquater Weise" in mathematische Beziehungen umgesetzt werden können.

Man kann oft feststellen, daß in den Sozial- und Wirtschaftswissenschaften diesen beiden Problemen bei der Anwendung mathematischer Modelle viel zu wenig Beachtung geschenkt wird.

Dies gilt auch für mathematische Modelle, die im Rahmen der **Linearen Algebra** entwickelt werden. Daher werden wir im folgenden zuerst etwas näher auf die Meßproblematik eingehen.

Beim Meßvorgang liegt der folgenden Sachverhalt vor: Objekte sind Träger eines **Merkmals**, und dieses Merkmal besitzt verschiedene **Ausprägungen**, welche zu messen sind. Eine **Skala** ist eine Vorschrift, die jeder Ausprägung einen Wert, meistens eine reelle Zahl, zuordnet, den sogenannten **Meßwert** oder die **Meßgröße**.

Zum Beispiel nehmen wir als Objekte physikalische Körper mit dem Merkmal Wärme. Die Wärmeausprägungen werden gemessen durch eine Temperaturskala in Graden. Ein Meßwert ist dann eine Anzahl von Graden, also eine reelle Zahl.

Die denkbar einfachste Art des Messens ergibt sich aber, wenn verschiedene Objekte durch eine Bezeichnung unterschieden werden sollen. Das Merkmal ist in diesem Falle die Identität der Objekte. Dieses Merkmal wird oft „gemessen" durch eine Buchstabenkombination, und eine Meßgröße heißt auch **Name**. Da sich Zahlen besonders gut verarbeiten lassen, wird das Merkmal Identität auch durch eine reelle Zahl gemessen. Es sei in diesem Zusammenhang auf die Einführung von Personenkennziffern verwiesen. Die Zuordnungsvorschrift heißt **Nominalskala**, da es nur um eine Benennung geht.

Die nächst einfachere Art des Messens ergibt sich, wenn Objekte hinsichtlich eines Merkmals in eine Rangfolge gebracht werden sollen. Die Merkmalsausprägungen geben dabei die relative „Größe" innerhalb einer Gruppe von Objekten an. Zum Beispiel nehmen wir als Objekte die Firmen in der BRD mit dem Merkmal Umsatz in einem bestimmten Jahr. Der Rang 1 wird dann an die umsatzstärkste Firma, der Rang 2 an die nächst umsatzstärkere Firma verliehen usw.

Dabei sind die Meßwerte also die Ränge nicht nur numerische Namen, sondern sie bringen auch eine **ordinale** Struktur zum Ausdruck. Die Zuordnungsvorschrift heißt daher **Ordinalskala**. Die in der Realität vorhandene ordinale Struktur „umsatzstärker“ wird im Bereich der reellen Zahlen durch die ordinale Struktur „kleiner“ wiedergegeben.

Wir wollen nun auf die gebräuchlichste Art des Messens eingehen. Diese werden wir an einem konkreten Beispiel erläutern. Als Objekte nehmen wir Konsumenten und als Merkmal den Konsum eines bestimmten Gutes G in einer Periode. Die Ausprägungen des Merkmals sind bestimmte Mengen des Guten G.

Die Ausprägungen besitzen natürlich eine ordinale Struktur, d. h. wir können sie hinsichtlich ihrer Größe vergleichen. So ist z. B. die Konsummenge von zwei Laib Brot „größer“ als die von einem Laib. Darüber hinaus aber haben diese Ausprägungen noch eine **additive** Struktur, d. h. wir können Mengen addieren: ein Laib Brot und zwei Laib Brot ergeben drei Laib Brot.

Man überlegt sich leicht, daß es beim ordinalen Messen, wo die Ausprägungen Ränge sind, keinen Sinn gibt, Ränge zu addieren.

Diese additive Struktur legt es nahe, eine **Dimension**, d. h. eine Einheit zu wählen und alle Ausprägungen als Vielfaches dieser Einheit anzugeben. In unserem Beispiel ist die Einheit ein Laib.

Durch diese Vorschrift, d. h. Skala, wird jeder Ausprägung das entsprechende Vielfache der Einheit, d. h. eine reelle Zahl zugeordnet.

Es ist klar, daß die reellen Zahlen auch eine additive Struktur haben mit der Eins als Einheit. Ordnen wir also einem Laib Brot die Zahl 1 zu, zwei Laib Brot die Zahl 2 usw., so wird die additive Struktur der Ausprägungen gerade in die analoge additive Struktur der reellen Zahlen umgesetzt. So sind z. B. drei Laib Brot dreimal soviel wie ein Laib Brot, und die Zahl 3 ist dreimal so groß wie die Zahl 1. Wir sprechen dabei von einer **Intervall**- und **Verhältnisskala**.

Wie wir gesehen haben, können wir also die reellen Zahlen verwenden zur Messung der Ausprägungen eines Merkmals, wobei die Ausprägungen nur nominale Struktur haben, oder zusätzlich eine ordinale oder zusätzlich eine additive.

Im folgenden werden wir von den reellen Zahlen ausgehen, deren Menge wir mit $\mathbb{R}$ bezeichnen. Dabei sind die vorkommenden reellen Zahlen potentielle Meßwerte, die bei der Messung von Merkmalsausprägungen auftreten können. Die Meßwerte bezeichnen wir auch als **eindimensionales Meßergebnis.**

In unseren Überlegungen verwenden wir dabei immer die **gesamte** Struktur der reellen Zahlen, also nicht nur die nominale sondern auch die ordinale und additive. Der Anwender muß aber in jedem konkreten Falle nachprüfen, ob die Struktur der rellen Zahlen – insbesondere die additive Struktur – in den Merkmalsausprägungen ihr empirisches Analogon hat.

Falls wir mit den Zahlen nur Ränge messen würden, hätte eine Addition keinen empirischen Gehalt und damit wäre auch eine lineare Theorie, wie sie in der Linearen Algebra betrieben wird, sinnlos.

Wir gehen noch kurz auf die geometrische Veranschaulichung der reellen Zahlen ein. Dabei werden den reellen Zahlen Punkte auf einer gerichteten Geraden zugeordnet, wobei die gesamte Struktur der reellen Zahlen ein geometrisches Analogon hat.

Da es auf einer Geraden keinen natürlichen Nullpunkt gibt, legen wir diesen beliebig fest. Dieser soll der Zahl Null zugeordnet werden. Dann dimensionieren wir die Skala durch Festlegung der Einheit, d. h. wir legen fest, ob wir in Zentimeter, Meter o. ä. messen. Die Zahl 1 wird dann dem Punkt zugeordnet, der (in positiver Richtung) eine Einheit vom Nullpunkt entfernt ist. Damit ist die Skale eindeutig festgelegt. Da z. B. die Zahl 2 doppelt so groß ist wie die Zahl 1, ordnen wir ihr den Endpunkt der Strecke zu, die doppelt so groß ist wie die Strecke vom Nullpunkt bis zur Einheit. In analoger Weise ergeben sich die Punkte, die $\frac{1}{3}$, $\frac{2}{3}$, $\sqrt{2}$ usw., entsprechen. Siehe Abbildung 1. Negative Zahlen werden dabei vom Nullpunkt ausgehend in negativer Richtung der Geraden aufgetragen. So entspricht der Zahl − 1 der Punkt, der in Gegenrichtung der Geraden gleichweit vom Nullpunkt wegliegt, wie der Punkt, der + 1 entspricht.

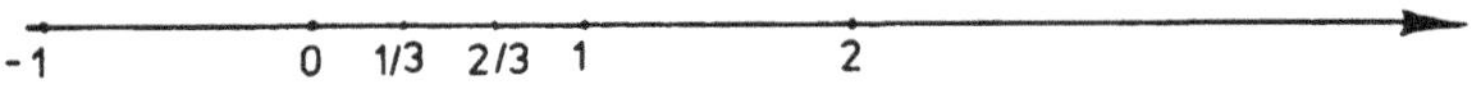

Abb. 1

Damit ist jeder reellen Zahl auf der Geraden, die auch als **Zahlengerade** bezeichnet wird, ein Punkt zugeordnet. Oft werden die Zahlen aber auch durch gerichtete Strecken (Pfeile) auf der Zahlengeraden veranschaulicht. Sei also Z eine reelle Zahl und P der entsprechende Punkt auf der Zahlengeraden, so wird Z nach dieser Vorgehensweise der Pfeil OP zugeordnet, der im Nullpunkt ansetzt und die Spitze in P hat. Nach dieser Interpretation bedeutet die Addition von zwei reellen Zahlen das „Addieren" der entsprechenden Pfeile. Wenn also Z_1 der Pfeil OP_1 entspricht, Z_2 der Pfeil OP_2 und $Z_1 + Z_2$ der Pfeil OP_3, so entsteht OP_3 dadurch, daß wir an dem Pfeil OP_1 den Pfeil OP_2 anfügen und den Gesamtpfeil betrachten.

Es sei schließlich noch darauf hingewiesen, daß wir prinzipielle bzw. durch Grobheit von Instrumenten bedingte Meßungenauigkeiten nicht berücksichtigen werden, sondern immer davon ausgehen, daß eakt gemessen werden kann.

Kapitel 2: Vektoren

Vektoren werden in Lehrbüchern üblicherweise als mathematische Objekte eingeführt, die mit gewissen Eigenschaften versehen und zwischen denen gewisse Operationen, wie z. B. eine Addition oder Multiplikation, möglich sind.

Im folgenden wird nicht diese axiomatische Vorgehensweise gewählt, sondern es wird versucht an empirischen Sachverhalten aufzuzeigen, warum und wie man dazu kommt, gerade solche mathematischen Objekte mit den entsprechenden Operationen und Eigenschaften zu betrachten.

2.1. Grundbegriffe und Operationen

Im Kapitel 1 hatten wir Objekte betrachtet, die Träger eines Merkmals sind. Dieses Merkmal werde in einer bestimmten Dimension gemessen und zwar durch die Angabe einer reellen Zahl. Im täglichen Leben haben wir es meistens nur mit solchen Objekten zu tun, z. B. bei der Zeit-, Temperatur- und Längenmessung. Bei der Temperaturmessung geht es z. B. darum, daß physikalische Körper (Objekte) hinsichtlich ihrer Wärme (Merkmal) untersucht werden. Das Merkmal hat dann Ausprägungen, die wir mit einem Thermometer messen können. Dadurch erhalten wir als Meßergebnis eine bestimmte Anzahl von Graden. Es gibt aber auch kompliziertere Sachverhalte. Wir betrachten dazu das Beispiel der Konsummessung: Gegeben seien die Objekte Haushalte mit dem Merkmal Konsum in einer festen Periode. Dabei gebe es nur endlich viele verschiedene Konsumgüter: $G_1, G_2, \ldots, G_m$. Der Verbrauch eines jeden Konsumgutes sei im obigen Sinne meßbar, und die Dimension von Gut G_i sei d_i (z. B. Liter, Kilogramm u. ä.). Konsumiert also der Haushalt in der betreffenden Periode vom Gut G_i insgesamt a_i Einheiten (gemessen in der Dimension d_i), so wird die Höhe des Konsums charakterisiert durch die m Zahlen $a_1, a_2, \ldots, a_m$ mit der zusätzlichen Angabe, daß die i-te Zahl die Menge des i-ten Gutes in der Dimension d_i mißt. Da wir mit dem Meßergebnis **einen** ganz bestimmten Sachverhalt erfassen wollen, soll das Meßergebnis selbst auch **ein** mathematisches Objekt darstellen.

Daher schreiben wir die m Zahlen in Klammern und durch Kommata getrennt: $(a_1, a_2, \ldots, a_m)$.

Wir sprechen von einem **m-dimensionalen** Meßergebnis. Für $m = 1$ lassen wir oft auch die Klammern weg, und wir erhalten in diesem Falle eine reelle Zahl, d. h. ein eindimensionales Meßergebnis oder ein **Skalar**.

Für $m = 2$ sprechen wir auch von einem **Zahlenpaar**, für $m = 3$ von einem **Zahlentripel** und allgemein von einem **m-Tupel** von reellen Zahlen. Diese Überlegungen geben Anlaß zu der folgenden

Definition 1:

In Klammern stehende m-Tupel von reellen Zahlen bezeichnen wir als **m-komponentige** oder **m-dimensionale Vektoren**.

Für Vektoren verwenden wir im folgenden Kleinbuchstaben, die fett gedruckt sind: $\mathbf{a} = (a_1, a_2, \ldots, a_m)$.

a_i heißt die **i-te Komponente** von **a**. Die Menge der m-komponentigen Vektoren wird mit $\mathbb{R}^m$ bezeichnet, wobei $\mathbb{R}^1$ gleich ist $\mathbb{R}$ der Menge der reellen Zahlen.

△

Bemerkungen zu Definition 1:

Vektoren sind in der Anwendung immer Meßergebnisse, wobei die i-te Komponente ein eindimensionales Meßergebnis ist. Bei der konkreten Interpretation eines Vektors muß dann angegeben werden, welche Größe durch die i-te Komponente gemessen wird. In der Anwendung geschieht dies oft durch eine Liste. Diese Liste sähe in unserem Beispiel folgendermaßen aus:

G_1	G_2	...	G_m
a_1	a_2	...	a_m

Werden die Vektoren als mathematische Objekte betrachtet, so wird von dieser Festlegung abstrahiert. Entscheidend ist nur, daß klar zum Ausdruck kommt, welches die i-te Komponente ist. Insofern könnten wir Vektoren anstatt waagerecht auch senkrecht schreiben

$$\mathbf{a} = \begin{pmatrix} a_1 \\ a_2 \\ \vdots \\ a_m \end{pmatrix}$$

oder in irgendeiner anderen Form, die nur die Stellung der Komponenten eindeutig wiedergibt.

Dazu nun drei Beispiele. Die Lage (Merkmal) eines physikalischen Körpers (Objekt) wird in der Physik angegeben (gemessen) durch drei Ortskoordinaten. Das Meßergebnis ist also ein Vektor $\in \mathbb{R}^3$.

Die Uhrzeit wird gemessen durch die Angabe von Stunden, Minuten und Sekunden also durch ein Tripel, d. h. durch einen Vektor $\in \mathbb{R}^3$.

Der Zustand des Wetters an einem Punkt der Erde wird oft angegeben durch die Temperatur und den Luftdruck, also durch einen Vektor $\in \mathbb{R}^2$.

Nun haben wir ausgehend von realen Sachverhalten mathematische Objekte nämlich Vektoren eingeführt. Zwischen diesen realen Sachverhalten bestehen dann noch Beziehungen, die wir in mathematische Beziehungen umsetzen wollen.

Die denkbar einfachsten Beziehungen sind die Gleichheit bzw. Ungleichheit zwischen zwei Objekten. Am Beispiel der Konsummessung wollen wir uns die Gleichheit klar machen. Zwei Haushalte konsumieren gleich viel, wenn beide Haushalte von jedem Gut G_i die gleiche Menge konsumieren. Diese Überlegung gibt Anlaß zu der folgenden

Definition 2:

Ein Vektor $\mathbf{a} \in \mathbb{R}^m$ ist **gleich** einem Vektor **b** genau dann, wenn **a** und **b** gleich viel Komponenten haben, und wenn alle entsprechenden Komponenten gleich sind:

$$a_i = b_i \quad \text{für} \quad 1 \leqq i \leqq m\,.$$

Dafür schreiben wir symbolisch: $\mathbf{a} = \mathbf{b}$.

Falls zwei Vektoren nicht gleich sind, so sind sie **ungleich**: $\mathbf{a} \neq \mathbf{b}$.

△

Bemerkung zu Definition 2:

Damit Definition 2 in der praktischen Anwendung sinnvoll ist, muß vorausgesetzt werden, daß Vektoren, die miteinander verglichen werden, Meßergebnisse desselben Sachverhalts und in konsistenter Weise geschrieben sind. Dazu ein einfaches Beispiel:

$\mathbf{a} = (1,2)$ und $\mathbf{b} = (1,2)$ sind zwar mathematisch gleich, wenn aber in **a** die erste

Komponente etwas anderes mißt als die erste Komponente in **b**, so kann sachlogisch ein Vergleich gar nicht durchgeführt werden. Dieses Problem muß in der konkreten Anwendung immer beachtet werden. Da wir uns aber im folgenden außer in Beispielen nicht mit der Anwendung der Linearen Algebra sondern mit der Linearen Algebra als mathematischer Methode befassen, weisen wir auf diesen Umstand nicht immer hin, sondern setzen voraus, daß in der konkreten Anwendung eine konsistente Festlegung erfolgt.

Nachdem wir die Gleichheit von Vektoren besprochen haben, gehen wir zu anderen Beziehungen über.

In unserem Beispiel der Konsummessung ist die folgende Aussage über die Beziehung zwischen dem Konsum von Haushalt 1 gemessen durch **a** und von Haushalt 2 gemessen durch **b** sinnvoll:

Haushalt 1 konsumiert 3mal so viel wie Haushalt 2, wenn Haushalt 1 von jedem Gut die dreifache Menge konsumiert, d. h. $a_i = 3b_i$ für $1 \leqq i \leqq m$.

Dabei nutzen wir die Tatsache, daß a_i und b_i reelle Zahlen sind, also ein Vielfaches wohldefiniert ist. Dies gibt Anlaß zu der folgenden

Definition 3:

Ein Vektor $\mathbf{a} \in \mathbb{R}^m$ ist das α-fache von **b**, wenn **a** und **b** gleichviel Komponenten haben, $\alpha \in \mathbb{R}$ und $a_i = \alpha b_i$ für $1 \leqq i \leqq m$. Symbolisch schreiben wir dafür: $\mathbf{a} = \alpha\mathbf{b}$ oder $\mathbf{a} = \mathbf{b}\alpha$. Die Operation $\alpha\mathbf{b}$ bezeichnen wir als Multiplikation des Vektors **b** mit dem Skalar α, kurz als **Skalarmultiplikation**.

△

Für die Skalarmultiplikation ergibt sich definitionsgemäß direkt:

(1) $1\mathbf{a} = \mathbf{a}$

und

(2) $0\mathbf{a} = (0,0,\ldots,0) = \mathbf{0}$,

wobei $\mathbf{0}$ als **Nullvektor** bezeichnet wird. In unserem Beispiel wird mit $\mathbf{0}$ der Sachverhalt gemessen, daß von keinem Gut etwas konsumiert wird.

Weiter ergibt sich die Rechenregel

(3) $\alpha(\beta\mathbf{a}) = (\alpha\beta)\mathbf{a}$

Diese Regel besagt: Multiplizieren wir den Vektor **a** mit dem Skalar β und den so entstandenen Vektor mit dem Skalar α, so ist das Ergebnis gleich dem Vektor **a** multipliziert mit dem Skalar $\alpha\beta$.

In der Sprechweise unseres Beispiels ergibt sich:

Konsumiert Haushalt 2 das β-fache von Haushalt 1, und Haushalt 3 das α-fache von Haushalt 2, so konsumiert Haushalt 3 das $\alpha\beta$-fache von Haushalt 1.

In unserem Beispiel der Konsummessung kann man weiter durch Aggregation Einheiten bilden und dann deren Konsum messen. Angenommen, wir bilden aus Haushalt H_1 mit dem Konsumvektor **a** und aus Haushalt H_2 mit dem Konsumvektor **b** eine Einheit H mit dem Konsumvektor **c**. Dann konsumiert H von Gut G_i gerade die Summe dessen, was Haushalt H_1 und Haushalt H_2 konsumieren: $c_i = a_i + b_i$ für $1 \leqq i \leqq m$.
Dies führt zur folgenden

Definition 4:

Ein Vektor $\mathbf{c} \in \mathbb{R}^m$ ist die **Summe** von **a** und **b**, wenn **a**, **b** und **c** gleichviel Komponenten haben und wenn gilt

$$c_i = a_i + b_i \quad \text{für} \quad 1 \leqq i \leqq m.$$

Symbolisch schreiben wir dafür: $\mathbf{c} = \mathbf{a} + \mathbf{b}$.

△

Aus dieser Definition ergeben sich direkt die folgenden Rechenregeln:

(4) $\mathbf{a} + \mathbf{b} = \mathbf{b} + \mathbf{a}$

(5) $\mathbf{a} + \mathbf{0} = \mathbf{a}$

(6) $\alpha(\mathbf{a} + \mathbf{b}) = \alpha\mathbf{a} + \alpha\mathbf{b}$

(7) $(\alpha + \beta)\mathbf{a} = \alpha\mathbf{a} + \beta\mathbf{a}$

Rechenregel (4) besagt in unserem Beispiel, daß die Reihenfolge der Haushalte bei der Aggregation keine Rolle spielt. Rechenregel (5) besagt, daß durch Aggregation eines Haushalts, dessen Konsumvektor **a** ist, mit einem Haushalt, der nichts konsumiert, ein Haushalt H entsteht mit dem Konsumvektor **a**. Analog kann man Rechenregel (6) und (7) interpretieren. Siehe dazu Übung 2.
Entsprechend zur Summe können wir auch eine Differenz einführen. Wieder wollen wir uns dies an unserem Beispiel klar machen. Ein Haushalt H mit dem Konsumvektor **a** werde in zwei Teile geteilt, wodurch zwei Resthaushalte H_1 mit dem Konsumvektor **b** und H_2 mit dem Konsumvektor **c** entstehen. Dann ergibt sich, daß H_2 vom Gut G_i gerade die Differenz von der Konsummenge von H und H_1 konsumiert, d. h.

$$c_i = a_i - b_i \quad \text{für} \quad 1 \leqq i \leqq m.$$

Dies führt zu der

Definition 5:

Ein Vektor $\mathbf{c} \in \mathbb{R}^m$ ist die **Differenz** von **a** und **b**, wenn **a**, **b** und **c** gleichviel Komponenten haben und wenn gilt

$$c_i = a_i - b_i \quad \text{für} \quad 1 \leqq i \leqq m.$$

Symbolisch schreiben wir dafür: $\mathbf{c} = \mathbf{a} - \mathbf{b}$.

△

Die Differenz $\mathbf{a} - \mathbf{b}$ ergibt sich auch aus der Summe und der Skalarmultiplikation in folgender Weise:

$$\mathbf{a} - \mathbf{b} = \mathbf{a} + (-1)\mathbf{b}$$

In unserem Beispiel haben wir die Summe von zwei Vektoren zurückgeführt auf die Aggregation von zwei Haushalten. Entsprechend können wir die Summe von drei Vektoren auf die Aggregation von drei Haushalten zurückführen.

Dies legt die folgende Definition nahe.

Definition 6:

Ein Vektor $\mathbf{d} \in \mathbb{R}^m$ ist die **Summe** von **a**, **b** und **c**, wenn **a**, **b**, **c** und **d** gleichviel Komponenten haben und wenn gilt

$$d_i = a_i + b_i + c_i \quad \text{für} \quad 1 \leqq i \leqq m$$

Symbolisch schreiben wir dafür: $\mathbf{d} = \mathbf{a} + \mathbf{b} + \mathbf{c}$.

△

Die Summe von drei Vektoren kann man formal auch zurückführen auf die zweimalige Summation von zwei Vektoren, und es ergibt sich die Rechenregel:

(8) $\quad \mathbf{a} + \mathbf{b} + \mathbf{c} = \mathbf{a} + (\mathbf{b} + \mathbf{c}) = (\mathbf{a} + \mathbf{b}) + \mathbf{c}$

In (8) wird jeweils die Addition in der Klammer zuerst ausgeführt. Siehe dazu Übung 3.

Entsprechend kann man die Summe von 4 und mehr Vektoren definieren und analoge Rechenregeln ableiten. Solche Überlegungen können vermöge (8) immer zurückgeführt werden auf bereits definierte Beziehungen. Deswegen gehen wir nicht näher darauf ein.

Wir fassen die bisherigen Überlegungen zusammen. Es wurden Vektoren eingeführt. Dann wurden zwischen Vektoren mit gleich viel Komponenten Beziehungen eingeführt: die Gleichheit, die Summe und die Differenz. Ferner wurde das Vielfache eines Vektors definiert.

Betrachten wir speziell eindimensionale Vektoren, so erhalten wir die reellen Zahlen mit der üblichen Gleichheit, Addition und Multiplikation. Siehe Übung 4.

Es ist nun bemerkenswert, daß die so definierten Vektoren bezüglich der Addition (von Vektoren) und der Skalarmultiplikation dieselbe „Struktur" haben wie die reellen Zahlen bezüglich der Addition (von reellen Zahlen) und der Multiplikation mit einer reellen Zahl. Dies ergibt sich daraus, daß die Rechenregeln (1)–(8) für die Vektoren die wesentlichen Eigenschaften der Addition im Bereich der reellen Zahlen, sowie der Multiplikation mit einer reellen Zahl, wiedergeben.

Wir können also Vektoren bezüglich der Vektoraddition und Skalarmultiplikation genauso transformieren wie reelle Zahlen mit Hilfe der Addition und Multiplikation mit einer reellen Zahl.

Daraus ergibt sich die wichtige Konsequenz, daß wir lineare Gleichungen in Vektoren genauso lösen können wie in reellen Zahlen.

Dazu einige Beispiele:

Aus $\mathbf{a} + \mathbf{x} = \mathbf{b}$ folgt also

$$\mathbf{x} = \mathbf{b} - \mathbf{a}.$$

Aus $\mathbf{a} + 5\mathbf{x} = \mathbf{b}$ folgt

$$5\mathbf{x} = \mathbf{b} - \mathbf{a} \quad \text{und weiter} \quad \mathbf{x} = \tfrac{1}{5}(\mathbf{b} - \mathbf{a}).$$

2.2. Geometrische Darstellung von Vektoren

Wir haben im Kapitel 1 gesehen, daß die reellen Zahlen auf der Zahlengeraden in eindeutiger Weise dargestellt werden können. Diese Darstellung dient nur der geometrischen Veranschaulichung von reellen Zahlen.

Eine solche geometrische Darstellung gestattet aber oft komplexe analytische Sachverhalte sehr einfach zu erfassen.

Für Vektoren wollen wir eine analoge geometrische Veranschaulichung finden.

Im folgenden betrachten wir zuerst den besonders anschaulichen Fall $m = 2$, dann den geometrisch noch vorstellbaren Fall $m = 3$ und schließlich den Fall $m > 3$.

Vorher bringen wir noch eine Überlegung, die schon etwas aussagt über die geometrische Struktur des $\mathbb{R}^m$.

Es ist klar, daß man ausgehend von einer beliebigen reellen Zahl $a \neq 0$, alle reellen Zahlen als das Vielfache von a erhalten kann. Daher kann man die reellen Zahlen geometrisch auf einer Geraden darstellen. Dies gilt für die Vektoren allgemein nicht. Als Beispiel nehmen wir den $\mathbb{R}^2$. Man überlegt sich leicht, daß z. B. der Vektor (2,1) nicht als Vielfaches des Vektors (1,1) dargestellt werden kann. Interpretieren wir – ausgehend von einem Vektor – die Vielfachen als Ausdehnung in eine Richtung, so gibt es im $\mathbb{R}^2$ offensichtlich nicht nur eine Richtung (Dimension).

Der Fall m = 2

Es ist naheliegend einen Vektor $\mathbf{a} = (a_1, a_2)$ dadurch zu veranschaulichen, daß jede der beiden Komponenten auf einer Zahlengeraden abgetragen wird. Siehe Abbildung 2.

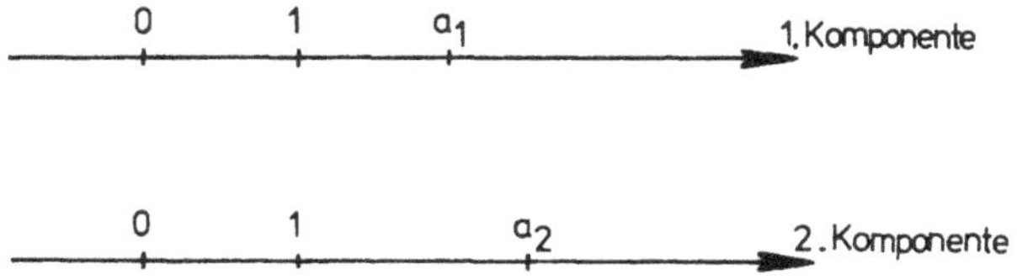

Abb. 2

Diese Darstellung hat aber den Nachteil, daß einem Vektor nicht **ein** geometrisches Objekt entspricht.

Wir greifen daher auf eine Darstellung zurück, die zur Ortsbestimmung in einer Ebene oft verwendet wird.

Man geht von einem festen Punkt, dem sogenannten Nullpunkt, aus. Siehe Abbildung 3. Durch den Nullpunkt werden zwei nichtparallele Geraden G_1 und G_2, die mit einer Richtung versehen sind, gezogen. Durch einen beliebigen Punkt S in der Ebene wird eine Parallele zu G_1 und eine zu G_2 gezogen. Damit ergeben sich auf G_1 und G_2 zwei Strecken – vom Nullpunkt bis zum jeweiligen Schnittpunkt – der Länge a_1 bzw. a_2. Mit dieser Vorschrift ergibt sich also ein Zahlenpaar (a_1, a_2). Umgekehrt gehen wir von einem Vektor (a_1, a_2) aus, tragen auf G_1 bzw. G_2 – ausgehend vom Nullpunkt – die Strecken der Länge a_1 bzw. a_2 ab. Diese Strecken fassen wir auf als Seiten eines Parallelogramms und konstruieren das dadurch eindeutig festgelegte Parallelogramm. Damit ergibt sich eine äußere Ecke S (Parallelprojektion). Siehe Abbildung 3.

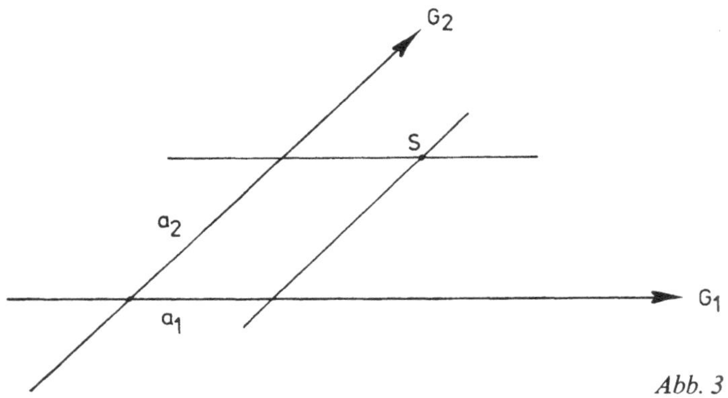

Abb. 3

Auf diese Weise wird jedem Vektor **a**, d. h. jedem Element des $\mathbb{R}^2$, ein Punkt S in der Ebene zugeordnet, und andererseits tritt jeder Punkt der Ebene als Schnittpunkt einer Parallelprojektion auf, ausgehend von einem geeigneten Vektor (a_1, a_2), d. h. es resultiert eine **eineindeutige** Zuordnung von Vektoren des $\mathbb{R}^2$ und Punkten der Ebene.

Diese Vorgehensweise wird praktisch dazu verwendet, um die Lage eines Punktes in der Ebene festzulegen, z. B. bei der Verlegung von Wasseranschlüssen in der Erde. Wir verwenden diese Zuordnungsvorschrift um Vektoren des $\mathbb{R}^2$ geometrisch als Punkte zu veranschaulichen.

Die geometrische Darstellung ist eindeutig, wenn der Nullpunkt, der Winkel zwischen den Zahlengeraden und die Skalierung auf den beiden Zahlengeraden festgelegt sind. Falls der Winkel zwischen den Zahlengeraden ein rechter ist, so spricht man von **rechtwinkliger** anderenfalls von **schiefwinkliger** Darstellung.

Im folgenden werden wir nur die rechtwinklige Darstellung verwenden. Die beiden Zahlengeraden werden als **Koordinatenachsen** bezeichnet. Es ist üblich, das **Koordinatenkreuz**, d. h. die beiden Koordinatenachsen, so zu legen, daß die eine in der Zeichenebene senkrecht nach oben weist, sie heißt **Ordinate**, und die andere waagerecht liegt, sie heißt **Abszisse**.

Die Achsenabschnitte a_1 und a_2 heißen die **Koordinaten** des Punktes. Es ist unmittelbar klar, daß einem Vektor, je nach der Wahl des Koordinatenkreuzes, ein anderer Punkt entspricht. Im folgenden gehen wir immer von einem beliebigen aber im Laufe der Überlegungen festen Koordinatenkreuz aus. In Kapitel 7 werden wir noch näher auf dieses Probelm eingehen.

Besonders in der Mechanik ist aber noch eine andere geometrische Darstellung von Vektoren üblich. Ausgehend von der Parallelprojektion, wie sie in Abbildung 3 dargestellt ist, wird ein Pfeil P vom Nullpunkt ausgehend und mit der Spitze im Schnittpunkt S abgetragen. Siehe Abbildung 4.

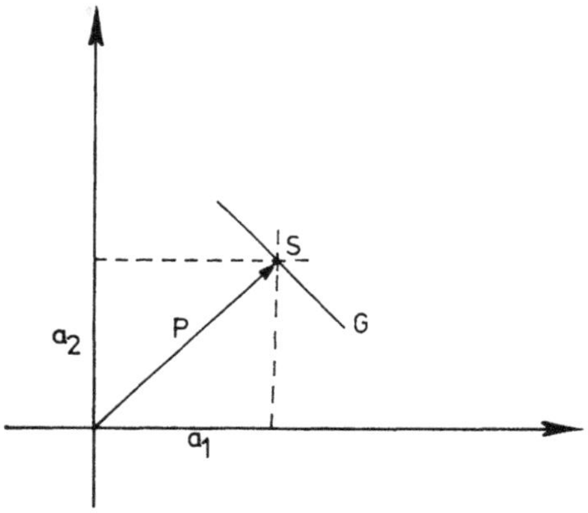

Abb. 4

Auf diese Weise kann jedem Paar (a_1, a_2) ein Pfeil P zugeordnet werden. Andererseits ergibt sich jeder beliebige Pfeil in der Ebene, der im Nullpunkt ansetzt, aus einem geeigneten Paar (a_1, a_2).

Wir haben wieder eine eineindeutige Zuordnung von Vektoren und Pfeilen in der Ebene, d. h. geometrischen Objekten. Siehe dazu Übung 4.

Es gibt natürlich noch andere Möglichkeiten einem Vektor eineindeutig ein geometrisches Gebilde in der Ebene zuzuordnen. So könnte man z. B. jedem Paar (a_1, a_2) die Gerade G zuordnen, die in Abbildung 4 durch die Pfeilspitze und senkrecht zum Pfeil verläuft. Es werden aber nur die Punktdarstellung und die Pfeildarstellung verwendet, da diese beiden besonders naheliegend und anschaulich sind.

Wie erwähnt ist die Pfeildarstellung besonders in der Mechanik üblich. Dabei symbolisieren Pfeile Kräfte, die im Nullpunkt angreifen, eine Größe proportional zur Pfeillänge haben und in Pfeilrichtung wirken.

Aus Abbildung 4 ergibt sich nach dem Satz von Pythagoras für die Länge $|P|$ des Pfeiles P

(9) $$|P| = \sqrt{a_1^2 + a_2^2}$$

Im folgenden verwenden wir oft anstatt der Bezeichnung Vektor die Bezeichnung Punkt (in der Ebene) oder Pfeil (in der Ebene). Auch sprechen wir in Analogie zur Länge eines Pfeiles von der **Länge** des entsprechenden Vektors. Symbolisch:

(10) $$|\mathbf{a}| = \sqrt{a_1^2 + a_2^2}$$

Weiter bezeichnen wir $\mathbb{R}^2$ als einen **Vektorraum**, und wir sprechen von dem (Vektorraum) $\mathbb{R}^2$.

Aufgrund der bisherigen Überlegungen beschränkt sich die geometrische Veranschaulichung der Vektoren auf die Vektoren selbst. Es wäre aber wünschenswert, daß man auch die Skalarmultiplikation und Addition geometrisch veranschaulichen könnte. Denken wir an die geometrische Veranschaulichung der reellen Zahlen auf der Zahlengeraden, so entspricht der arithmetischen Addition die entsprechende geometrische Streckenaddition.

Wir überlegen uns im folgenden, wie sich ein Pfeil P geometrisch transformiert, wenn der entsprechende Vektor **a** mit dem Faktor $\alpha \neq 0$ multipliziert wird. Sei also $\mathbf{a} = (a_1, a_2)$ und $\mathbf{b} = \alpha\mathbf{a} = (\alpha a_1, \alpha a_2)$. Wir sehen aus dieser Darstellung, daß die Komponenten von **a** und **b** in dem konstanten Verhältnis α zueinanderstehen. Nach dem Strahlensatz (siehe Übung 3) ergibt sich daraus, daß die Punkte S_a und S_b, die **a** und **b** entsprechen, auf einer Geraden liegen, die durch den Nullpunkt geht. Siehe Abbildung 5.

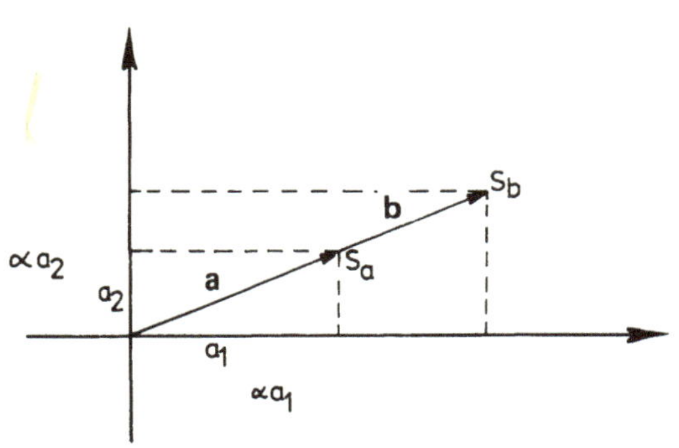

Abb. 5

Das bedeutet, daß sich der **a** entsprechende Pfeil P bei Skalarmultiplikation von **a** mit α in der Weise transformiert, daß er um den Faktor α gestreckt wird. In der Sprechweise der Mechanik: Es wird die entsprechende Kraft um den Faktor α vergrößert (die Richtung bleibt erhalten).

Entsprechend veranschaulichen wir uns die Addition. Seien **a** und **b** zwei Vektoren und **c** = **a** + **b**.

Aus den Pfeilen P_a und P_b, die **a** und **b** entsprechen, konstruieren wir geometrisch den Pfeil P_c, der **c** entspricht. Dazu gehen wir von Abbildung 6 aus und verschieben

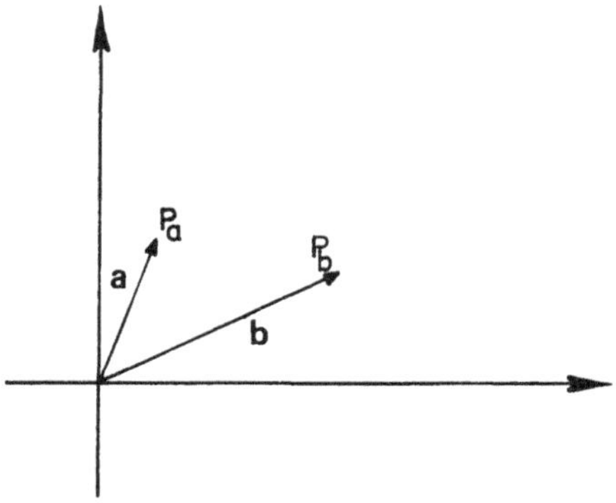

Abb. 6

den Pfeil P_b parallel so nach oben, daß er in der Spitze von P_a ansetzt. Der Pfeil vom Nullpunkt bis zur Spitze von dem so verschobenen Pfeil ist P_c, denn es folgt unmittelbar, daß die Koordinaten der Spitze des resultierenden Pfeils gleich sind $a_1 + b_1$ bzw. $a_2 + b_2$. Siehe Abbildung 7.

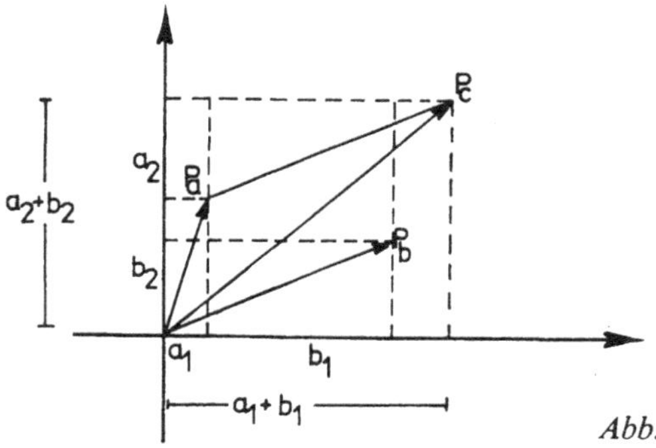

Abb. 7

Dasselbe Ergebnis erhalten wir, wenn wir P_a parallel so verschieben, daß er in der Spitze von P_b angreift. Wieder ist P_c gleich dem Pfeil vom Nullpunkt bis zur Spitze des so verschobenen Pfeils.

Wir erhalten also P_c als Diagonalpfeil des Parallelogramms, das die beiden Pfeile P_a und P_b als Seiten hat. Man spricht deshalb auch davon, daß sich die Vektoraddition gemäß einer **Parallelogrammkonstruktion** ergibt.

Diese geometrische Veranschaulichung der Vektoraddition hat in der Mechanik auch eine inhaltliche Bedeutung. Es ist empirisch nachprüfbar, daß zwei Kräfte K_a und K_b, die in einem Punkt angreifen und dargestellt werden durch die Pfeile P_a und P_b, zusammen die Kraft K_c ergeben, die dem Pfeil P_c entspricht, wobei sich

P_c gemäß einer Parallelogrammkonstruktion aus P_a und P_b ergibt. Stellen wir also zwei Kräfte, die in einem Punkte angreifen durch zwei Vektoren dar, so entspricht das gemeinsame Wirken der beiden Kräfte der Vektoraddition.

Damit ist es uns gelungen für m = 2 die Vektoren selbst und deren Struktur (genauer gesagt die Operationen zwischen ihnen) geometrisch zu veranschaulichen.

Der Fall m = 3

Nach den Vorüberlegungen für den Fall m = 2 ist es naheliegend, die Komponenten eines Vektors $\mathbf{a} = (a_1, a_2, a_3)$ abzutragen auf drei Zahlengeraden, die sich in genau einem Punkte schneiden. Wir werden wieder eine rechtwinkelige Darstellung wählen, d. h. wir legen den dreidimensionalen Raum zugrunde und wählen die Zahlengeraden, d. h. die Koordinatenachsen, senkrecht zueinander. Siehe Abbildung 8, in der eine Projektion in die Zeichenebene vorgenommen wurde.

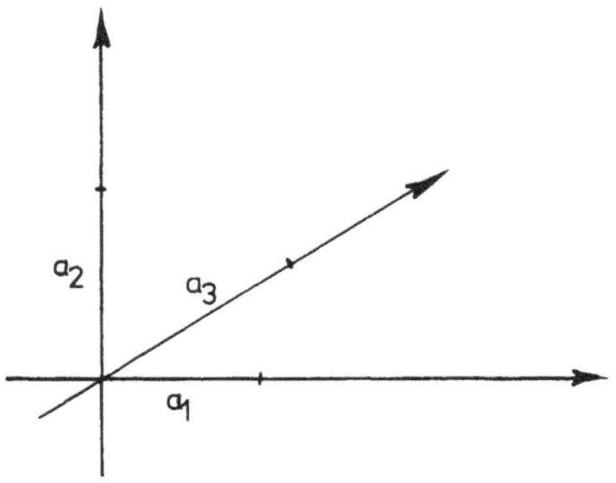

Abb. 8

Die durch die Abschnitte a_1, a_2 und a_3 festgelegten Strecken auf den Koordinatenachsen fassen wir auf als die Seiten eines Quaders, der dadurch eindeutig festgelegt ist. Konstruieren wir diesen Quader, so markiert die äußerste Ecke (vom Nullpunkt aus gesehen) einen Punkt S. Siehe Abbildung 9.

Dadurch wird jedem Vektor **a** – bei einem gegebenem Koordinatenkreuz – eindeutig ein Punkt S im dreidimensionalen Raum zugeordnet. Andererseits ergibt

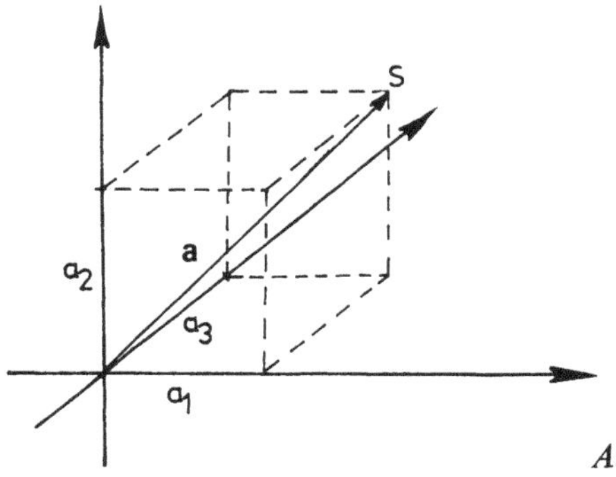

Abb. 9

sich zu jedem Punkt S des dreidimensionalen Raumes auf diese Weise ein geeignetes Tripel (a_1, a_2, a_3). Damit haben wir jedem Vektor in eineindeutiger Weise einen Punkt zugeordnet.

Analog können wir jedem Vektor **a** auch in eineindeutiger Weise den Pfeil zuordnen, der im Nullpunkt ansetzt und mit der Spitze in S endet.

Für die Länge des Pfeiles ergibt sich nun

$$(11) \qquad |P| = \sqrt{a_1^2 + a_2^2 + a_3^2}$$

Entsprechend bezeichnen wir

$$(12) \qquad |\mathbf{a}| = \sqrt{a_1^2 + a_2^2 + a_3^2}$$

auch als Länge des Vektors **a**.

Wir verwenden die Begriffe Vektor, Punkt und Pfeil oft synonym und bezeichnen die Menge aller Vektoren $\mathbf{a} = (a_1, a_2, a_3)$ als den Vektorraum $\mathbb{R}^3$.

Genauso wie im $\mathbb{R}^2$ überlegt man sich, daß im $\mathbb{R}^3$ die Skalarmultiplikation mit einem Faktor α in der Pfeildarstellung einer Streckung um den Faktor α entspricht. Die Addition zweier Vektoren **a** und **b** läuft darauf hinaus, daß wir den **b** entsprechenden Pfeil P_b im Raum parallel verschieben, so daß er in der Spitze von P_a, dem **a** entsprechenden Pfeil, ansetzt. Dann entspricht der Summe $\mathbf{c} = \mathbf{a} + \mathbf{b}$ der Pfeil P_c, der vom Nullpunkt ausgeht und mit der Spitze in der Spitze des verschobenen Pfeils endet.

Diese geometrische Veranschaulichung der Vektoraddition hat in der Mechanik dieselbe inhaltliche Bedeutung wie für $m = 2$.

Damit haben wir für $m = 3$ die Vektoren selbst und auch die dazugehörenden Operationen geometrisch veranschaulicht.

Der Fall m > 3

Da wir uns nur den ein-, zwei- oder dreidimensionalen Raum überhaupt vorstellen können, ist es nicht möglich für $m > 3$ Vektoren $\mathbf{a} = (a_1, a_2, \ldots, a_m)$ analog wie für $m = 2$ und $m = 3$ geometrisch zu veranschaulichen. Für $m > 3$ bezeichnen wir aber auch die Menge aller Vektoren $\mathbf{a} = (a_1, \ldots, a_m)$ als Vektorraum $\mathbb{R}^m$, wir bezeichnen $|\mathbf{a}| = \sqrt{a_1^2 + a_2^2 + \ldots + a_m^2}$ als Länge des Vektors **a** und sprechen davon, daß der Vektor **a** einem Punkt im m-dimensionalen Raum entspricht.

Wir tun also so, als ob der $\mathbb{R}^m$ das mathematische Modell eines m-dimensionalen geometrischen Raumes wäre und verwenden im $\mathbb{R}^m$ geometrische Bezeichnungen wie Länge, Punkt, Winkel, Gerade usw., die aber nur Verallgemeinerungen von Begriffen im $\mathbb{R}^2$ bzw. $\mathbb{R}^3$ sind. Diese Begriffe besitzen allerdings im $\mathbb{R}^2$ bzw. $\mathbb{R}^3$, vermöge der oben besprochenen Zuordnung, ein geometrisches Analogon in der Ebene bzw. dem dreidimensionalen Raum.

Für $m > 3$ können wir also Vektoren nicht mehr geometrisch veranschaulichen, sondern es ist so, daß die Vektoren umgekehrt dazu dienen, um überhaupt „Geometrie" betreiben zu können. Diese Art der Geometrie heißt daher analytische Geometrie.

Im Kapitel 7 werden wir noch näher darauf eingehen.

2.2.1. Die Polarkoordinatendarstellung

Wir gehen aus von den Überlegungen in Abschnitt 2.2. Dort hatten wir gesehen, daß wir in einem rechtwinkligen Koordinatensystem jeden Vektor durch einen Punkt S in der Ebene veranschaulichen können. Siehe Abbildung 10.

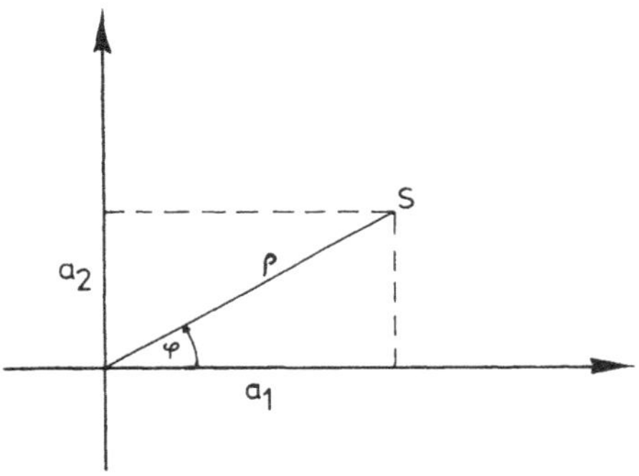

Abb. 10

Wir können diesen Sachverhalt auch so beschreiben, daß jeder Punkt in der Ebene durch seine beiden Koordinaten $a_1$und a_2 eindeutig festgelegt ist. Da es anschaulicher ist einen Pfeil durch seine Länge und Richtung zu beschreiben, ist es naheliegend, den Pfeil durch seine Länge ϱ und den Winkel φ zur positiven Richtung der Abszisse zu kennzeichnen.

Man sieht sofort, daß außer für $\varrho = 0$ zu jedem Paar (ϱ, φ) in der Ebene genau ein Pfeil gehört und damit genau ein Punkt, der in der Spitze des Pfeiles liegt.

Wir können also die Punkte in der Ebene nicht nur durch die Angabe der sogenannten **kartesischen Koordinaten** a_1 und a_2 sondern auch durch die sogenannten **Polarkoordinaten** ϱ und φ eindeutig kennzeichnen. Dabei wird der Nullpunkt $\mathbf{0}$ durch $\varrho = 0$ und φ beliebig beschrieben.

Es gibt natürlich noch viele andere Möglichkeiten durch ein Zahlenpaar einen Punkt in der Ebene zu charakterisieren, und es ist eine reine Frage der Zweckmäßigkeit, welche wir wählen. Wir können auch von einer Darstellung zur anderen übergehen. Wir zeigen dies für die kartesischen und Polarkoordinaten. Aus Abbildung 10 ergibt sich nach dem Satz von Pythagoras

(13) $$\varrho = \sqrt{a_1^2 + a_2^2}$$

und nach Definition des Kosinus und Sinus

(14) $$\cos\varphi = a_1/\sqrt{a_1^2 + a_2^2}, \quad \sin\varphi = a_2/\sqrt{a_1^2 + a_2^2}$$

Sofern $\mathbf{a} \neq \mathbf{0}$ ist, ergibt sich aus den kartesischen Korrdinaten a_1, a_2 gemäß (13) eindeutig ϱ und gemäß (14) eindeutig $\cos\varphi$ und $\sin\varphi$. Durch Nachschlagen in einer trigonometrischen Tabelle ergibt sich daraus eindeutig der Winkel φ.

Umgekehrt ergeben sich zu den Polarkoordinaten ϱ, φ aus Abbildung 10

(15) $$a_1 = \varrho \cos \varphi$$

und

(16) $$a_2 = \varrho \sin \varphi$$

also eindeutig die kartesischen Koordinaten a_1, a_2.

Wir fassen zusammen: Einen Punkt in der Ebene können wir durch die kartesischen Koordinaten oder auch durch die Polarkoordinaten eindeutig kennzeichnen. Dasselbe gilt für einen Pfeil. Wenn wir von einem Vektor $\mathbf{a} = (a_1, a_2)$ ausgehen, so können wir diesen als Punkt mit den kartesischen Koordinaten a_1, a_2 auffassen. Andererseits können wir diesen Punkt auch durch die entsprechenden Polarkoordinaten beschreiben.

2.3. Das innere Produkt

Wir kehren wieder zu dem Beispiel der Konsummessung in Abschnitt 2.1. zurück. Der Konsum eines Haushalts H wird gemessen durch einen Vektor $\mathbf{a} = (a_1, a_2, \ldots, a_m)$, wobei a_i die Menge des Gutes G_i angibt, die von Haushalt H konsumiert wird. Will man den Wert des Konsums ermitteln – ausgedrückt in Geldeinheiten –, so muß man den Preis p_i von einer Einheit vom Gut G_i kennen, und es ergibt sich der Wert w aus

(17) $$w = p_1 a_1 + p_2 a_2 + \ldots + p_m a_m = \sum_{i=1}^{m} p_i a_i$$

Wir fassen nun die Preise p_i zu einem Preisvektor $\mathbf{p} = (p_1, p_2, \ldots, p_m)$ zusammen. Nach der üblichen Vorstellung ergibt sich der Wert aus dem Produkt von Preis und Menge. Damit wäre w gemäß (17) das „Produkt" von **p** und **a**. Dies legt die folgende Definition nahe.

Definition 7:

Gegeben seien zwei Vektoren **a** und **b** mit jeweils m Komponenten. Als **inneres Produkt** von **a** und **b** wird die Operation bezeichnet, die den beiden Vektoren die reelle Zahl

$$\sum_{i=1}^{m} a_i b_i$$

zuordnet.

Symbolisch schreiben wir dafür: $\mathbf{a} \cdot \mathbf{b} = \sum_{i=1}^{m} a_i b_i$.

Beachte: Das Produkt zweier Vektoren ist kein Vektor sondern ein Skalar.

△

Wir haben also eine abkürzende Schreibweise für eine häufig vorkommende Operation eingeführt. Diese Operation kann ebenso wie die Addition oder Skalarmultiplikation geometrisch veranschaulicht werden.

Dies wollen wir uns im folgenden für den zweidimensionalen Fall überlegen. Dazu berechnen wir den Winkel zwischen zwei Vektoren, genauer gesagt, den Winkel zwischen den beiden Pfeilen, die den beiden Vektoren entsprechen. Siehe Abbildung 11.

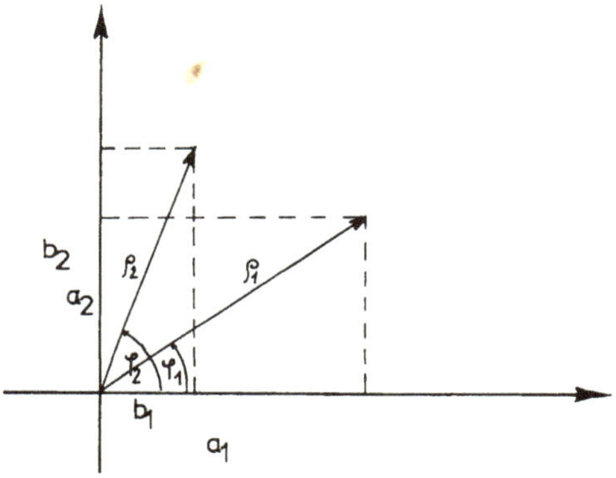

Abb. 11

Es seien ϱ_1, φ_1 die Polarkoordinaten, die zu den kartesischen Koordinaten a_1, a_2 gehören und entsprechend ϱ_2, φ_2 die Polarkoordinaten, die zu den kartesischen Koordinaten b_1, b_2 gehören. Der Winkel zwischen **a** und **b** ist gleich $\varphi_2 - \varphi_1$. Wir wollen diesen Winkel direkt aus den kartesischen Koordinaten berechnen.

Nach dem Additionssatz des Kosinus ergibt sich

$$(18) \qquad \cos(\varphi_2 - \varphi_1) = \sin\varphi_1 \sin\varphi_2 + \cos\varphi_1 \cos\varphi_2$$

Weiter ergibt sich aus Abbildung 11:

$$\varrho_1 = \sqrt{a_1^2 + a_2^2}, \quad \varrho_2 = \sqrt{b_1^2 + b_2^2}$$

$$\sin\varphi_1 = a_2/\varrho_1, \quad \cos\varphi_1 = a_1/\varrho_1$$

$$\sin\varphi_2 = b_2/\varrho_2, \quad \cos\varphi_2 = b_1/\varrho_2$$

Damit ergibt sich durch Einsetzen in (18)

$$(19) \qquad \cos(\varphi_2 - \varphi_1) = \frac{a_2 b_2 + a_1 b_1}{\sqrt{a_1^2 + a_2^2}\sqrt{b_1^2 + b_2^2}} = \frac{\mathbf{a} \cdot \mathbf{b}}{|\mathbf{a}|\,|\mathbf{b}|}$$

Also können wir aus den kartesischen Koordinaten gemäß (19) den Kosinus des gesuchten Winkels berechnen und daraus durch Nachschlagen in einer trigonometrischen Tabelle den Winkel selbst.

Die Vektoren stehen senkrecht dann und nur dann, wenn $\varphi_2 - \varphi_1 = 90^\circ$ oder 270°, was gleichbedeutend ist mit $\cos(\varphi_2 - \varphi_1) = 0$.

Wir erhalten also gemäß (19) die sehr wichtige geometrische Aussage:

Zwei Vektoren stehen aufeinander senkrecht (genauer gesagt die entsprechenden Pfeile), wenn das innere Produkt der beiden Vektoren verschwindet.

Im dreidimensionalen Raum ergibt sich entsprechend für den Winkel ψ zwischen den Vektoren $\mathbf{a} = (a_1, a_2, a_3)$ und $\mathbf{b} = (b_1, b_2, b_3)$

$$(20) \qquad \cos\psi = \frac{a_1 b_1 + a_2 b_2 + a_3 b_3}{\sqrt{a_1^2 + a_2^2 + a_3^2}\sqrt{b_1^2 + b_2^2 + b_3^2}} = \frac{\mathbf{a} \cdot \mathbf{b}}{|\mathbf{a}|\,|\mathbf{b}|}$$

Analog bezeichnet man im m-dimensionalen Raum den Ausdruck

$$\alpha = \frac{\mathbf{a} \cdot \mathbf{b}}{|\mathbf{a}|\,|\mathbf{b}|}$$

als den Kosinus zwischen den Vektoren **a** und **b**.

Beachte dabei, daß aufgrund der Ungleichung von Cauchy-Schwarz für den Ausdruck α gilt:

$$-1 \leqq \alpha \leqq 1$$

d.h. zu α gibt es einen Winkel ψ mit $\cos\psi = \alpha$. Zur Ungleichung von Cauchy-Schwarz siehe Übung 3.

Damit haben wir im Raum der Dimension $m > 3$, der nicht vorstellbar ist, den Begriff Winkel eingeführt, und wir können zumindest analytisch mit Winkeln operieren.

2.4. Zusammenfassung

In diesem Kapitel haben wir ausgehend von einem praktischen Meßproblem Zahlentupel betrachtet. Diese Tupel wurden als mathematische Objekte eingeführt. Beziehungen, die zwischen den Meßgrößen sinnvoll sind, wurden in mathematische Operationen zwischen den Vektoren umgesetzt. Schließlich wurden für die Operationen Rechenregeln abgeleitet, die im praktischen Meßproblem ihr Analogon haben.

Dann wurde eine geometrische Darstellung der Zahlentupel behandelt. Schließlich wurde eine Produktoperation zwischen Vektoren eingeführt. Dies bedeutet praktisch eine Umrechnung aller Komponenten des einen Vektors zu einer Dimension, wobei die entsprechenden Komponenten des anderen Vektors die Umrechnungsfaktoren enthalten.

Es sei darauf hingewiesen, daß wir in diesem Abschnitt eigentlich den Rahmen der reellen Zahlen nicht verlassen haben, auch wenn wir neue mathematische Objekte, nämlich Vektoren, eingeführt haben. Man könnte im Grunde genommen sagen, daß die Vektoren nur der Schreibvereinfachung dienen. Wenn mehrere Zahlen als Ergebnis anfallen, so fassen wir sie zu einem Vektor zusammen.

Die Skalarmultiplikation bedeutet nichts anderes, als daß alle Zahlen mit demselben Faktor zu multiplizieren sind, und die Addition bedeutet, daß entsprechende Zahlen addiert werden. Insofern erfassen die Vektoren nur mehrdimensionale Meßwerte, und die Operationen (abgesehen vom inneren Produkt) bedeuten „simultanes" Rechnen mit reellen Zahlen.

Wir haben allerdings erst die Grundelemente der Vektorrechnung eingeführt. Ausgehend von diesen kann man eine mathematische Theorie entwickeln, die den Rahmen der reellen Zahlen wirklich sprengt. Einen Hinweis dafür liefert bereits die geometrische Veranschaulichung, die bei Vektoren einen Raum höherer Dimension erfordert.

Übungen und Aufgaben zu Kapitel 2 (Vektoren)

Abschnitt 2.1. (Grundbegriffe und Operationen)

1. In einem Betrieb sind 5 Arbeiter beschäftigt. Der Arbeiter i ($1 \leqq i \leqq 5$) bekomme den Bruttolohn L_i. Jedem Arbeiter werden 5% des Lohnes für den Beitrag zur Altersversorgung abgezogen, und jeder Arbeiter bekommt eine Beihilfe von der Höhe a. Man definiere aus der Bruttolohnliste den entsprechenden Vektor $\mathbf{x}$, berechne daraus den Vektor $\mathbf{y}$ des Bruttolohnes abzüglich Altersversorgung und dann den Vektor $\mathbf{z}$ der effektiv ausbezahlten Beträge. Man führe die Berechnung nicht mit konkreten Zahlen, sondern mit den Variablen $L_1, L_2, \ldots, L_5$ durch.
2. Man überlege sich die folgenden Rechenregeln nach Definition der Vektoren

$$\alpha(\mathbf{a} + \mathbf{b}) = \alpha\mathbf{a} + \alpha\mathbf{b}$$

und

$$(\alpha + \beta)\mathbf{a} = \alpha\mathbf{a} + \beta\mathbf{a}.$$

3. Man überlege sich die Rechenregel

$$\mathbf{a} + (\mathbf{b} + \mathbf{c}) = (\mathbf{a} + \mathbf{b}) + \mathbf{c} = \mathbf{a} + \mathbf{b} + \mathbf{c}$$

zuerst direkt am Beispiel der Konsummessung und dann rein formal nach Definition der Vektoren.
4. Wir haben einkomponentige Vektoren auch als reelle Zahlen angesehen. Man überlege sich, was die Skalarmultiplikation bzw. Vektoraddition einkomponentiger Vektoren für die entsprechenden reellen Zahlen bedeutet.
5. Man erkläre direkt am Beispiel der Konsummessung die Operation

$$\mathbf{a}_1 + \mathbf{a}_2 + \mathbf{a}_3 + \mathbf{a}_4.$$

6. Man löse die folgenden Gleichungen in $\mathbf{x}$

$$2(\mathbf{a}+\mathbf{x})+\mathbf{b}+\mathbf{c}=\mathbf{0}$$
$$(2\mathbf{x}+\mathbf{a})3+\mathbf{x}+\mathbf{c}=\mathbf{0}$$

7.* Beispiel eines **abstrakten** Vektorraums.
Wir betrachten lineare Ausdrücke in einer Unbekannten x:

$$a_1 + a_2 x, \quad \text{wobei} \quad a_1, a_2, x \in \mathbb{R}$$

Solche linearen Ausdrücke sind charakterisiert durch die beiden Zahlen a_1, a_2, d.h. durch den Vektor $\mathbf{a} = (a_1, a_2)$. Was bedeutet die Addition solcher linearen Ausdrücke für die entsprechenden Vektoren? Was bedeutet die Multiplikation eines solchen linearen Ausdrucks mit einer reellen Zahl für die entsprechenden Vektoren?

Man überlege sich Rechenregeln für die Addition und Multiplikation.

Nun betrachten wir die **fiktive** Zahl $x = \sqrt{-1}$ und wieder lineare Ausdrücke der Art

$$a_1 + a_2 x, \quad \text{wobei} \quad a_1, a_2 \in \mathbb{R} \quad \text{und} \quad x = \sqrt{-1}$$

Man wiederhole obige Überlegungen für diesen Fall.

Abschnitt 2.2. (Geometrische Darstellung von Vektoren)

1. Man veranschauliche graphisch die folgenden Vektoren in einem rechtwinkligen und schiefwinkligen Koordiantenkreuz

   (1,1), (2,1), (1,2) und (1,0).

2. Durch die Angabe der Längen- und Breitengrade wird jeder Punkt auf der Erdoberfläche genau lokalisiert. Dies entspricht der Angabe der beiden Koordinaten in einem Koordinatenkreuz in der Ebene. Was entspricht bei diesem Vergleich der Abszisse und der Ordinate eines Koordinatenkreuzes? Sind die Analoga von Abszisse und Ordinate rechtwinklig?

   Wie wird die Einheit auf den Analoga der Achsen festgelegt?

   Wie könnte man analog jeden Punkt in der Erdkugel charakterisieren?

3. Strahlensätze

   Gegeben seien zwei Gerade A und B, die sich unter einem Winkel φ $(0 < \varphi < 180°)$ in einem Punkt P schneiden. Dazu seien zwei parallele Gerade G_1 und G_2 gegeben. Siehe Abbildung 1.

   Es seien a_1 bzw. b_1 die Länge der Strecke von P bis zum Schnittpunkt der Geraden G_1 mit A bzw. B, a_2 bzw. b_2 die Länge der Strecke von P bis zum Schnittpunkt der Geraden G_2 mit A bzw. B und schließlich c_1 bzw. c_2 die Länge der Abschnitte, die von den Geraden A und B aus den Geraden G_1 bzw. G_2 herausgeschnitten werden.

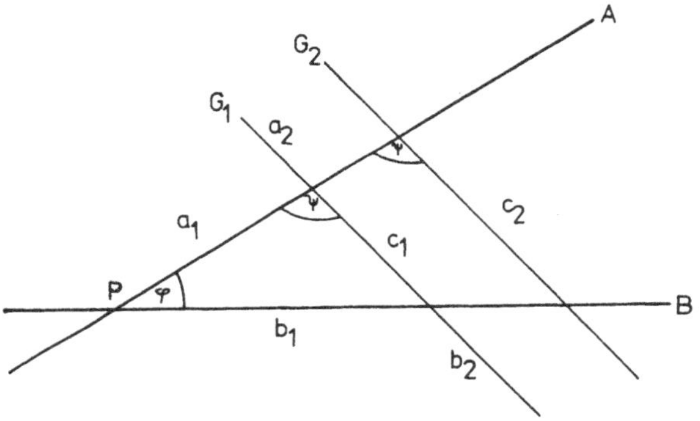

Abb. 1

Dann gelten die Beziehungen (Strahlensätze)

(1) $a_1/a_2 = c_1/c_2$
(2) $b_1/b_2 = c_1/c_2$
(3) $a_1/a_2 = b_1/b_2$

Wir definieren die Vektoren

$\mathbf{a} = (a_1, a_2)$, $\mathbf{b} = (b_1, b_2)$ und $\mathbf{c} = (c_1, c_2)$

Man überlege sich, daß

Beziehung (1): **a** ist ein Vielfaches von **c**,
Beziehung (2): **b** ist ein Vielfaches von **c** und
Beziehung (3): **c** ist ein Vielfaches von **b** bedeuten.

Weiter überlege man sich, daß in dieser Form (3) unmittelbar aus (1) und (2) folgt.

Die Beziehungen (1)–(3) sind auch für die Trigonometrie fundamental. Es sei nun ψ ein rechter Winkel. Aus (1) folgt durch Umformen

$$(4) \qquad \frac{a_1}{c_1} = \frac{a_2}{c_2}$$

Daraus ergibt sich für die beiden rechtwinkligen Dreiecke in Abbildung 1 mit den Seitenlängen a_1, b_1, c_1 bzw. a_2, b_2, c_2, daß sich die Länge der Ankathete ($= a_1$ bzw. a_2) zur Länge der Gegenkathete ($= c_1$ bzw. c_2) in einem nur vom Winkel φ abhängigen Verhältnis befindet. Dieses Verhältnis in Abhängigkeit von φ, wird als Tangens von φ kurz tang φ bezeichnet.

Man überlege sich, aus welcher der obigen drei Beziehungen die Definition des Sinus folgt.

4. Formal entspricht dem Nullvektor ein Pfeil mit der Länge Null und mit beliebiger Richtung. Physikalisch entspricht einem solchen Pfeil eine Kraft der Stärke 0.

Da aber eine Kraft mit der Stärke Null auch keine Richtung hat, identifizieren wir alle Pfeile mit der Stärke Null, und wir sprechen unabhängig von der Richtung vom Nullpfeil. Man überlege sich, daß mit dieser Festlegung die Zuordnung Punkte zu Pfeilen eineindeutig ist.

5. In der Ebene greifen an einem Punkt zwei Kräfte an. Eine habe die Stärke von einer Einheit und die andere von zwei Einheiten. Der Winkel zwischen beiden Kräfterichtungen sei 45°, gemessen von der ersten Kraftrichtung zur zweiten hin. Man veranschauliche den Sachverhalt geometrisch und bilde mit Hilfe von Vektoren die resultierende Kraft.

6.* Um die räumliche Lage eines physikalischen Körpers in der Ebene und den Zeitpunkt der Betrachtung festhalten zu können, werden Vektoren mit drei Komponenten herangezogen. Die ersten zwei Komponenten halten die Ortskoordinaten und die dritte den Zeitpunkt fest. Man spricht dann vom dreidimensionalen Raum, in dem sich der Körper „befindet". Wie sieht dann geometrisch die Menge der Punkte aus, die sich ergibt, wenn der Körper ruht, und sich nur die Zeit ändert?

7. Wie lauten die Polarkoordinaten der Vektoren

$$(1,1), (1/2, \sqrt{3}/2), (1,0) \quad \text{und} \quad (0,1)?$$

Abschnitt 2.3. (Das innere Produkt)

1. Es liege die folgende lineare Gleichung in den Unbekannten $x_1, x_2, \ldots, x_n$ vor:

$$a_1x_1 + a_2x_2 + \ldots + a_nx_n = b.$$

Man beschreibe sie in Vektorschreibweise.

2. Der Winkel φ zwischen zwei Vektoren **a** und **b** des $\mathbb{R}^3$ ergibt sich aus

$$(5) \qquad \cos\varphi = \mathbf{a} \cdot \mathbf{b}/(|\mathbf{a}||\mathbf{b}|)$$

Was ergibt sich für die rechte Seite von (5), wenn **a** und **b** parallel sind?

3. Ungleichung von Cauchy-Schwarz

Aus (5) folgt, da $|\cos\varphi| \leqq 1$ sein muß,

$$|\mathbf{a} \cdot \mathbf{b}| \leqq |\mathbf{a}| \cdot |\mathbf{b}|$$

oder

$$|\mathbf{a} \cdot \mathbf{b}|^2 \leqq |\mathbf{a}|^2 \cdot |\mathbf{b}|^2$$

oder

$$\left(\sum_{i=1}^{3} a_i b_i\right)^2 \leqq \sum_{i=1}^{3} a_i^2 \sum_{i=1}^{3} b_i^2$$

Durch Ziehen der positiven Wurzel folgt daraus

$$|\Sigma a_i b_i| \leqq \sqrt{\Sigma a_i^2}$$

Damit gilt allgemein

(6) $$\Sigma a_i b_i \leqq \sqrt{\Sigma a_i^2}\,\sqrt{\Sigma b_i^2}$$

Diese Ungleichung heißt Ungleichung von Cauchy-Schwarz. Sie gilt nicht nur für m = 3, sondern für alle m = 1, 2, 3, 4, 5, ...

4.* Aus der Ungleichung von Cauchy-Schwarz folgt die sogenannte **Dreiecksungleichung** für Vektoren:

(7) $$|\mathbf{a} + \mathbf{b}| \leqq |\mathbf{a}| + |\mathbf{b}|$$

Beweis:

Aus (6) folgt allgemein

$$2\Sigma a_i b_i \leqq 2\sqrt{\Sigma a_i^2}\,\sqrt{\Sigma b_i^2}$$

und weiter durch Erweitern mit $\Sigma a_i^2 + \Sigma b_i^2$

$$\Sigma (a_i + b_i)^2 \leqq \Sigma a_i^2 + 2\sqrt{\Sigma a_i^2\, \Sigma b_i^2} + \Sigma b_i^2$$

Daraus ergibt sich

$$|\mathbf{a} + \mathbf{b}|^2 \leqq (|\mathbf{a}| + |\mathbf{b}|)^2$$

und durch Ziehen der positiven Wurzel auf beiden Seiten (7).

5. Man interpretiere die Dreiecksungleichung geometrisch (in der Ebene). Dabei werden zwei Pfeile P_a und P_b, die den Vektoren **a** und **b** entsprechen, addiert zum Pfeil P_c, der dem Vektor $\mathbf{c} = \mathbf{a} + \mathbf{b}$ entspricht. Man verschiebe den Pfeil P_b so, daß er in der Spitze von P_a ansetzt und betrachte das resultierende Dreieck.

Kapitel 3: Matrizen

Matrizen werden üblicherweise in Lehrbüchern axiomatisch als mathematische Objekte mit bestimmten Eigenschaften eingeführt. Im folgenden wird analog vorgegangen wie bei der Einführung der Vektoren, d. h. es wird versucht, die Einführung der Matrizen und deren Eigenschaften aus den Problemen, die bei der Darstellung bestimmter empirischer Sachverhalte entstehen, zu begründen.

3.1. Grundbegriffe und Operationen

Bei der Einführung der Vektoren haben wir empirische Objekte betrachtet, die Träger eines Merkmals sind. Die Ausprägungen des Merkmals wurden nicht durch **eine** reelle Zahl gemessen, sondern durch ein **Tupel** von reellen Zahlen. Wir haben konkret an den Objekten Haushalte das Merkmal Konsum mit der Ausprägung Konsumgütervektor betrachtet. Dabei erfassen die Komponenten eines Vektors verschiedene Arten von Gütern. Wir sagen dafür kurz: das Merkmal enthält die **Kategorie** „Art des Gutes".

Oft enthält ein Merkmal zwei Katagorien. Als Beispiel wählen wir die Objekte Haushalte und als Merkmal „Konsum bei verschiedenen Haushaltstypen" z. B. bei Arbeiterhaushalten, bei Angestelltenhaushalten usw.

Wir haben damit zwei Kategorien: die Art des Konsums und die Art des Haushalts. Wenn wir dieses Merkmal messen, so ordnen wir das Meßergebnis zweckmäßigerweise in ein rechteckiges Schema an, wobei eine Kategorie zeilenweise und eine Kategorie spaltenweise erfaßt wird. Sei in unserem Beispiel c_{ij} die Menge des Gutes $G_j (1 \leqq j \leqq m)$, die vom Haushalt der Art i $(1 \leqq i \leqq n)$ konsumiert wird, so ergibt sich folgendes Schema:

$$\begin{matrix} c_{11} & c_{12} & \cdots & c_{1m} \\ c_{21} & c_{22} & \cdots & c_{2m} \\ \vdots & \vdots & & \vdots \\ c_{n1} & c_{n2} & \cdots & c_{nm} \end{matrix}$$

Dabei haben wir zeilenweise die Kategorie Art des Haushalts und spaltenweise die Kategorie Art des Gutes erfaßt. Solche rechteckigen Schemata fassen wir als mathematische Objekte auf und schreiben sie, um zu betonen, daß sie **eine** Größe darstellen sollen, in Klammern:

$$\begin{pmatrix} c_{11} & c_{12} & \cdots & c_{1m} \\ c_{21} & c_{22} & \cdots & c_{2m} \\ \vdots & \vdots & & \vdots \\ c_{n1} & c_{n2} & \cdots & c_{nm} \end{pmatrix}$$

Definition 1:

Ein rechteckiges Schema von Zahlen bestehend aus n Zeilen und m Spalten bezeichnen wir als **n-zeilige und m-spaltige Matrix** oder kurz als (n, m)-Matrix.

Für Matrizen verwenden wir fettgedruckte Großbuchstaben: $\mathbf{C} = (c_{ij})$ und c_{ij} heißt **Element** in Zeile i und Spalte j von **C**. Anstatt c_{ij} schreiben wir oft auch $[\mathbf{C}]_{ij}$.

Falls n gleich m ist, sagen wir, die Matrix ist **quadratisch**. (n, m) heißt die **Dimension** oder **Ordnung** von **C**. Die Zeilenzahl n bezeichnen wir auch als $z(\mathbf{C})$ und die Spaltenzahl m als $s(\mathbf{C})$.

Die Elemente c_{ii} bilden die **Diagonale** oder **Hauptdiagonale** von **C**.

△

Bemerkungen zu Definition 1:

Wegen der besseren Übersicht trennen wir manchmal die Elemente in den Zeilen einer Matrix durch Kommata Nach Definition 1 ist also ein zeilenweise bzw spaltenweise geschriebener m-komponentiger Vektor eine (1, m)- bzw. (m, 1)-Matrix.

Matrizen können in der Anwendung konkret immer als Meßergebnisse angesehen werden, wobei jedes Element ein eindimensionales Meßergebnis, also eine reelle Zahl ist. Bei der sachlogischen Interpretation einer Matrix müssen dann die Zeilen- und Spaltenkategorie genau festgelegt werden. Fassen wir die Matrizen als mathematische Objekte auf, so wird von dieser Festlegung abgesehen. Bei der Messung selbst wird diesem Umstand oft dadurch Rechnung getragen, daß die Meßwerte in eine Liste eingetragen werden, in der zeilenweise und spaltenweise je eine Kategorie erfaßt wird. Für unser Beispiel sähe eine solche Liste folgendermaßen aus:

	G_1	G_2	G_m
Typ 1	c_{11}	c_{12}	c_{1m}
Typ 2	c_{21}	c_{22}	c_{2m}
$\vdots$	$\vdots$	$\vdots$	
Typ n	c_{n1}	c_{n2}	c_{nm}

Oft schreibt man Matrizen auch in Vektorform um. Wir wollen dies für $n = 3$ und $m = 2$ an obigem Beispiel demonstrieren. Es sei also:

$$\mathbf{C} = \begin{pmatrix} c_{11} & c_{12} \\ c_{21} & c_{22} \\ c_{31} & c_{32} \end{pmatrix}$$

und c_{ij} die Menge des Gutes j, das vom Haushalt der Art i konsumiert wird. Dafür schreiben wir:

$$\text{(1)} \qquad \mathbf{c} = (c_{11}, c_{12}, c_{21}, c_{22}, c_{31}, c_{32}) = (c_1, c_2, c_3, c_4, c_5, c_6)\,,$$

wobei in $\mathbf{c}$ die erste Stelle die Menge des Gutes 1 angibt, die vom Haushalt der Art 1 konsumiert wird, die zweite Stelle die Menge des Gutes 2, die die vom Haushalt der Art 1 konsumiert wird usw.

Aus (1) ersehen wir, daß die Matrix $\mathbf{C}$ im Vektor $\mathbf{c}$ zeilenweise eingeht. Analog kann man einen Vektor bilden, bei dem $\mathbf{C}$ spaltenweise eingeht oder in einer anderen Reihenfolge. Gebräuchlich sind nur die zeilenweise und spaltenweise Reihenfolge.

Wir definieren für die zeilenweise Anordnung:

$$\operatorname{zvec} \mathbf{C} = (c_{11}, c_{12}, \ldots, c_{1m}, c_{21}, \ldots, c_{2m}, \ldots, c_{nm})$$

und für die spaltenweise Anordnung:

$$\operatorname{svec} \mathbf{C} = (c_{11}, c_{21}, \ldots, c_{n1}, c_{12}, \ldots, c_{n2}, \ldots, c_{nm})$$

In Analogie zu den Überlegungen bei den Vektoren sind zwei solcher Konsummatrizen **A** und **B** genau dann gleich, wenn sie gleiche Dimensionen haben, und wenn alle Elemente gleich sind.

Definition 2:

Zwei Matrizen **A** und **B** sind gleich, wenn sie die gleiche Dimension (n, m) haben, und wenn gilt

$$a_{ij} = b_{ij} \quad \text{für} \quad 1 \leqq i \leqq n\,, \quad 1 \leqq j \leqq m$$

Symbolisch schreiben wir dafür: **A** = **B**.

△

Wieder sei darauf hingewiesen, daß in der praktischen Anwendung ein Vergleich nur dann sinnvoll ist, wenn die Matrizen denselben Sachverhalt messen und in konsistenter Weise geschrieben sind.

Für die Matrizen definieren wir analog wie für Vektoren eine Skalarmultiplikation und eine Addition. Bei diesen Überlegungen unterscheidet sich eine Matrix formal nicht von einem Vektor sondern nur in der Schreibweise: In einem Vektor werden die Komponenten hintereinander geschrieben und in einer Matrix in rechteckiger Anordnung.

Wegen der formalen Ähnlichkeit von Matrizen und Vektoren laufen die Überlegungen völlig analog wie bei Vektoren. Deshalb gestatten wir uns, die folgenden Ausführungen etwas knapper zu gestalten.

Eine Konsummatrix **B** ist das α-fache einer Konsummatrix **A**, wenn **A** und **B** gleiche Dimension haben, und wenn die Elemente von **B** das α-fache entsprechender Elemente von **A** sind; symbolisch: $\mathbf{B} = \alpha\mathbf{A}$. Wir sprechen von der Multiplikation eines Skalars mit einer Matrix.

Man überlege sich, daß die Skalarmultiplikation einer (n, 1)-Matrix der Skalarmultiplikation des entsprechenden Vektors entspricht!

Schließlich kann man durch Aggregation entsprechender Haushalte zwei Konsummatrizen **A** und **B** addieren zu einer Konsummatrix **C**, wenn **A** und **B** und damit auch **C** gleiche Dimension haben.

Es gilt dann für alle Elemente

$$c_{ij} = a_{ij} + b_{ij}$$

Symbolisch schreiben wir dafür: $\mathbf{C} = \mathbf{A} + \mathbf{B}$, und wir sagen **C** ist die Summe von **A** und **B**.

Wir sprechen auch von der Addition der beiden Matrizen **A** und **B** und wir vereinbaren, daß wir $\mathbf{A} + \mathbf{B}$ nur dann hinschreiben, wenn **A** und **B** gleiche Dimension haben.

Man überlege sich, daß die Addition zweier (n, 1)-Matrizen der Vektoraddition der beiden entsprechenden Vektoren entspricht!

Die folgenden Rechenregeln kann man sich direkt aufgrund der Definition der Operationen oder indirekt durch Übergang zu Vektoren klar machen.

Rechenregeln zur Skalarmultiplikation:

(1) $1\mathbf{A} = \mathbf{A}$

(2) $0\mathbf{A} = \mathbf{0}$,

wobei $\mathbf{0}$ die Nullmatrix ist, deren Elemente alle Null sind

(3) $\alpha(\beta\mathbf{A}) = (\alpha\beta)\mathbf{A}$

Rechenregeln zur Addition:

(4) $\mathbf{A} + \mathbf{B} = \mathbf{B} + \mathbf{A}$

(5) $\mathbf{A} + \mathbf{0} = \mathbf{A}$

(6) $\alpha(\mathbf{A} + \mathbf{B}) = \alpha\mathbf{A} + \alpha\mathbf{B}$

(7) $(\alpha + \beta)\mathbf{A} = \alpha\mathbf{A} + \beta\mathbf{A}$

(8) $\mathbf{A} - \mathbf{B} = \mathbf{A} + (-1)\mathbf{B}$

(9) $\mathbf{A} + \mathbf{B} + \mathbf{C} = \mathbf{A} + (\mathbf{B} + \mathbf{C}) = (\mathbf{A} + \mathbf{B}) + \mathbf{C}$

Auch die Matrizen haben bezüglich Skalarmultiplikation und Addition dieselbe Struktur wie die reellen Zahlen bezüglich ihrer Addition und Multiplikation.

Deswegen kann man bezüglich Skalarmultiplikation und Addition mit Matrizen so rechnen wie mit reellen Zahlen.

Beispiele:

Aus $\mathbf{A} + \mathbf{X} = \mathbf{B}$ folgt also

$$\mathbf{X} = \mathbf{B} - \mathbf{A}$$

Aus $\mathbf{A} + \alpha\mathbf{X} = \mathbf{B}$ folgt für $\alpha \neq 0$

$$\mathbf{X} = \frac{1}{\alpha}[\mathbf{B} - \mathbf{A}]$$

Es ist zwar möglich auch Matrizen geometrisch zu veranschaulichen; insbesondere ist dies indirekt über die entsprechenden Vektoren möglich.

Da diese geometrische Darstellung aber keine praktische Bedeutung hat, gehen wir nicht darauf ein.

Wir bringen schließlich noch einige schreibtechnische Konventionen, die wir im folgenden öfters verwenden werden. Sei $\mathbf{A}$ eine (n,m)- und $\mathbf{B}$ eine (n,k)-Matrix, dann bezeichnen wir die (n,m + k)-Matrix, die dadurch entsteht, daß wir $\mathbf{B}$ an $\mathbf{A}$ „rechts" anfügen mit

$$(\mathbf{A}, \mathbf{B}) = \begin{pmatrix} a_{11} \dots a_{1m} & b_{11} \dots b_{1k} \\ a_{21} \dots a_{2m} & b_{21} \dots b_{2k} \\ \vdots \quad \vdots & \vdots \quad \vdots \\ a_{n1} \dots a_{nm} & b_{n1} \dots b_{nk} \end{pmatrix}$$

Sei weiter **A** eine (n, m)-Matrix und **B** eine (k, m)-Matrix, dann bezeichnen wir die (n + k, m)-Matrix, die dadurch entsteht, daß wir **B** an **A** „unten" anfügen mit

$$\left(\frac{\mathbf{A}}{\mathbf{B}}\right) = \begin{pmatrix} a_{11} \dots a_{1m} \\ \vdots \quad \vdots \\ a_{n1} \dots a_{nm} \\ b_{11} \dots b_{1m} \\ \vdots \quad \vdots \\ b_{k1} \dots b_{km} \end{pmatrix}$$

Durch sukzessives Anfügen rechts und Anfügen unten erhalten wir sogenannte **Übermatrizen**

$$\begin{pmatrix} \mathbf{A}_{11}\ \mathbf{A}_{12}, \dots \mathbf{A}_{1m} \\ \mathbf{A}_{21}\ \mathbf{A}_{22}, \dots \mathbf{A}_{2m} \\ \vdots \quad \vdots \quad\quad \vdots \\ \mathbf{A}_{n1}\ \mathbf{A}_{n2}, \dots \mathbf{A}_{nm} \end{pmatrix},$$

wobei Matrizen mit gleichem Zeilenindex die gleiche Zeilenzahl und Matrizen mit gleichem Spaltenindex die gleiche Spaltenzahl haben.

Liegt eine (n, m)-Matrix **A** vor, so bezeichnen wir den Vektor

$$\mathbf{a}_i = (a_{i1}, \dots, a_{im})$$

als i-ten **Zeilenvektor** von **A** und den Vektor

$$\mathbf{b}_j = \begin{pmatrix} a_{1j} \\ \vdots \\ a_{nj} \end{pmatrix}$$

als j-ten **Spaltenvektor** von **A**.

3.2. Die Matrizenmultiplikation

Für Vektoren mit gleich viel Komponenten haben wir eine Multiplikation eingeführt. Das Ergebnis ist aber kein Vektor sondern eine reelle Zahl. Jetzt wollen wir eine entsprechende Matrizenmultiplikation einführen.

Wir gehen aus von einer Konsummatrix **C**, die in Zeile i und Spalte j die Menge des

Gutes j enthält, die ein Haushalt der Art i konsumiert. Es gehe nun darum, den „Wert“ des Konsums zu berechnen. Dieser Wert wird im allgemeinen für jede Haushaltsart ein anderer sein. Also ist das Ergebnis ein n-komponentiger Wertvektor **w**.

Den Preisvektor bezeichnen wir mit **p**.

Insgesamt erhalten wir also den Wertvektor **w** aus der Beziehung:

$$\mathbf{C} \text{ „multipliziert“ mit } \mathbf{p} = \mathbf{w}\,,$$

wobei die „Multiplikation“ in folgender Weise zu definieren wäre:

$$w_i = c_{i1}p_1 + c_{i2}p_2 + \ldots + c_{im}p_m = \sum_{j=1}^{m} c_{ij}p_j$$

für $1 \leqq i \leqq n$.

Auf diese Weise könnten wir eine „Multiplikation“ einer Matrix mit einem Vektor definieren. Wir wollen aber eine Multiplikation für Matrizen definieren, die als Spezialfall die Multiplikation einer Matrix mit einem Vektor enthält. Diesen Sachverhalt können wir am besten einsehen, wenn wir zuerst unser Beispiel verallgemeinern. Wir nehmen an, daß wir nicht nur einen Preisvektor **p** haben, wobei p_j gleich ist dem Preis von einer Einheit vom Gut j, sondern k verschiedene Preisvektoren, wobei jeder Preisvektor die Preise in einem bestimmten Jahr angibt. Konkret sei p_{jl} der Preis von Gut j im Jahr l.

Entsprechend sei w_{il} der Wert des Konsums des Haushalts der Art i in Preisen des Jahres l.

Zweckmäßigerweise definieren wir nun eine (m, k)-Matrix **P** mit den Elementen p_{jl} und eine (n, k)-Matrix **W** mit den Elementen w_{il}.

Wir wollen dann die folgende Operation einführen:

$$\mathbf{C} \text{ „multipliziert mit“ } \mathbf{P} = \mathbf{W}\,,$$

wobei gelten muß:

$$w_{il} = \sum_{j=1}^{m} c_{ij}p_{jl}$$

Diese Überlegungen führen zu der folgenden

Definition 3:

Es sei **A** eine (n, m)-Matrix und **B** eine (m, k)-Matrix, dann ist **C** gleich **A mal B** im Sinne der Matrizenmultiplikation, wenn gilt:

$$c_{ij} = \sum_{l=1}^{m} a_{il}b_{lj} \quad \text{für } 1 \leqq i \leqq n,\ 1 \leqq j \leqq k\,,$$

wobei **C** eine (n, k)-Matrix ist.

Für die Multiplikation schreiben wir symbolisch:

$$\mathbf{C} = \mathbf{A} \cdot \mathbf{B}$$

und sagen kurz **C** ist **A** mal **B**.
Anstatt **A** · **B** schreiben wir oft auch **AB**.

△

Beispiele:

Wir berechnen das Produkt **C** von **A** und **B**, wobei

$$\mathbf{A} = \begin{pmatrix} 1 & 2 & 3 \\ 4 & 5 & 6 \end{pmatrix} \quad \text{und} \quad \mathbf{B} = \begin{pmatrix} 7 & 10 \\ 8 & 11 \\ 9 & 12 \end{pmatrix}$$

Das Ergebnis **C** ist eine (2,2)-Matrix mit

$$c_{11} = 1 \cdot 7 + 2 \cdot 8 + 3 \cdot 9, \quad c_{12} = 1 \cdot 10 + 2 \cdot 11 + 3 \cdot 12$$
$$c_{21} = 4 \cdot 7 + 5 \cdot 8 + 6 \cdot 9, \quad c_{22} = 4 \cdot 10 + 5 \cdot 11 + 6 \cdot 12$$

Das Produkt der beiden Matrizen

$$\mathbf{A} = \begin{pmatrix} 1 & 2 & 3 \\ 4 & 5 & 6 \end{pmatrix} \quad \text{und} \quad \mathbf{B} = \begin{pmatrix} 7 & 8 \\ 9 & 10 \end{pmatrix}$$

ist nicht definiert!
Das Produkt der Matrizen

$$\mathbf{A} = (1, 2, 3, 4) \quad \text{und} \quad \mathbf{B} = \begin{pmatrix} 7 \\ 8 \\ 9 \\ 10 \end{pmatrix}$$

ist eine (1,1)-Matrix **C** mit

$$c_{11} = 1 \cdot 7 + 2 \cdot 8 + 3 \cdot 9 + 4 \cdot 10 .$$

Diese Multiplikation können wir auch verbal in folgener Weise beschreiben: In der Ergebnismatrix ergibt sich das Element in Zeile i und Spalte j dadurch, daß wir den i-ten Zeilenvektor des ersten Faktors nehmen, dazu den j-ten Spaltenvektor des zweiten Faktors und beide Vektoren im Sinne der inneren Multiplikation multiplizieren.

Dieser Sachverhalt kommt auch in dem folgenden Schema grafisch zum Ausdruck.

Schema der Matrizenmultiplikation:

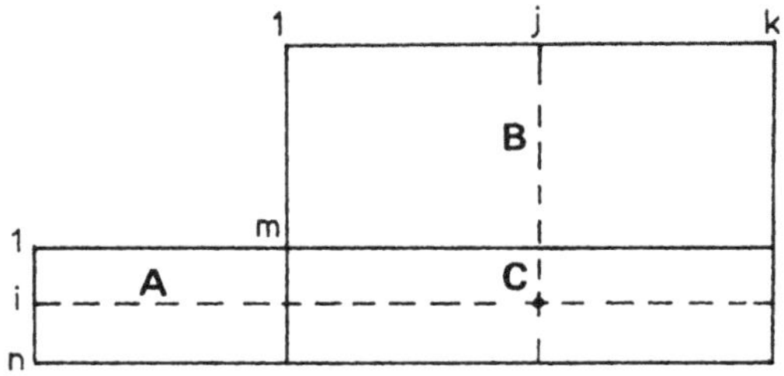

Im Bereich der reellen Zahlen ist die Multiplikation kommutativ, d. h. $\alpha\beta = \beta\alpha$. Für die Matrizenmultiplikation gilt dies nicht! Dies überlegen wir uns an unserem Beispiel:

$$\mathbf{W} = \mathbf{C} \cdot \mathbf{P}.$$

Die Zeilenkategorie von **C** ist die Art der Haushalte und die Spaltenkategorie die Art der Güter. Die Zeilenkategorie von **P** ist die Art der Güter und die Spaltenkategorie die Basierung auf ein Jahr. Durch die Multiplikation wird eine Bewertung der Güter vorgenommen und damit erfolgt eine „Umrechnung" aller Dimensionen der Kategorie Güter zu einer einzigen Dimension zum Beispiel DM.

Damit entfällt eine Kategorie, und es bleiben für die Ergebnismatrix **W** die Kategorien Art des Haushalts und Basierung auf ein Jahr übrig.

Sinnvollerweise wird dem Ergebnis als Zeilenkategorie die verbleibende Zeilenkatagorie (des ersten Faktors) und als Spaltenkatagorie die verbleibende Spaltenkatagorie (des zweiten Faktors) zugeordnet.

Aus obigen Überlegungen wird klar, daß die Spaltenkategorie des ersten Faktors mit der Zeilenkategorie des zweiten Faktors kompatibel sein muß und insbesondere gleich lang. Deshalb ist eine Multiplikation

$$\mathbf{P} \cdot \mathbf{C}$$

inhaltlich sinnlos und falls $s(\mathbf{P}) \neq z(\mathbf{C})$ auch technisch nicht durchführbar. Ist aber $s(\mathbf{P}) = z(\mathbf{C})$, so sind die Multiplikationen $\mathbf{P} \cdot \mathbf{C}$ und $\mathbf{C} \cdot \mathbf{P}$ rein technisch durchführbar, trotzdem ist im allgemeinen $\mathbf{P} \cdot \mathbf{C} \neq \mathbf{C} \cdot \mathbf{P}$ wie man an folgendem Beispiel sehen kann:

$$\begin{pmatrix} 1 & 1 \\ 2 & 3 \end{pmatrix} \begin{pmatrix} 1 & 1 \\ 2 & 2 \end{pmatrix} = \begin{pmatrix} 3 & 3 \\ 8 & 8 \end{pmatrix}$$

$$\begin{pmatrix} 1 & 1 \\ 2 & 2 \end{pmatrix} \begin{pmatrix} 1 & 1 \\ 2 & 3 \end{pmatrix} = \begin{pmatrix} 3 & 4 \\ 6 & 8 \end{pmatrix}$$

In der Linearen Algebra als mathematischer Methode wird bei der Multiplikation nur darauf geachtet, daß die Multiplikation technisch durchführbar ist. Wenn wir im folgenden ein Produkt $\mathbf{A} \cdot \mathbf{B}$ hinschreiben, so setzen wir immer voraus, daß dies definiert ist, d. h. $s(\mathbf{A}) = z(\mathbf{B})$.

Wir wollen noch kurz auf den Zusammenhang von Vektoren und Matrizen eingehen. Die folgenden beiden Gebilde

$$\begin{pmatrix} 1 \\ 2 \\ 3 \end{pmatrix} \quad \text{und} \quad (1, 2, 3)$$

sind nach unserer bisherigen Auffassung einerseits zwei identische Vektoren, andererseits ist das erste eine (3,1)-Matrix und das zweite eine (1,3)-Matrix, also nach dieser Interpretation sind es verschiedene Objekte. Um diese Mehrdeutigkeit auszuschalten und Vektoren und Matrizen als einheitliche Objekte ansehen zu können, treffen wir folgende Vereinbarung:

Ein zeilenweise geschriebener Vektor wird im folgenden als Matrix angesehen; einen solchen Vektor bezeichnen wir als **Zeilenvektor**. Entsprechend wird ein spaltenweise geschriebener Vektor im folgenden als Matrix angesehen, und wir sagen dafür auch **Spaltenvektor**.

Wenn wir einen Vektor nicht als Zeilen- bzw. Spaltenvektor festgelegt haben, so sehen wir ihn als Spaltenvektor an.

Damit ist z. B. die Matrizenmultiplikation einer (n, m)-Matrix mit einem m-komponentigen Spaltenvektor aber nicht die mit einem m-komponentigen Zeilenvektor definiert.

Speziell entspricht die innere Multiplikation zweier Vektoren einer Matrizenmultiplikation, wenn der erste Faktor als Zeilenvektor und der zweite als Spaltenvektor geschrieben wird.

Man beachte dabei, daß formal bei dieser Matrizenmultiplikation als Ergebnis eine (1,1)-Matrix resultiert.

Nun wollen wir zur Matrizenmultiplikation Rechenregeln angeben. Diese Rechenregeln ergeben sich einfach durch Anwendung der Definitionen der Matrizenoperationen. Es gilt:

(10) $\quad \mathbf{A} \cdot (\mathbf{B} \cdot \mathbf{C}) = (\mathbf{A} \cdot \mathbf{B}) \cdot \mathbf{C}$

Der Beweis von (10) ist trivial. Nach Definition ergibt sich nämlich:

$$\begin{aligned}[\mathbf{A} \cdot (\mathbf{B} \cdot \mathbf{C})]_{ij} &= \sum_{\nu} a_{i\nu} (\sum_{\mu} b_{\nu\mu} c_{\mu j}) = \sum_{\nu, \mu} a_{i\nu} b_{\nu\mu} c_{\mu j} = \\ &= \sum_{\mu} (\sum_{\nu} a_{i\nu} b_{\nu\mu}) c_{\mu j} = [(\mathbf{A} \cdot \mathbf{B}) \cdot \mathbf{C}]_{ij}\end{aligned}$$

Gemäß (10) hat die Art der Klammerung auf das Ergebnis keinen Einfluß; daher schreiben wir für beide Seiten von (10) auch $\mathbf{A} \cdot \mathbf{B} \cdot \mathbf{C}$.

Man prüfe (10) an folgendem einfachen Beispiel konkret nach

$$\mathbf{A} = \begin{pmatrix} 1 & 2 \\ 2 & 3 \end{pmatrix}, \quad \mathbf{B} = \begin{pmatrix} 1 & 3 & 7 \\ 4 & 5 & 2 \end{pmatrix} \quad \text{und} \quad \mathbf{C} = \begin{pmatrix} 2 & 1 \\ 4 & 5 \\ 6 & 2 \end{pmatrix}$$

Im Bereich der reellen Zahlen verwendet man die Potenzschreibweise a^n. Analog verfahren wir im Bereich der Matrizen. Für das Produkt

$$\underbrace{\mathbf{A} \cdot \mathbf{A} \ldots \mathbf{A}}_{\text{m-mal}}$$

schreiben wir auch $\mathbf{A}^m$. Speziell ist dann $\mathbf{A} = \mathbf{A}^1$, und es gilt

$$\mathbf{A}^m \cdot \mathbf{A}^k = \mathbf{A}^{m+k}$$

Weiter gilt die Rechenregel

$$(11) \qquad \mathbf{A} \cdot (\mathbf{B} + \mathbf{C}) = \mathbf{A} \cdot \mathbf{B} + \mathbf{A} \cdot \mathbf{C}$$

Auch der Beweis von (11) ist trivial.
Es ist nämlich:

$$[\mathbf{A} \cdot (\mathbf{B} + \mathbf{C})]_{ij} = \sum_\nu a_{i\nu}(b_{\nu j} + c_{\nu j}) =$$
$$= \sum_\nu (a_{i\nu} b_{\nu j} + a_{i\nu} c_{\nu j}) = [\mathbf{A} \cdot \mathbf{B} + \mathbf{A} \cdot \mathbf{C}]_{ij}$$

Man prüfe die Rechenregel (11) an folgendem konkreten Beispiel nach:

$$\mathbf{A} = \begin{pmatrix} 1 & 2 \\ 3 & 5 \end{pmatrix}, \quad \mathbf{B} = \begin{pmatrix} 2 & 4 & 6 \\ 5 & 7 & 1 \end{pmatrix} \quad \text{und} \quad \mathbf{C} = \begin{pmatrix} 1 & 2 & 4 \\ 3 & 4 & 5 \end{pmatrix}$$

Bei der Multiplikation der reellen Zahlen spielen zwei Zahlen, nämlich die Null und die Eins, eine besondere Rolle: Die Null macht jede Zahl zu Null und die Eins reproduziert jede Zahl.
Für die Nullmatrix $\mathbf{0}$ gilt entsprechend

$$(12) \qquad \mathbf{0} \cdot \mathbf{A} = \mathbf{0},$$

wobei die Nullmatrix auf der linken Seite von (12) beliebige Zeilenzahl hat, und die Dimension der Nullmatrix auf der rechten Seite von (12) eine aus der Multiplikation resultierende Dimension hat. Definieren wir noch eine (n, n)-Matrix $\mathbf{I}_n$ in folgender Weise:

$$\mathbf{I}_n = \begin{pmatrix} 1 & 0 & 0 \ldots 0 \\ 0 & 1 & 0 \ldots 0 \\ 0 & 0 & 1 \ldots 0 \\ \vdots & \vdots & \vdots \quad \vdots \\ 0 & 0 & 0 \ldots 1 \end{pmatrix},$$

so ergibt sich für eine (n, m)-Matrix $\mathbf{A}$

(13) $\mathbf{I}_n \cdot \mathbf{A} = \mathbf{A} \cdot \mathbf{I}_m = \mathbf{A}$

Die Matrix $\mathbf{I}_n$ heißt **Einheitsmatrix der Ordnung n**, weil sie nach (13) bei der Multiplikation die Matrix **A** nicht ändert. Dabei muß sie natürlich immer eine Einheitsmatrix entsprechender Ordnung sein.

Für eine reelle Zahl wird gesetzt: $a^\circ = 1$.

Entsprechend setzen wir für eine (n, n)-Matrix **A**

$$\mathbf{A}^\circ = \mathbf{I}_n$$

Damit gilt die Rechenregel

$$\mathbf{A}^m \cdot \mathbf{A}^k = \mathbf{A}^{m+k}$$

auch dann, wenn m oder k Null werden.

Man prüfe die Rechenregel (13) konkret an folgendem Beispiel nach:

$$\mathbf{A} = \begin{pmatrix} 4 & 2 & 4 \\ 1 & 3 & 1 \end{pmatrix}.$$

Im Zusammenhang mit der Multiplikation von Matrizen ist noch eine andere Matrizenoperation wichtig.

Wir erläutern diesen Zusammenhang an einem konkreten Beispiel der Konsummessung. Es mögen die folgenden Listen vorliegen.

1. Konsummengen gegliedert nach Art des Gutes und Art des Haushaltes

Gut	Haushaltsart		
	1	2	3
G_1	0	2	1
G_2	1	1	1
G_3	2	1	0

2. Preise gegliedert nach Art des Gutes und nach Basisjahr

Gut	Basisjahr	
	1970	1975
G_1	5	6
G_2	6	6
G_3	7	7

Es ist dann naheliegend die Zahlenschemata in den beiden Listen durch die beiden folgenden Matrizen

$$\mathbf{D} = \begin{pmatrix} 0 & 2 & 1 \\ 1 & 1 & 1 \\ 2 & 1 & 0 \end{pmatrix}$$

und

$$\mathbf{P} = \begin{pmatrix} 5 & 6 \\ 6 & 6 \\ 7 & 7 \end{pmatrix}$$

zu erfassen.

Um den Wert w_{ij} des Konsums von Gut j von Haushalt der Art i zu berechnen, müssen wir die Matrix $\mathbf{W} = (w_{ij})$ durch geeignete Multiplikation aus **D** und **P** berechnen. Das Produkt **D** mit **P** kann nicht gebildet werden, da die Spaltenkategorie von **D** und die Zeilenkategorie von **P** nicht kompatibel sind. Würde man aber die Zeilen- mit der Spaltenkategorie von **D** vertauschen und die so resultierende Matrix mit **C** bezeichnen, so wäre gerade

$$\mathbf{W} = \mathbf{C} \cdot \mathbf{P}.$$

Diese Überlegungen zeigen, daß es manchmal nötig ist, bei Matrizen eine Vertauschung von Zeilen- und Spaltenkategorie vorzunehmen.

Definition 4:

Sei **A** eine (n, m)-Matrix: Die (m, n)-Matrix **B**, die aus **A** durch Vertauschen der Zeilen- mit der Spaltenkategorie resultiert, heißt die **Transponierte** von **A**.

Symbolisch: $\mathbf{B} = \mathbf{A}'$

Es gilt dann:

$$b_{ij} = a_{ji} \quad \text{für} \quad 1 \leqq j \leqq n, \ 1 \leqq i \leqq m$$

Diese Operation heißt **Transponieren**.

△

Speziell erhalten wir durch Transponieren eines Spaltenvektors einen Zeilenvektor.

Für das Transponieren gelten die folgenden Rechenregeln:

(14) $(\mathbf{A}')' = \mathbf{A}$

(15) $(\mathbf{A} + \mathbf{B})' = \mathbf{A}' + \mathbf{B}'$.

Diese beiden Regeln sind unmittelbar klar.

Man prüfe (14) und (15) konkret an dem folgenden Beispiel nach:

$$\mathbf{A} = \begin{pmatrix} 1 & 2 & 3 \\ 4 & 5 & 6 \\ 7 & 8 & 9 \\ 10 & 11 & 12 \end{pmatrix} \quad \text{und} \quad \mathbf{B} = \begin{pmatrix} 21 & 22 & 23 \\ 24 & 25 & 26 \\ 27 & 28 & 29 \\ 30 & 31 & 32 \end{pmatrix}$$

Weiter gilt:

(16) $(\mathbf{A} \cdot \mathbf{B})' = \mathbf{B}' \cdot \mathbf{A}'$

Der Beweis folgt auch direkt nach Definition der Multiplikation und des Transponierens:

$$[\mathbf{B}' \cdot \mathbf{A}']_{ij} = \sum_{\nu} [\mathbf{B}']_{i\nu} [\mathbf{A}']_{\nu j} = \sum_{\nu} [\mathbf{B}]_{\nu i} [\mathbf{A}]_{j\nu} =$$
$$= \sum_{\nu} [\mathbf{A}]_{j\nu} [\mathbf{B}]_{\nu i} = [\mathbf{A} \cdot \mathbf{B}]_{ji} = [(\mathbf{A} \cdot \mathbf{B})']_{ij}$$

Formel (16) prüfe man konkret an folgendem Beispiel nach:

$$\mathbf{A} = \begin{pmatrix} 1 & 2 & 5 \\ 3 & 4 & 6 \end{pmatrix} \quad \text{und} \quad \mathrm{B} = \begin{pmatrix} 2 & 1 & 2 \\ 4 & 3 & 3 \\ 5 & 5 & 2 \end{pmatrix}$$

3.3. Zusammenfassung

In Kapitel 3 haben wir den Begriff einer Matrix eingeführt, wobei die Vektoren als spezielle Matrizen aufgefaßt wurden. Für Matrizen haben wir analog zu den Vektoren eine Skalarmultiplikation und eine Addition eingeführt. Für Vektoren – aufgefaßt als Matrizen – stimmen diese Operationen mit den entsprechenden Operationen für Vektoren überein.

Die Matrizen, versehen mit diesen beiden Operationen, verhalten sich wie reelle Zahlen bezüglich der entsprechenden Multiplikation mit einer reellen Zahl und der Addition. Darüberhinaus haben wir eine Multiplikation für Matrizen definiert, sofern die Spaltenzahl des ersten Faktors gleich ist der Zeilenzahl des zweiten Faktors.

Diese Multiplikation ist gleich der inneren Multiplikation falls der erste Faktor ein Zeilen- und der zweite Faktor ein Spaltenvektor ist. Für (1,1)-Matrizen ergibt sich die gewöhnliche Multiplikation von reellen Zahlen. Die Matrizenmultiplikation ist allerdings im allgemeinen nicht kommutativ.

Im Bereich der reellen Zahlen gibt es zur Multiplikation die Umkehrung, nämlich die Division. Dieses Problem ist für Matrizen relativ kompliziert, und es wird erst in Kapitel 5 angegangen.

Übungen und Aufgaben zu Kapitel 3 (Matrizen)

Abschnitt 3.1. (Grundbegriffe und Operationen)

1. Ein Betrieb stellt aus 3 verschiedenen Rohstoffen R_1, R_2 und R_3 zwei Zwischenprodukte Z_1 und Z_2 her und aus letzteren 3 Endprodukte E_1, E_2 und E_3.

Im folgenden werden zwei Schemata betrachtet. Zuerst das Rohstoffverbrauchsschema für die Zwischenprodukte, wobei in Zeile i und Spalte j die Menge des Rohstoffs i angegeben wird, die für eine Einheit des Zwischenprodukts j benötigt wird. Konkret laute dieses Schema

	Z_1	Z_2
R_1	1	0
R_2	2	1
R_3	1	1

Weiter wird das Zwischenproduktverbrauchsschema für die Endprodukte angegeben, wobei in Zeile i und Spalte j die Menge des Zwischenproduktes i angegeben wird, die für eine Einheit Endprodukt j benötigt wird.
Konkret laute dieses Schema

	E_1	E_2	E_3
Z_1	1	2	1
Z_2	0	2	2

Es interessiert dann das Rohstoffverbrauchsschema für die Endprodukte, wobei in Zeile i und Spalte j die Menge des Rohstoffs der Art i steht, die für eine Einheit des Endprodukts der Art j benötigt wird.
Das entsprechende Schema sieht folgendermaßen aus

	E_1	E_2	E_3
R_1	*	*	*
R_2	*	*	*
R_3	*	*	*

Das erste Schema erfassen wir in der Matrix

$$\mathbf{R}_Z = \begin{pmatrix} 1 & 0 \\ 2 & 1 \\ 1 & 1 \end{pmatrix}$$

das zweite in der Matrix

$$\mathbf{Z}_E = \begin{pmatrix} 1 & 2 & 1 \\ 0 & 2 & 2 \end{pmatrix}$$

und das dritte in der Matrix

$$\mathbf{R}_E = \begin{pmatrix} * & * & * \\ * & * & * \\ * & * & * \end{pmatrix}$$

Damit haben wir die quantitative Materialverflechtung bei einem Produktionsprozeß in Matrizenform erfaßt.

Die Frage, wie $\mathbf{R}_E$ aus $\mathbf{R}_Z$ und $\mathbf{Z}_E$ zu berechnen ist, behandeln wir bei den Übungen zu 3.2.

2. Warum kann man aus dem folgenden Zahlenschema keine Matrix bilden?

1	2	3	
4	5		
6	7		
6	7		
8	9	10	11

3. Sind die folgenden Matrizen **A** und **B** gleich?

$$\mathbf{A} = \begin{pmatrix} 1 & 9 & 2 \\ 5 & 7 & 2 \end{pmatrix} \qquad \mathbf{B} = \begin{pmatrix} 1 & 9 & 3 \\ 5 & 7 & 6 \end{pmatrix}$$

bzw.

$$\mathbf{A} = (1, 2, 3) \qquad \mathbf{B} = \begin{pmatrix} 1 \\ 2 \\ 3 \end{pmatrix}$$

4. Man berechne zvec **A** und svec **A** für die Matrizen

$$\mathbf{A} = \begin{pmatrix} 1 & 2 & 3 \\ 4 & 5 & 6 \end{pmatrix}$$

bzw.

$$\mathbf{A} = (1, 2, 3, 4, 5)$$

5. Kann man die folgenden Matrizen **A** und **B** addieren? Falls die Antwort positiv ist, addiere man sie!

$$\mathbf{A} = \begin{pmatrix} 1 & 2 & 3 \\ 4 & 5 & 6 \end{pmatrix} \qquad \mathbf{B} = \begin{pmatrix} 1 & 1 & 1 \\ 1 & 1 & 1 \end{pmatrix}$$

$$\mathbf{A} = (1, 2, 3) \qquad \mathbf{B} = \begin{pmatrix} 2 \\ 4 \\ 6 \end{pmatrix}$$

$$\mathbf{A} = \begin{pmatrix} 1 & 2 & 3 \\ 4 & 5 & 6 \end{pmatrix} \qquad \mathbf{B} = \begin{pmatrix} 1 & 4 \\ 2 & 5 \\ 3 & 6 \end{pmatrix}$$

3.2. (Die Matrizenmultiplikation)

1. Ist das Produkt der folgenden Matrizenpaare definiert?

$$\mathbf{A} = \begin{pmatrix} 1 & 0 \\ 0 & 1 \end{pmatrix} \quad \text{und} \quad \mathbf{B} = (1, 1)\,;$$

$$\mathbf{A} = \begin{pmatrix} 1 \\ 1 \\ 1 \end{pmatrix} \quad \text{und} \quad \mathbf{B} = \begin{pmatrix} 1 \\ 2 \\ 3 \end{pmatrix};$$

$$\mathbf{A} = (1, 1, 1) \quad \text{und} \quad \mathbf{B} = \begin{pmatrix} 1 \\ 2 \\ 3 \end{pmatrix}.$$

2. Man berechne das Produkt von **A** und **B**, wobei

$$\mathbf{A} = \begin{pmatrix} 1 & 2 & 3 \\ 2 & 3 & 4 \\ 3 & 4 & 5 \end{pmatrix} \quad \text{und} \quad \mathbf{B} = \begin{pmatrix} 1 & 2 \\ 1 & 3 \\ 1 & 3 \end{pmatrix}$$

bzw.

$$\mathbf{A} = \begin{pmatrix} 1 \\ 2 \\ 3 \end{pmatrix} \quad \text{und} \quad \mathbf{B} = (1, 1, 1)$$

3. Unter welchen Voraussetzungen gilt in Analogie zu der Formel

$$(a + b)^2 = a^2 + 2ab + b^2 \quad \text{für} \quad a, b \in \mathbb{R}$$

für Matrizen

$$(\mathbf{A} + \mathbf{B})^2 = \mathbf{A}^2 + 2\mathbf{A}\,\mathbf{B} + \mathbf{B}^2 \ ?$$

4.* Übermatrizen

4.1. Wir betrachten die folgenden Übermatrizen

$$\mathbf{A} = \begin{pmatrix} \mathbf{A}_{11} & \mathbf{A}_{12} \\ \mathbf{A}_{21} & \mathbf{A}_{22} \end{pmatrix} \qquad \mathbf{B} = \begin{pmatrix} \mathbf{B}_{11} & \mathbf{B}_{12} \\ \mathbf{B}_{21} & \mathbf{B}_{22} \end{pmatrix}$$

mit

$$\mathbf{A}_{11} = \begin{pmatrix} 1 & 1 \\ 1 & 2 \end{pmatrix} \qquad \mathbf{A}_{12} = \begin{pmatrix} 1 \\ 2 \end{pmatrix} \qquad \mathbf{A}_{21} = (3, 1) \quad \mathbf{A}_{22} = (2)$$

$$\mathbf{B}_{11} = \begin{pmatrix} 1 & 0 \\ 1 & 1 \end{pmatrix} \qquad \mathbf{B}_{12} = \begin{pmatrix} 2 \\ 1 \end{pmatrix} \qquad \mathbf{B}_{21} = (4, 2) \quad \mathbf{B}_{22} = (3)$$

Man berechne konkret **A B** und die Matrix

$$\mathbf{C} = \begin{pmatrix} \mathbf{A}_{11}\mathbf{B}_{11} + \mathbf{A}_{12}\mathbf{B}_{21}\,, & \mathbf{A}_{11}\mathbf{B}_{12} + \mathbf{A}_{12}\mathbf{B}_{22} \\ \mathbf{A}_{21}\mathbf{B}_{11} + \mathbf{A}_{22}\mathbf{B}_{21}\,, & \mathbf{A}_{21}\mathbf{B}_{12} + \mathbf{A}_{22}\mathbf{B}_{22} \end{pmatrix}$$

die formal dem Produkt zweier (2, 2)-Matrizen entspricht.

4.2. Man überlege sich, daß für Übermatrizen der Ordnung (2, 2) folgende Beziehung gilt:

$$\begin{pmatrix} \mathbf{A}_{11} & \mathbf{A}_{12} \\ \mathbf{A}_{21} & \mathbf{A}_{22} \end{pmatrix} \begin{pmatrix} \mathbf{B}_{11} & \mathbf{B}_{12} \\ \mathbf{B}_{21} & \mathbf{B}_{22} \end{pmatrix} = \begin{pmatrix} \mathbf{A}_{11}\mathbf{B}_{11} + \mathbf{A}_{12}\mathbf{B}_{21}\,, & \mathbf{A}_{11}\mathbf{B}_{12} + \mathbf{A}_{12}\mathbf{B}_{22} \\ \mathbf{A}_{21}\mathbf{B}_{11} + \mathbf{A}_{22}\mathbf{B}_{21}\,, & \mathbf{A}_{21}\mathbf{B}_{12} + \mathbf{A}_{22}\mathbf{B}_{22} \end{pmatrix},$$

sofern alle vorkommenden Matrizenoperationen ausgeführt werden können. Das heißt z. B. $\mathbf{A}_{11}$ hat gleichviel Spalten wie $\mathbf{B}_{11}$ Zeilen. Zuerst betrachte man den Fall, daß alle Matrizen $\mathbf{A}_{ij}$ und $\mathbf{B}_{ij}$ quadratisch und von gleicher Ordnung sind. Ist dieses Ergebnis verallgemeinerbar auf Übermatrizen von höherer Ordnung als (2,2)?

4.3. Es sei $\mathbf{A}$ eine Übermatrix in Diagonalform

$$\mathbf{A} = \begin{pmatrix} \mathbf{A}_1 & \mathbf{0} & \mathbf{0} \dots & \mathbf{0} \\ \mathbf{0} & \mathbf{A}_2 & \mathbf{0} \dots & \mathbf{0} \\ \vdots & & & \vdots \\ \vdots & & & \mathbf{0} \\ \mathbf{0} & \dots & \mathbf{0} & \mathbf{A}_k \end{pmatrix},$$

wobei $\mathbf{A}_i$ eine (n_i, n_i)-Matrix ist.

Man überlege sich, daß gilt

$$\mathbf{A}^2 = \begin{pmatrix} \mathbf{A}_1^2 & \mathbf{0} & \mathbf{0} \dots & \mathbf{0} \\ \mathbf{0} & \mathbf{A}_2^2 & \mathbf{0} \dots & \mathbf{0} \\ \vdots & & & \vdots \\ \vdots & & & \mathbf{0} \\ \mathbf{0} & \dots & \mathbf{0} & \mathbf{A}_k^2 \end{pmatrix}$$

5. Man zeige

$$(\mathbf{A} + \mathbf{B})(\mathbf{x} + \mathbf{y}) = \mathbf{Ax} + \mathbf{Ay} + \mathbf{Bx} + \mathbf{By}$$

6. Man zeige

$$(\mathbf{A} + \mathbf{B})(\mathbf{C} + \mathbf{D}) = \mathbf{A\,C} + \mathbf{B\,C} + \mathbf{A\,D} + \mathbf{B\,D}$$

7. Man überlege sich, daß für zwei Diagonalmatrizen $\mathbf{D}_1$ und $\mathbf{D}_2$ immer gilt:

$$\mathbf{D}_1\mathbf{D}_2 = \mathbf{D}_2\mathbf{D}_1$$

Was ergibt sich, wenn nur eine der Matrizen diagonal ist?

8.* Es sei

$$A(x) = \frac{a_{11}x + a_{12}}{a_{21}x + a_{22}}$$

eine linear-rationale Funktion, die jedem $x \in \mathbb{R}$ mit $a_{21}x + a_{22} \neq 0$ zuordnet ein $y = A(x) \in \mathbb{R}$.

Die Funktion ist eindeutig festgelegt durch die Matrix

$$\mathbf{A} = \begin{pmatrix} a_{11} & a_{12} \\ a_{21} & a_{22} \end{pmatrix}$$

Sei entsprechend

$$B(x) = \frac{b_{11}x + b_{12}}{b_{21}x + b_{22}}$$

und

$$\mathbf{B} = \begin{pmatrix} b_{11} & b_{12} \\ b_{21} & b_{22} \end{pmatrix}$$

Man zeige, daß der Hintereinanderschaltung von A(x) und B(x) nämlich B(A(x)) die Matrix **B A** entspricht.

9.* Sei **A** die folgende Matrix

$$\mathbf{A} = \begin{pmatrix} 0 & 1 \\ 1 & 0 \end{pmatrix}$$

Man zeige, daß $\mathbf{A}^2 = \mathbf{I}_2$.

Man identifiziere $\mathbf{I}_2$ mit der reellen Zahl 1, **A** mit -1, $\alpha\mathbf{I}_2$ mit $\alpha \geqq 0$ und $|\alpha|\mathbf{A}$ mit $\alpha \leqq 0$. Dann folgt, daß die Summe von zwei positiven Zahlen α, β der Matrix $\alpha\mathbf{I}_2 + \beta\mathbf{I}_2$, die Summe einer positiven Zahl α und einer negativen Zahl β der Matrix $\alpha\mathbf{I}_2 + |\beta|\mathbf{A}$ und die Summe zweier negativer Zahlen α, β der Matrix $|\alpha|\mathbf{A} + |\beta|\mathbf{A}$ entsprechen.

Man überlege sich, daß analoges für die Multiplikation gilt.

10. Wir betrachten wieder das Beispiel der Materialverflechtung bei den Übungen zu Abschnitt 3.1.

Es geht nun darum, die Matrix $\mathbf{R}_E$ aus $\mathbf{R}_Z$ und $\mathbf{Z}_E$ zu berechnen.

Man überlege sich, daß gilt

$$\mathbf{R}_E = \mathbf{R}_Z\mathbf{Z}_E$$

und berechne konkret $\mathbf{R}_E$.

Es sollen 100 Einheiten vom Endprodukt 1, 200 Einheiten vom Endprodukt 2 und 150 Einheiten vom Endprodukt 3 hergestellt werden. Wieviel Einheiten von allen Rohstoffarten werden dafür benötigt? Man führe die Berechnung mit Hilfe von Matrizen durch, wobei **e** gleich ist dem Vektor, der angibt, wieviel Einheiten vom Endprodukt hergestellt werden sollen:

$$\mathbf{e}' = (100, 200, 150).$$

Kapitel 4: Lineare Gleichungssysteme

Das zentrale Problem der Linearen Algebra ist das Problem der Bestimmung der Lösungen eines linearen Gleichungssystems. Dieses Problem wird in diesem Kapitel behandelt.

Ausgangspunkt ist ein konstruktives Verfahren zur Bestimmung der Lösungen eines linearen Gleichungssystems. Im Rahmen dieses Verfahrens werden die zentralen Begriffe wie lineare Unabhängigkeit von Vektoren und der Rang einer Matrix entwickelt. Üblicherweise werden diese Begriffe in den Lehrbüchern definitorisch eingeführt, wobei der Sinn und die Zweckmäßigkeit dieser Begriffe erst in der Anwendung deutlich werden. Im Gegensatz dazu führen wir sie ein, wenn im Verlaufe der Lösung eines praktischen Problems sich diese Begriffe zur Kennzeichnung eines bestimmten Sachverhalts anbieten.

4.1. Ein einführendes Beispiel

Als Ausgangspunkt unserer Überlegungen wählen wir ein Beispiel, das wir schon in den vorigen Kapiteln betrachtet haben. **C** sei eine (n, m)-Matrix und c_{ij} gebe die Menge vom Gut j an, die von einem Haushalt der Art i konsumiert wird. Weiter sei **p** der Preisvektor, d. h. p_j ist gleich dem Preis einer Einheit vom Gut j. Schließlich sei **w** der Wertvektor, d. h. w_i gibt den Wert des Konsums von Haushalt der Art i an. Wie wir uns überlegt haben, resultiert der Wertvektor aus folgender Beziehung

(1) $\mathbf{C} \cdot \mathbf{p} = \mathbf{w}$

Wir stellen uns nun die Frage, ob wir bei gegebener Matrix **C** und gegebenem **w** eindeutig einen Preisvektor **p** erhalten, so daß Gleichung (1) erfüllt ist.

Anstatt (1) verwenden wir die übliche Notation

(2) $\mathbf{A}\mathbf{x} = \mathbf{b}$,

wobei **A** eine (n, m)-Matrix ist, die sogenannte **Koeffizientenmatrix**. Der Vektor **x** ist unbekannt und **b** die sogenannte rechte Seite oder der **Ergebnisvektor**.

Als **Lösungsmenge** bezeichnen wir die Menge aller **x**, die (2) bei gegebenem **A** und **b** erfüllen. Ein **x** aus der Lösungsmenge heißt **Lösung**.

Die Matrizengleichung (2) können wir komponentenweise auch folgendermaßen schreiben

$$\begin{array}{l} a_{11}x_1 + a_{12}x_2 + \ldots + a_{1m}x_m = b_1 \\ a_{21}x_1 + a_{22}x_2 + \ldots + a_{2m}x_m = b_2 \\ \vdots \qquad\qquad\qquad\qquad\qquad\quad \vdots \\ a_{n1}x_1 + a_{n2}x_2 + \ldots + a_{nm}x_m = b_n \end{array}$$

Es liegt also ein lineares Gleichungssystem vor bestehend aus n Gleichungen und in den m Unbekannten $x_1, \ldots, x_m$. Um die Struktur des Lösungsverfahrens einfach erfassen zu können, betrachten wir zuerst den Spezialfall $n = 2$ und $m = 2$, d.h. für unser Beispiel zwei Arten von Haushalten und zwei Güterarten. Weiter sei konkret

$$\mathbf{A} = \begin{pmatrix} 2 & 4 \\ 3 & 10 \end{pmatrix} \quad \mathbf{b} = \begin{pmatrix} 6 \\ 11 \end{pmatrix}$$

Damit lautet das Gleichungssystem (2) komponentenweise geschrieben

(3) $\quad 2x_1 + 4x_2 = 6$

(4) $\quad 3x_1 + 10x_2 = 11$

Die Reihenfolge der Gleichungen hat keinen Einfluß auf die Lösungsmenge, d.h. wir können die Gleichungen vertauschen, ohne die Lösungsmenge zu ändern.

Die Gleichungen (3) und (4) können wir folgendermaßen in Worte fassen: Der Wert von zwei Einheiten von Gut 1 plus dem Wert von vier Einheiten von Gut 2 ergeben 6 Werteinheiten bzw. der Wert von drei Einheiten von Gut 1 plus dem Wert von zehn Einheiten von Gut 2 ergeben 11 Werteinheiten. Dafür können wir noch einprägsamer sagen:

der Gütervektor (2, 4) hat den Wert 6 und der Gütervektor (3, 10) den Wert 11.

Da die Hälfte eines Gütervektors bei gleichen Preisen den halben Wert besitzt, hat wegen (3) der Gütervektor (1, 2) den Wert 3, d.h. aus (3) folgt durch „Halbieren" die Gleichung

(5) $\quad 1x_1 + 2x_2 = 3\,.$

Dabei bedeutet Halbieren einer Gleichung, daß alle Koeffizienten (hier der entsprechende Gütervektor) und die rechte Seite (hier der Wert) halbiert werden, wodurch wieder die Gleichheit beider Seiten garantiert wird. Analog können wir Gleichungen verdoppeln und allgemein mit einem Faktor $t \neq 0$ multiplizieren.

Aus (5) ergibt sich dann durch „Verdoppeln" wieder die Gleichung (3).

Diesen Sachverhalt können wir folgendermaßen verallgemeinern:

> **Nehmen wir das t-fache einer Gleichung mit $t \neq 0$, so erhalten wir eine neue Gleichung, die der ursprünglichen Gleichung äquivalent ist, d. h. genau dieselben Lösungen wie die ursprüngliche Gleichung hat.**

Diese Überlegungen sind auch nicht an den Fall $m = 2$ – also von zwei Unbekannten – gebunden, sondern allgemein gültig.

Wir gehen jetzt von Gleichung (3) und (4) aus. In Worten: Gütervektor (2, 4) hat den Wert 6 und Gütervektor (3, 10) den Wert 11. Durch Abziehen des Gütervektors (2, 4) vom Gütervektor (3, 10) erhalten wir den neuen Gütervektor (1, 6) mit dem Wert $5 = 11 - 6$.

Diesen Sachverhalt können wir auch folgendermaßen beschreiben: Durch Abziehen der Gleichung (3) von Gleichung (4) erhalten wir die neue Gleichung

$$(6) \qquad 1x_1 + 6x_2 = 5$$

Dabei bedeutet Abziehen einer Gleichung von einer anderen, das Abziehen entsprechender Koeffizienten (d. h. es wird hier die Differenz der beiden entsprechenden Gütervektoren gebildet) und das Abziehen der rechten Seite (d. h. es wird hier die Wertdifferenz gebildet), wodurch wieder die Gleichheit beider Seiten garantiert wird.

Analog können wir Gütervektoren und Gleichungen addieren. So erhalten wir durch Addition von Gleichung (6) und (3) wieder Gleichung (4).

Diesen Sachverhalt können wir folgendermaßen verallgemeinern:

Ziehen wir von einer Gleichung eine zweite Gleichung ab, so erhalten wir eine neue Gleichung. Dann sind die zweite und die neue Gleichung äquivalent den beiden ersten, d. h. sie besitzen genau dieselben Lösungen.

Schließlich können wir die Variablen auch umnumerieren. In unserem Beispiel können wir x_1 und x_2 vertauschen, also anstatt (3) und (4) die beiden folgenden Gleichungen betrachten.

$$\begin{aligned} 4x_1 + 2x_2 &= 6 \\ 10x_1 + 3x_2 &= 11 \end{aligned}$$

Dabei ist zu beachten, daß **inhaltlich** nach der Umbenennung der Variablen unter x_1 bzw. x_2 dasselbe zu verstehen ist, wie vorher unter x_2 bzw. x_1. Ist also x_1 vorher der Preis von Gut 1 und x_2 der von Gut 2, so ist nach der Umbenennung x_1 der Preis von Gut 2 und x_2 der von Gut 1.

In der konkreten Anwendung ist dies bei Umbenennungen zu beachten. Da die Variablen x_i für uns nur Bezeichnungen für empirische Größen sind, werden wir im folgenden beliebig Umbenennungen vornehmen.

Im folgenden wollen wir uns überlegen, wie durch geschicktes Verwenden dieser Operationen, nämlich Vertauschen von Gleichungen, Multiplizieren einer Gleichung mit einem Faktor, Abziehen einer Gleichung von einer anderen, und Umbenennung der Variablen die Lösungsmenge eines linearen Gleichungssystems bestimmt werden kann.

Das Verfahren zur Bestimmung der Lösungsmenge exemplifizieren wir zuerst an unserem einfachen Beispiel. Wir gehen also von den beiden Gleichungen (3) und (4) aus, multiplizieren erstere mit 3/2 und ziehen die so resultierende Gleichung von Gleichung (4) ab. Dadurch erhalten wir die neue Gleichung

$$4x_2 = 2$$

Diese Gleichung können wir lösen und erhalten $x_2 = \frac{1}{2}$. Gehen wir nun mit diesem Wert von x_2 in Gleichung (3) ein, so erhalten wir

$$2x_1 + 2 = 6$$

oder

$$x_1 = 2.$$

Damit haben wir eine Lösung erhalten, und zwar die einzig mögliche, da wir im Laufe des Verfahrens die Lösungsmenge nicht geändert haben.

Es ist aber nicht immer möglich, ein lineares Gleichungssystem eindeutig zu lösen. Um dies einzusehen, gehen wir von den folgenden beiden Gleichungen aus:

(7) $2x_1 + 4x_2 = 6$

(8) $6x_1 + 12x_2 = 18$

Ziehen wir von der Gleichung (8) das Dreifache der Gleichung (7) ab, so erhalten wir die Identität $0 = 0$. Das bedeutet, daß die zweite Gleichung ein Vielfaches der ersten und damit jede von beiden äquivalent der anderen ist. Wir können also eine Gleichung weglassen ohne die Lösungsmenge zu ändern. Wir lassen Gleichung (8) weg und erhalten die einzige Gleichung

$$2x_1 + 4x_2 = 6.$$

Man sieht sofort, daß für jedes beliebige x_2 immer ein x_1 existiert, so daß die Gleichung erfüllt ist. Die Lösungsmenge enthält daher unendlich viele Elemente.

Es gibt schließlich noch den Fall, daß ein Gleichungssystem gar keine Lösung hat. Um dies einzusehen, gehen wir von den beiden folgenden Gleichungen aus.

(9) $2x_1 + 4x_2 = 6$

(10) $6x_1 + 12x_2 = 19$

Ziehen wir nun von Gleichung (10) das Dreifache von (9) ab, so erhalten wir die widersprüchliche Gleichung

$$0 = 1$$

Wir haben also aus (9) und (10) durch logisch korrekte Umformung eine widersprüchliche Gleichung erhalten, d. h. (9) und (10) sind widersprüchlich. Daher ist die Lösungsmenge leer, d. h. es gibt keine Lösung.

Damit haben wir alle möglichen Fälle diskutiert, die bei der Lösung eines linearen Gleichungssystems auftreten können.

Wir betrachten zum Abschluß noch ein Beispiel von 3 Gleichungen und 3 Unbekannten, an dem wir entsprechend den obigen Überlegungen nun sehr schematisch zeigen wollen, wie die Lösungsmenge bestimmt werden kann. Diese Überlegungen übertragen wir dann im nächsten Abschnitt auf den allgemeinen Fall von 2 und mehr Gleichungen mit 2 und mehr Unbekannten.

Betrachtet wird das folgende Gleichungssystem.

$$\begin{aligned} x_1 + 2x_2 + 3x_3 &= 7 \\ 2x_1 + x_2 + 3x_3 &= 8 \\ 4x_1 + 3x_2 + x_3 &= 6 \end{aligned}$$

Wir ziehen zuerst das Doppelte der Gleichung 1 von Gleichung 2 und das Vierfache der Gleichung 1 von Gleichung 3 ab. Daraus resultiert das System

$$\begin{aligned} x_1 + 2x_2 + 3x_3 &= 7 \\ -3x_2 - 3x_3 &= -6 \\ -5x_2 - 11x_3 &= -22 \end{aligned}$$

In diesem System ziehen wir das $\frac{5}{3}$-fache der Gleichung 2 von Gleichung 3 ab. Daraus ergibt sich

$$\begin{aligned} x_1 + 2x_2 + 3x_3 &= 7 \\ -3x_2 - 3x_3 &= -6 \\ -6x_3 &= -12 \end{aligned}$$

Die letzte Gleichung gestattet nun x_3 auszurechnen; mit der Kenntnis von x_3 folgt dann aus Gleichung 2 der Wert für x_2, und schließlich folgt mit der Kenntnis von x_2 und x_3 aus Gleichung 1 der Wert für x_1.

Wir wollen aber das Gleichungssystem in eine explizite Form bringen. Dazu dividieren wir die letzte Gleichung durch -6 und zählen das Dreifache dieser Gleichung zu der vorletzten dazu bzw. ziehen das Dreifache dieser Gleichung von der ersten ab:

$$\begin{aligned} x_1 + 2x_2 &= 1 \\ -3x_2 &= 0 \\ x_3 &= 2 \end{aligned}$$

Schließlich dividieren wir Gleichung 2 durch -3 und ziehen dann das Doppelte von Gleichung 1 ab. Dies ergibt das System

$$\begin{aligned} x_1 &= 1 \\ x_2 &= 0 \\ x_3 &= 2 \end{aligned}$$

Damit haben wir ein Gleichungssystem erhalten, aus dem die Lösung direkt abgelesen werden kann.

4.2. Der Gaußsche Algorithmus

Im folgenden entwickeln wir das klassische Verfahren zur Lösung linearer Gleichungssysteme, den sogenannten **Gaußschen Algorithmus**. Dabei werden die Überlegungen vom vorigen Abschnitt einfach auf den allgemeinen Fall $n \geqq 2$ und $m \geqq 2$ übertragen.

Es ist das Ziel, durch geschicktes Multiplizieren von Gleichungen mit einem Faktor und Abziehen von Gleichungen eine explizite Form zu erhalten, aus der die Lösungsmenge direkt ersichtlich ist.

Eine lineare Gleichung können wir ausführlich in folgender Form hinschreiben:

$$a_1 x_1 + a_2 x_2 + \ldots + a_m x_m = b$$

oder kurz in dem Vektor

$$(a_1, a_2, \ldots, a_m, b) = (\mathbf{a}, b)$$

erfassen (messen), wobei dieser Vektor die folgende inhaltliche Bedeutung hat: Die i-te Komponente gibt für $1 \leqq i \leqq m$ den Koeffizienten a_i bei x_i an und die $(m + 1)$-te Komponente die rechte Seite b. Das Multiplizieren einer Gleichung mit einem Faktor c bedeutet dann die entsprechende Skalarmultiplikation des Vektors $(\mathbf{a}, b)$ mit dem Faktor c. Das Abziehen zweier Gleichungen bedeutet dann das Abziehen der entsprechenden Vektoren.

Ein Gleichungssystem

$$\mathbf{A}\mathbf{x} = \mathbf{b}$$

schreibt sich dann kurz in Matrizenform folgendermaßen:

$$\mathbf{B} = (\mathbf{A}, \mathbf{b}).$$

Das Vertauschen von Gleichungen bedeutet dann, das Vertauschen von entsprechenden Zeilen in **B**; das Umbenennen von Variablen bedeutet Vertauschen von entsprechenden Spalten in **A**. Das Multiplizieren einer Gleichung mit einem Faktor c bedeutet, die entsprechende Zeile in **B** mit einem Faktor c multiplizieren. Schließlich bedeutet das Abziehen zweier Gleichungen das Abziehen der entsprechenden Zeilen in **B**. Diese Zeilenoperationen, die in **B** vorgenommen werden, heißen **elementare Zeilenoperationen**.

Im folgenden werden wir öfters diese Kurzschreibweise eines Gleichungssystems verwenden.

Wir gehen aus von (2) und zwar in der Komponentenschreibweise.

$$(11) \qquad \sum_{j=1}^{m} a_{ij} x_j = b_i \quad \text{für} \quad 1 \leqq i \leqq n$$

Durch (11) wird ein lineares Gleichungssystem bestehend aus n Gleichungen und in m Unbekannten festgelegt.

Von diesen n Gleichungen betrachten wir die erste:

$$a_{11}x_1 + a_{12}x_2 + \ldots + a_{1m}x_m = b_1$$

Wir können nun – eventuell durch Vertauschen von Variablen – immer erreichen, daß a_{11} ungleich Null ist. Dies überlegen wir uns im folgenden genauer. Von den Koeffizienten a_{1i} ($1 \leqq i \leqq m$) können nicht alle verschwinden. Wenn nämlich alle a_{1i} ($1 \leqq i \leqq m$) verschwinden würden, so würde Gleichung 1 lauten: $0 = b_1$. Das wäre für $b_1 \neq 0$ ein Widerspruch und für $b_1 = 0$ eine Identität, die für die Lösungsmenge keine Bedeutung hat; beides wollen wir ausschließen.

Da also nicht alle a_{1i} verschwinden, kann $a_{11} \neq 0$ sein, und dann sind wir fertig. Falls aber a_{11} verschwindet, gibt es mindestens ein k mit $1 \leqq k \leqq m$, so daß $a_{1k} \neq 0$. Einen solchen Index k wählen wir aus. Dann nehmen wir eine Umnumerierung der Variablen vor; wir bezeichnen x_k nun mit x_1 und die ursprüngliche Variable x_1 nun mit x_k. Das entspricht aber einer Vertauschung der 1. und k.Spalte in der Matrix **A**. Dadurch erhalten wir anstatt (11) ein Gleichungssystem, das sich formal genauso schreibt:

$$\sum_{j=1}^{m} a_{ij}x_j = b_i \quad \text{für} \quad 1 \leqq i \leqq n,$$

wobei allerdings nun $a_{11} \neq 0$ ist.

Dieser Vorgang, durch Spaltenvertauschung in der Matrix **A** und durch Umnumerieren der entsprechenden Variablen zu erzwingen, daß in einer Gleichung (hier in der ersten) ein Koeffizient (hier der Koeffizient a_{11}) nicht verschwindet, wird als **Pivotisierung** bezeichnet. Dabei muß ein Koeffizient ungleich Null sein (hier ist es a_{1k}). Dieser Koeffizient heißt **Pivotelement** und k der **Pivotindex**. Dazu ein Beispiel, das wir im Verlauf des ganzen Verfahrens zur Demonstration der einzelnen Schritte heranziehen werden. Wir gehen aus von den drei folgenden Gleichungen in drei Unbekannten

$$\begin{aligned} x_2 + 2x_3 &= 1 \\ 3x_1 + 4x_2 + 5x_3 &= 2 \\ 6x_1 + 9x_2 + 12x_3 &= 5 \end{aligned}$$

Damit ergeben sich die Koeffizientenmatrix bzw. der Ergebnisvektor

$$\mathbf{A} = \begin{pmatrix} 0 & 1 & 2 \\ 3 & 4 & 5 \\ 6 & 9 & 12 \end{pmatrix}, \quad \mathbf{b} = \begin{pmatrix} 1 \\ 2 \\ 5 \end{pmatrix}$$

mit $a_{11} = 0$ und $a_{13} \neq 0$.

Durch Pivotisierung mit dem Pivotelement a_{13} ergibt sich das äquivalente System

$$\begin{aligned} 2x_1 + x_2 &= 1 \\ 5x_1 + 4x_2 + 3x_3 &= 2 \\ 12x_1 + 9x_2 + 6x_3 &= 5 \end{aligned}$$

Wir können also voraussetzen, daß a_{11} nicht verschwindet. Wir multiplizieren nun die erste Gleichung mit a_{i1}/a_{11} und ziehen diese resultierende Gleichung von Gleichung i ab für $i = 2, 3, \ldots, n$.

Dadurch erhalten wir ein neues Gleichungssystem, bei dem x_1 nur mehr in Gleichung 1 vorkommt.

Wir schreiben dafür kurz

$$(12) \qquad \mathbf{A}^{(1)}\mathbf{x} = \mathbf{b}^{(1)} \quad \text{bzw.} \quad (\mathbf{A}^{(1)}, \mathbf{b}^{(1)})$$

Die Matrix $\mathbf{A}^{(1)}$ hat also in Spalte 1 nur an der ersten Stelle ein Element ungleich Null.

Diesen eben beschriebenen Vorgang, durch die beiden elementaren Zeilenoperationen ausgehend von einer Gleichung i (hier Gleichung 1) eine Variable x_k (hier Variable 1) aus einer anderen Gleichung j zu eliminieren, bezeichnen wir als **Elimination** der Variablen x_k aus Gleichung j. Diese Vorgehensweise demonstrieren wir an obigem Beispiel. Wir multiplizieren Gleichung 1 (im System, das nach der Pivotisierung resultiert) mit 5/2 bzw. 12/2 und ziehen sie von Gleichung 2 bzw. 3 ab. Das Ergebnis lautet:

$$\begin{aligned} 2x_1 + x_2 \qquad &= 1 \\ 1.5x_2 + 3x_3 &= -0.5 \\ 3x_2 + 6x_3 &= -1 \end{aligned}$$

Es wird damit

$$\mathbf{A}^{(1)} = \begin{pmatrix} 2 & 1 & 0 \\ 0 & 1.5 & 3 \\ 0 & 3 & 6 \end{pmatrix} \quad \text{und} \quad \mathbf{b}^{(1)} = \begin{pmatrix} 1 \\ -0.5 \\ -1 \end{pmatrix}$$

Nun gehen wir vom Gleichungssystem (12) aus. Falls alle $a_{ij}^{(1)}$ für $2 \leqq i \leqq n$ und $1 \leqq j \leqq m$ verschwinden, also in $\mathbf{A}^{(1)}$ alle Zeilen außer der ersten verschwinden, so ist das Verfahren zu Ende. Falls dies nicht der Fall ist, gibt es eine Zeile in $\mathbf{A}^{(1)}$, in der ein nichtverschwindendes Element steht. Durch Vertauschen von Gleichungen können wir immer erreichen, daß diese Gleichung die zweite wird. Damit gibt es also in Gleichung 2 einen Koeffizienten $a_{2k} \neq 0$. Durch Pivotisierung erreichen wir dann, daß $a_{22} \neq 0$ wird. Dann dividieren wir Gleichung 2 durch a_{22} und eliminieren die Variable x_2 in den Gleichungen $3, 4, \ldots, n$.

Dadurch erhalten wir ein neues Gleichungssystem, bei dem x_2 nur noch in Gleichung 1 und 2 vorkommt. Dieses Gleichungssystem sei:

$$(13) \qquad \mathbf{A}^{(2)}\mathbf{x} = \mathbf{b}^{(2)} \quad \text{bzw.} \quad (\mathbf{A}^{(2)}, \mathbf{b}^{(2)}),$$

wobei die Matrix $\mathbf{A}^{(2)}$ in Spalte 1 nur an der ersten Stelle ein Element $\neq 0$ hat und in Spalte 2 nur an der zweiten und eventuell an der ersten Stelle.

Für unser Beispiel ergibt sich, wenn wir das Zweifache der Gleichung 2 von Gleichung 3 (im System, das nach der Elimination von x_1 resultiert) abziehen

$$\begin{aligned} 2x_1 + 1x_2 \qquad &= 1 \\ 1.5x_2 + 3x_3 &= -0.5 \\ 0 \qquad &= 0 \end{aligned}$$

Also erhalten wir

$$\mathbf{A}^{(2)} = \begin{pmatrix} 2 & 1 & 0 \\ 0 & 1.5 & 3 \\ 0 & 0 & 0 \end{pmatrix} \quad \text{und} \quad \mathbf{b}^{(2)} = \begin{pmatrix} 1 \\ -0.5 \\ 0 \end{pmatrix}$$

Wir fahren auf diese Weise fort. Der Prozeß endet, wenn wir bei der letzten Zeile angelangt sind, oder wenn wir auf lauter Nullzeilen stoßen. Dieses letztlich resultierende Gleichungssystem sei

(14) $\mathbf{A}^{(k)}\mathbf{x} = \mathbf{b}^{(k)}$ bzw. $(\mathbf{A}^{(k)}, \mathbf{b}^{(k)})$

Dann muß $\mathbf{A}^{(k)}$ von folgender Gestalt sein

$$\begin{bmatrix} a_{11}^{(k)} & a_{12}^{(k)} & \dots & a_{1r}^{(k)} & a_{1r+1}^{(k)} & \dots & a_{1m}^{(k)} \\ 0 & a_{22}^{(k)} & \dots & a_{2r}^{(k)} & a_{2r+1}^{(k)} & \dots & a_{2m}^{(k)} \\ 0 & 0 & \dots & & & & \\ \vdots & \vdots & & \vdots & \vdots & & \vdots \\ 0 & 0 & \dots & a_{rr}^{(k)} & a_{rr+1}^{(k)} & \dots & a_{rm}^{(k)} \\ \hline 0 & & \dots & 0 & 0 & \dots & 0 \\ \vdots & & & \vdots & \vdots & & \vdots \\ 0 & & \dots & 0 & 0 & \dots & 0 \end{bmatrix}$$

Dafür schreiben wir auch in Blockform

(15) $$\mathbf{A}^{(k)} = \begin{pmatrix} \mathbf{A}_{11} & \mathbf{A}_{12} \\ & \mathbf{A}_{13} \end{pmatrix}$$

Dabei ist $\mathbf{A}_{11}$ eine quadratische (r, r)-Matrix und zwar eine mit einer Hauptdiagonalen, die lauter nicht verschwindende Elemente enthält. Weiter ist $\mathbf{A}_{12}$ eine beliebige (r, m–r)-Matrix. Beachte, für $m = r$ ist $\mathbf{A}_{12}$ leer (nicht vorhanden). Schließlich enthält $\mathbf{A}_{13}$ lauter Nullzeilen. Für $n = r$ ist diese Matrix leer.

Die Matrix $\mathbf{A}_{11}$ wird als **obere Dreiecksmatrix** bezeichnet, da alle Elemente unterhalb der Hauptdiagonalen verschwinden.

In unserem Beispiel ergibt sich bereits für $k = 2$ diese Form und es wird

$$\mathbf{A}_{11} = \begin{pmatrix} 2 & 1 \\ 0 & 1.5 \end{pmatrix}, \quad \mathbf{A}_{12} = \begin{pmatrix} 0 \\ 3 \end{pmatrix} \quad \text{und } \mathbf{A}_{13} = (0, 0, 0)$$

Das Gleichungssystem (14) heißt das zu (2) gehörende Gleichungssystem in **Treppenform**.

Nun vereinfachen wir das Gleichungssystem (14) weiter, indem wir ausgehend von der r-ten Gleichung Variable x_r in allen vorhergehenden Gleichungen eliminieren, dann ausgehend von Gleichung $r - 1$ Variable x_{r-1} wieder in allen vorhergehenden Gleichungen usw.

Zum Schluß dividieren wir für $1 \leqq i \leqq r$ die Gleichung i durch den (nichtverschwindenden) Koeffizienten, der bei Variable x_i steht.

Das Endresultat ist ein Gleichungssystem der Form

$$(16) \qquad \mathbf{A}^{(k+1)}\mathbf{x} = \mathbf{b}^{(k+1)} \quad \text{bzw.} \quad (\mathbf{A}^{(k+1)}, \mathbf{b}^{(k+1)})$$

Dabei muß $\mathbf{A}^{(k+1)}$ von folgender Form sein:

$$\begin{bmatrix} 1 & 0 \ldots 0 & a_{1r+1}^{(k+1)} & \ldots & a_{1m}^{(k+1)} \\ 0 & 1 \ldots 0 & & & \\ \vdots & \vdots \quad \vdots & \vdots & & \vdots \\ 0 & 0 \ldots 1 & a_{rr+1}^{(k+1)} & \ldots & a_{rm}^{(k+1)} \\ 0 & 0 \ldots 0 & 0 & & 0 \\ \vdots & \vdots \quad \vdots & \vdots & & \vdots \\ 0 & 0 \ldots 0 & 0 & \ldots & 0 \end{bmatrix}$$

Dafür schreiben wir auch in Blockform:

$$\mathbf{A}^{(k+1)} = \begin{pmatrix} \mathbf{I}_r & \mathbf{A}_{12}^* \\ & \mathbf{A}_{13} \end{pmatrix}$$

Den Vektor $\mathbf{b}^{(k+1)}$ spalten wir entsprechend auf in

$$\mathbf{b}^{(k+1)} = \begin{pmatrix} \mathbf{b}_1 \\ \mathbf{b}_2 \end{pmatrix},$$

wobei $\mathbf{b}_1$ r Komponenten hat.

Für unser Beispiel ergibt sich durch Elimination von Variable x_2 in Gleichung 1 (ausgehend von der Treppenform)

$$\begin{aligned} x_1 \qquad - x_3 &= 0.5 + 1/6 \\ x_2 + 2x_3 &= -1/3 \\ 0 &= 0 \end{aligned}$$

Das Gleichungssystem (16) heißt das zu (2) gehörende Gleichungssystem in **expliziter** Form.

Wir unterscheiden nun drei Fälle:

1) $r = m$ und $\mathbf{b}_2$ verschwindet oder ist leer.

Dann reduziert sich (16) auf die folgende Gleichung

$$(17) \qquad \mathbf{x} = \mathbf{b}_1$$

Wir haben also in (17) eine Lösung und wegen der Art der Transformation die einzig mögliche gefunden. Es gibt also genau eine Lösung.

2) $r < m$ und $\mathbf{b}_2$ verschwindet oder ist leer.

Fassen wir dann die ersten r Komponenten von $\mathbf{x}$ zum Vektor $\mathbf{x}_1$ und die restlichen zum Vektor $\mathbf{x}_2$ zusammen, so ist (16) äquivalent zu

$$(18) \qquad \mathbf{x}_1 + \mathbf{A}_{12}^* \mathbf{x}_2 = \mathbf{b}_1$$

Wir können $\mathbf{x}_2$ beliebig vorgeben und dann $\mathbf{x}_1$ berechnen. Wir erhalten also unendlich viele Lösungen.

In unserem Beispiel ist $2 = r < m = 3$, und $\mathbf{b}_2$ verschwindet. Weiter ist

$$\mathbf{x}_1 = \begin{pmatrix} x_1 \\ x_2 \end{pmatrix} \quad \text{und} \quad \mathbf{x}_2 = (x_3)$$

3) $r \leqq m$ und mindestens eine Komponente von $\mathbf{b}_2$ in (16) verschwindet nicht. Es sei dies die Komponente l. Dann lautet die l-te Gleichung von (16)

$$(19) \qquad 0 = b_l^{(k+1)} \neq 0$$

Wir erhalten also einen Widerspruch in den Gleichungen d. h. die Lösungsmenge ist leer.

Wir haben in diesem Abschnitt ein Verfahren beschrieben, den sogenannten Gaußschen Algorithmus, der es gestattet, **konstruktiv** die Lösungsmenge eines linearen Gleichungssystems zu bestimmen. Dabei ergaben sich drei mögliche Fälle: entweder existiert genau eine, oder unendlich viele oder keine Lösung. Die Kriterien dafür, daß einer der drei Fälle vorliegt, resultieren aus der Struktur von $\mathbf{A}$ und $\mathbf{b}$.

Im folgenden Abschnitt geht es darum, Begriffe einzuführen, die diese Kriterien direkt erfassen und nicht indirekt über ein Lösungsverfahren.

4.3. Die lineare Abhängigkeit von Vektoren

Im folgenden entwickeln wir einen zentralen Begriff der linearen Algebra: die lineare Abhängigkeit von Vektoren. Die lineare Abhängigkeit von Vektoren wird üblicherweise in den Lehrbüchern definitorisch eingeführt. Falls aber konkret angegeben werden soll, ob Vektoren linear abhängig sind, so wird direkt oder indirekt der Gaußsche Algorithmus verwendet. Daher führen wir diesen Begriff auch über den Gaußschen Algorithmus ein, was den Vorteil der Anschaulichkeit und des Bezugs zur Anwendung hat.

Beim Gaußschen Algorithmus hatten wir aus dem Gleichungssystem (2)

$$\mathbf{A}\mathbf{x} = \mathbf{b}$$

in einem ersten Schritt das Gleichungssystem (14) erhalten, nämlich

$$\mathbf{A}^{(k)}\mathbf{x} = \mathbf{b}^{(k)}$$

Dabei ist das Gleichungssystem (14) dadurch entstanden, daß wir neben anderen Operationen eventuell auch Gleichungen vertauscht und Variablen umnumeriert haben. Aus Gründen der schreibtechnischen Vereinfachung ist es zweckmäßig, im folgenden anzunehmen, daß die Variablen im Gleichungssystem (2) genauso durchnumeriert sind, wie in (14), und daß die Gleichungen in (2) die gleiche Reihenfolge besitzen wie die entsprechenden in (14).

Dies können wir nach Durchführung des Gaußschen Algorithmus immer durch Umnumerierung der Variablen und Vertauschen der Gleichungen im ursprünglichen System (2) erreichen.

Nun überlegen wir uns, wie sich im Laufe des Gaußschen Algorithmus die Gleichungen transformieren. Dabei kommen – wegen obiger Vereinbarung – keine Vertauschung von Gleichungen und keine Variablenumbenennung mehr vor. Wir wissen, daß im Laufe des Gaußschen Algorithmus zuerst ein Vielfaches der ersten von allen folgenden Gleichungen, dann ein Vielfaches der zweiten (neuen) Gleichung von allen folgenden Gleichungen abgezogen wird usw. bis zu Gleichung r. Das bedeutet letztlich, daß im Gleichungssystem

$$\mathbf{A}^{(k)}\mathbf{x} = \mathbf{b}^{(k)} \tag{20}$$

für $2 \leqq i \leqq r$ Gleichung i entstanden ist, indem von der ursprünglichen Gleichung i abgezogen wird ein Vielfaches von der ursprünglichen Gleichung 1, ein anderes Vielfaches von der ursprünglichen Gleichung 2,..., ein Vielfaches von der ursprünglichen Gleichung $i - 1$. Für $r < i \leqq n$ bedeutet dies, daß von der ursprünglichen Gleichung i Vielfache von allen ursprünglichen Gleichungen j mit $1 \leqq j \leqq r$ abgezogen werden. Bezeichnen wir also mit $\mathbf{a}_i$ bzw. $\mathbf{a}_i^{(k)}$ den Zeilenvektor i in $\mathbf{A}$ bzw. $\mathbf{A}^{(k)}$, so bedeutet dies formal

$$\mathbf{a}_1^{(k)} = \mathbf{a}_1 \qquad b_1^{(k)} = b_1 \tag{21}$$

$$\mathbf{a}_i^{(k)} = \mathbf{a}_i + \sum_{j=1}^{i-1} g_{ij}\mathbf{a}_j \qquad b_i^{(k)} = b_i + \sum_{j=1}^{i-1} g_{ij} b_j \tag{22}$$

für $2 \leqq i \leqq r$

und

$$\mathbf{a}_i^{(k)} = \mathbf{0} = \mathbf{a}_i + \sum_{j=1}^{r} g_{ij}\mathbf{a}_j \qquad b_i^{(k)} = b_i + \sum_{j=1}^{r} g_{ij} b_j \tag{23}$$

für $r < i \leqq n$

Man überlege sich, daß gilt

$$\mathbf{A}^{(k)} = \mathbf{G}\mathbf{A},$$

wobei **G** in der Hauptdiagonalen lauter Einsen stehen hat und $g_{ij} = 0$ für $i < j$. Siehe dazu Übung 3 zu Abschnitt 4.2.

In unserem begleitenden Beispiel ergibt sich, nachdem wir Variable x_3 und x_1 umnumeriert haben

$$\begin{array}{ll} \mathbf{a}_1 = (2, 1, 0) & b_1 = 1 \\ \mathbf{a}_2 = (5, 4, 3) & b_2 = 2 \\ \mathbf{a}_3 = (12, 9, 6) & b_3 = 5 \end{array}$$

und nach Durchführung des Gaußschen Algorithmus

$$\begin{array}{ll} \mathbf{a}_1^{(2)} = (2, 1, 0) & b_1^{(2)} = 1 \\ \mathbf{a}_2^{(2)} = (0, 1.5, 3) & b_2^{(2)} = -0.5 \\ \mathbf{a}_3^{(2)} = (0, 0, 0) = \mathbf{0} & b_3^{(2)} = 0 \end{array}$$

Es ist dann

$$\begin{array}{ll} \mathbf{a}_1^{(2)} = \mathbf{a}_1 & b_1^{(2)} = b_1 \\ \mathbf{a}_2^{(2)} = \mathbf{a}_2 - \frac{5}{2}\mathbf{a}_1 & b_2^{(2)} = b_2 - \frac{5}{2} b_1 \\ \mathbf{a}_3^{(2)} = \mathbf{a}_3 - \frac{12}{2}\mathbf{a}_1 - \frac{3}{1.5}\mathbf{a}_2^{(1)} & \\ \quad = \mathbf{a}_3 - \frac{12}{2}\mathbf{a}_1 - \frac{3}{1.5}(\mathbf{a}_2 - \frac{5}{2}\mathbf{a}_1) & \\ \quad = \mathbf{a}_3 - 2\mathbf{a}_2 - \mathbf{a}_1 & b_3^{(2)} = b_3 - 2b_2 - b_1 \end{array}$$

$$\mathbf{G} = \begin{pmatrix} 1 & 0 & 0 \\ -5/2 & 1 & 0 \\ -1 & -2 & 1 \end{pmatrix}$$

Man prüft leicht nach, daß $\mathbf{a}_3^{(2)}$ gleich dem Nullvektor ist. Daraus folgt dann auch

$$\mathbf{a}_3 = 2\mathbf{a}_2 + \mathbf{a}_1 .$$

Inhaltlich bedeutet Gleichung (22), daß im System (20) Gleichung i entsteht durch eine lineare Kombination aus den ursprünglichen Gleichungen 1 bis i.

Für die formale Beziehung (22) zwischen den entsprechenden Vektoren führen wir eine Bezeichnung ein.

Definition 1:

Ein Vektor **b** heißt **Linearkombination** der Vektoren $\mathbf{c}_1, \ldots, \mathbf{c}_p$, wenn mit geeigneten reellen Zahlen a_i gilt

$$\mathbf{b} = \sum_{i=1}^{p} a_i \mathbf{c}_i$$

△

Weiter bedeutet Gleichung (23), falls auch $b_i^{(k)}$ verschwindet, daß sich die ursprüngliche Gleichung i bereits aus den Gleichungen 1 bis r ergibt. Die ersten r Gleichungen heißen daher **unabhängig** und die restlichen **abhängig**.

Gleichung (23) besagt formal, daß für $i > r$ eine Linearkombination der Vektoren $\mathbf{a}_1, \mathbf{a}_2, \ldots, \mathbf{a}_i$ den Nullvektor ergibt. Die **triviale** Linearkombination $0\mathbf{a}_1 + 0\mathbf{a}_2 + \ldots + 0\mathbf{a}_i$ ergibt immer den Nullvektor; eine solche wollen wir nicht betrachten und in (23) liegt auch keine solche vor.

Definition 2:

Die Vektoren $\mathbf{c}_1, \mathbf{c}_2, \ldots, \mathbf{c}_p$ heißen (voneinander) **linear abhängig**, wenn gilt

$$\sum_{i=1}^{p} a_i \mathbf{c}_i = \mathbf{0}$$

mit geeigneten $a_i \in \mathbb{R}$, wobei nicht alle a_i verschwinden.

△

Wenn p Vektoren $\mathbf{c}_1, \ldots, \mathbf{c}_p$ linear abhängig sind, so ist mindestens ein Vektor (jeder, bei dem ein Koeffizient $a_i \neq 0$ steht) Linearkombination der anderen. Dabei sagen wir auch: dieser Vektor ist von den anderen **linear abhängig**. Speziell sind eine Menge von Vektoren immer dann linear abhängig, wenn der Nullvektor dazugehört. Man braucht in diesem Falle nur alle Koeffizienten a_i, die bei den Vektoren stehen, Null zu setzen mit Ausnahme des Koeffizienten, der beim Nullvektor steht.

Das Gegenteil von linear abhängig bezeichnen wir als **linear unabhängig**. Nach Definition sind p Vektoren $\mathbf{c}_1, \ldots, \mathbf{c}_p$ linear unabhängig, wenn nur die triviale Linearkombination den Nullvektor ergibt, d. h. aus der Beziehung

$$\sum_{i=1}^{p} a_i \mathbf{c}_i = \mathbf{0}$$

folgt, daß alle a_i verschwinden müssen.

Wir zeigen nun den folgenden

Satz 1:

Die ersten r Zeilenvektoren in der Matrix $\mathbf{A}^{(k)}$ sind linear unabhängig.

Beweis:

Die im folgenden verwendete Schlußweise ist üblich, um die lineare Unabhängigkeit von Vektoren zu zeigen. Es wird angenommen, daß eine Linearkombination der Vektoren den Nullvektor ergibt.

$$(24) \qquad \sum_{i=1}^{r} a_i \mathbf{a}_i^{(k)} = \mathbf{0}$$

Dann wird gezeigt, daß diese Gleichung nur dann gelten kann, wenn alle a_i verschwinden. Daraus folgt dann gerade die Behauptung.

Wir erinnern uns, daß die i-te Komponente in $\mathbf{a}_i^{(k)}$ nicht verschwindet. Ferner verschwinden alle Komponenten in $\mathbf{a}_i^{(k)}$ mit einem Spaltenindex kleiner als i, d.h. $a_{ij}^{(k)} = 0$ für $j < i$.

Für die erste Komponente des Vektors auf der linken Seite von (24) ergibt sich daher $a_1 a_{11}^{(k)}$.

Sie muß wegen Gleichung (24) Null sein, d.h. $a_1 = 0$. Weiter ergibt sich für die zweite Komponente des Vektors auf der linken Seite von (24) $a_1 a_{12}^{(k)} + a_2 a_{22}^{(k)} = a_2 a_{22}^{(k)} = 0$. Daraus folgt $a_2 = 0$. Auf diese Weise fortfahrend erhalten wir, daß alle a_i verschwinden müssen, d.h. die Vektoren $\mathbf{a}_i^{(k)}$ sind linear unabhängig für $1 \leqq i \leqq r$.

△

Wir betrachten nun die Einheitsvektoren $\mathbf{e}_1, \dots, \mathbf{e}_n$ im $\mathbb{R}^n$. Der Vektor $\mathbf{e}_i$ hat außer an der Stelle i, wo eine 1 steht, lauter verschwindende Komponenten.

Analog wie bei den Vektoren $\mathbf{a}_i^{(k)}$ zeigt man, daß die Vektoren $\mathbf{e}_i$ linear unabhängig sind. Siehe Übung 2. Wie man unmittelbar sieht, gilt für jeden Vektor $\mathbf{a} \in \mathbb{R}^n$

$$\mathbf{a} = \sum_{i=1}^{n} a_i \mathbf{e}_i$$

Daher ist jeder Vektor des $\mathbb{R}^n$ Linearkombination der n Einheitsvektoren im $\mathbb{R}^n$. Wir zeigen nun den folgenden

Satz 2:

Sei M die Menge aller Vektoren, die sich als Linearkombination von k Vektoren $\mathbf{d}_1, \dots, \mathbf{d}_k$ ergeben. Dann gibt es in M höchstens k linear unabhängige Vektoren.

Beweis:

Wir nehmen $p > k$ beliebige Vektoren $\mathbf{c}_1, \dots, \mathbf{c}_p$ aus M und betrachten die Gleichung

$$(25) \qquad \sum_{i=1}^{p} a_i \mathbf{c}_i = \mathbf{0}$$

Nach Voraussetzung des Satzes gibt es $g_{ij} \in \mathbb{R}$, so daß

$$\mathbf{c}_i = \sum_{j=1}^{k} g_{ij} \mathbf{d}_j$$

Gehen wir damit in (25) ein, so erhalten wir

$$\sum_{i=1}^{p} a_i \sum_{j=1}^{k} g_{ij} \mathbf{d}_j = \sum_{j=1}^{k} \mathbf{d}_j \sum_{i=1}^{p} a_i g_{ij} = \mathbf{0}$$

Diese Gleichung ist sicher erfüllt, wenn gilt

(26) $$\sum_{i=1}^{p} a_i g_{ij} = 0 \quad \text{für} \quad 1 \leqq j \leqq k$$

(26) stellt ein lineares Gleichungssystem in den p Unbekannten a_i dar. Dieses System besitzt eine Lösung nämlich $a_1 = a_2 = \ldots = a_p = 0$. Nach dem Gaußschen Algorithmus können wir die Koeffizientenmatrix $\mathbf{G} = (g_{ij})$ auf die folgende Gestalt bringen

(27) $$\mathbf{G} = \begin{pmatrix} \mathbf{I}_r & \mathbf{G}_{12} \\ & \mathbf{G}_{21} \end{pmatrix},$$

wobei $\mathbf{G}_{21}$ verschwindet. Da aber $r \leqq k < p$, können wir $p - r$ Variable beliebig vorgeben, die restlichen resultieren dann eindeutig. Damit gibt es eine nichtverschwindende Lösung $(a_1, \ldots, a_p)$. Das bedeutet wegen Gleichung (25), daß die $\mathbf{c}_i$ nicht linear unabhängig sind.

△

Aus Satz 2 folgt, daß es im $\mathbb{R}^n$ höchstens n linear unabhängige Vektoren geben kann, da sich jeder Vektor als Linearkombination der n Einheitsvektoren des $\mathbb{R}^n$ darstellen läßt. Andererseits gibt es im $\mathbb{R}^n$ n linear unabhängige Vektoren, nämlich die Einheitsvektoren. Daher ist n die Maximalzahl linear unabhängiger Vektoren im $\mathbb{R}^n$, und n heißt die **Dimension** des $\mathbb{R}^n$.

Die Vektoren im $\mathbb{R}^n$ lassen sich nicht alle als Linearkombination von weniger als n Vektoren darstellen, da sonst nach Satz 2 die Einheitsvektoren linear abhängig sein müßten. Wenn alle Vektoren des $\mathbb{R}^n$ als Linearkombination von n linear unabhängigen Vektoren dargestellt werden können, so heißt diese Menge eine **Basis** des $\mathbb{R}^n$. Man sagt auch die Basis **spannt** den $\mathbb{R}^n$ auf oder die Basis **erzeugt** den $\mathbb{R}^n$.

4.4. Der Rang einer Matrix

Im folgenden entwickeln wir einen weiteren zentralen Begriff der Linearen Algebra: den Rang einer Matrix. Auch dieser Begriff wird im Gegensatz zur Praxis in den meisten Lehrbüchern im Rahmen des Gaußschen Algorithmus eingeführt.

Hierfür zeigen wir zunächst einen Satz, der eine Aussage macht über die Anzahl der unabhängigen Gleichungen, die mit Hilfe des Gaußschen Algorithmus berechnet werden kann.

Satz 3:

Die Anzahl r der unabhängigen Gleichungen im System

(28) $$\mathbf{A}\mathbf{x} = \mathbf{b}$$

ist gleich der Maximalzahl linear unabhängiger Zeilenvektoren der Matrix **A**.

Beweis:

Nach Satz 1 ergibt sich, daß die ersten r Zeilenvektoren von $\mathbf{A}^{(k)}$ linear unabhängig sind. Da bei mehr als r Zeilenvektoren von $\mathbf{A}^{(k)}$ immer mindestens ein Nullvektor dabei ist, sind mehr als r Zeilenvektoren von $\mathbf{A}^{(k)}$ immer linear abhängig.

Wir zeigen nun, daß eine Matrix **B**, die aus der Matrix **A** durch Abziehen des Vielfachen einer Zeile j von der Zeile i $\neq$ j entsteht, genau so viel linear unabhängige Zeilenvektoren hat, wie **A**. Damit wäre gezeigt, daß **A** dieselbe Anzahl linear unabhängiger Zeilenvektoren hat wie $\mathbf{A}^{(1)}$, wie $\mathbf{A}^{(2)}$ usw. und schließlich wie $\mathbf{A}^{(k)}$, und der Beweis des Satzes ist vollständig.

Die Zeilenvektoren von **A** bezeichnen wir mit $\mathbf{a}_1, \dots, \mathbf{a}_n$. Von $\mathbf{a}_i$ ziehen wir $\lambda \mathbf{a}_j$ ab und erhalten die neuen Zeilenvektoren

$$(29) \qquad \mathbf{b}_k = \begin{matrix} \mathbf{a}_k & \text{für} & k \neq i \\ \mathbf{a}_i - \lambda \mathbf{a}_j & \text{für} & k = i \end{matrix}$$

Es gilt

$$(30) \qquad \sum_{k=1}^{n} \alpha_k \mathbf{b}_k = \sum_{k \neq i} \alpha_k \mathbf{a}_k + \alpha_i (\mathbf{a}_i - \lambda \mathbf{a}_j) = \sum_{k=1}^{n} \beta_k \mathbf{a}_k$$

$$\text{mit } \beta_k = \begin{matrix} \alpha_k & \text{für} & k \neq j \\ \alpha_j - \lambda \alpha_i & \text{für} & k = j \end{matrix}$$

Da aber die β_k dann und nur dann alle Null sind, wenn dies für die α_k gilt, hat die Matrix **B** bestehend aus den Zeilenvektoren $\mathbf{b}_k$ genau soviele linear unabhängige Zeilenvektoren wie **A**.

△

Bemerkung zu Satz 3:

Man beachte, daß die Anordnung der Zeilen und die Anordnung der Spalten in **A** keinen Einfluß haben auf die Maximalzahl linear unabhängiger Zeilenvektoren.

Die Anzahl linear unabhängiger Zeilenvektoren einer Matrix ist eine äußerst wichtige Kenngröße, und wir führen dafür eine Bezeichnung ein.

Definition 3:

Die Maximalzahl linear unabhängiger Zeilenvektoren einer Matrix **A** heißt **Zeilenrang** von **A**.

△

Beispiel:

Es liege die folgende Matrix vor

$$\mathbf{A} = \begin{pmatrix} 1 & 1 & 1 & 1 \\ 1 & 2 & 3 & 4 \\ 3 & 5 & 7 & 9 \end{pmatrix}$$

Wir erhalten mit Hilfe des Gaußschen Algorithmus

$$\mathbf{A}^{(1)} = \begin{pmatrix} 1 & 1 & 1 & 1 \\ 0 & 1 & 2 & 3 \\ 0 & 2 & 4 & 6 \end{pmatrix}$$

und

$$\mathbf{A}^{(2)} = \begin{pmatrix} 1 & 1 & 1 & 1 \\ 0 & 1 & 2 & 3 \\ 0 & 0 & 0 & 0 \end{pmatrix}$$

Also hat die Matrix den Zeilenrang 2.

Der Zeilenrang einer Matrix kann noch anders charakterisiert werden. Dazu bringen wir

Definition 4:

Die Maximalzahl linear unabhängiger Spaltenvektoren einer Matrix **A** heißt **Spaltenrang** von **A**.

△

Es gilt nun der wichtige

Satz 4:

Der Zeilenrang einer Matrix **A** ist gleich dem Spaltenrang, und wir bezeichnen ihn als den **Rang** von **A**; symbolisch Rang (**A**).

Beweis:

Der Zeilenrang einer (n, m)-Matrix sei r. Dann gibt es in **A** maximal r linear unabhängige Zeilenvektoren. Es seien dies die ersten r Zeilen.

Wir betrachten das lineare Gleichungssystem

$$\text{(31)} \qquad \mathbf{A}\mathbf{x} = \mathbf{0}$$

Diese Gleichung ist nicht widersprüchlich, da $\mathbf{x} = \mathbf{0}$ eine Lösung ist. Mit Hilfe des Gaußschen Algorithmus erhalten wir aus (31) das System

$$\text{(32)} \qquad \begin{pmatrix} \mathbf{I}_r & \mathbf{A}^*_{12} \\ & \mathbf{0} \end{pmatrix} \begin{pmatrix} \mathbf{x}_1 \\ \mathbf{x}_2 \end{pmatrix} = \mathbf{0},$$

wobei $\mathbf{x}_1$ r Komponenten von $\mathbf{x}$ enthält. Setzen wir $\mathbf{x}_2 = \mathbf{0}$, so ergibt sich $\mathbf{x}_1 = \mathbf{0}$ als einzige Lösung. Da aber der Vektor $\mathbf{A}\mathbf{x}$ eine Linearkombination der Spalten von **A** ist, folgt daraus, daß r geeignete Spalten von **A** (die welche den Komponenten von $\mathbf{x}_1$ entsprechen) linear unabhängig sind. Dies bedeutet Spaltenrang von $\mathbf{A} \geqq r =$ Zeilenrang von **A**. Führen wir mit $\mathbf{A}'$ dieselben Überlegungen durch, so folgt Zeilenrang von $\mathbf{A}$ = Spaltenrang von $\mathbf{A}' \geqq$ Zeilenrang von $\mathbf{A}'$ = Spaltenrang von $\mathbf{A}$. Daraus folgt: Zeilenrang von $\mathbf{A}$ = Spaltenrang von $\mathbf{A}$.

△

Beispiel:

Wir berechnen nun den Spaltenrang der Matrix $\mathbf{A}$ im vorigen Beispiel. Dies entspricht dem Zeilenrang von

$$\mathbf{A}' = \begin{pmatrix} 1 & 1 & 3 \\ 1 & 2 & 5 \\ 1 & 3 & 7 \\ 1 & 4 & 9 \end{pmatrix}$$

Wir erhalten mit Hilfe des Gaußschen Algorithmus

$$\mathbf{A}'^{(1)} = \begin{pmatrix} 1 & 1 & 3 \\ 0 & 1 & 2 \\ 0 & 2 & 4 \\ 0 & 3 & 6 \end{pmatrix} \quad \text{und} \quad \mathbf{A}'^{(2)} = \begin{pmatrix} 1 & 1 & 3 \\ 0 & 1 & 2 \\ 0 & 0 & 0 \\ 0 & 0 & 0 \end{pmatrix}$$

Also hat die Matrix den Spaltenrang 2 und daher den Rang 2. Insbesondere folgt aus Satz 4, daß $\mathbf{A}$ und $\mathbf{A}'$ den gleichen Rang haben.

Besonders wichtig ist der Fall, daß eine (n, n)-Matrix den Rang n hat. Das bedeutet, daß im System $\mathbf{A}\mathbf{x} = \mathbf{b}$ alle Gleichungen unabhängig sind, und genau eine Lösung existert.

Definition 5:

Eine quadratische Matrix $\mathbf{A}$ heißt **regulär** oder **nichtsingulär**, wenn ihr Rang gleich der Zeilenzahl ist, d.h. die Zeilen- und Spaltenvektoren von $\mathbf{A}$ sind linear unabhängig. Anderenfalls heißt sie **singulär**

△

Beispiel:

Die folgende Matrix $\mathbf{A}$ ist regulär

$$\mathbf{A} = \begin{pmatrix} 1 & 1 & 1 \\ 1 & 2 & 3 \\ 1 & 4 & 9 \end{pmatrix},$$

denn nach dem Gaußschen Algorithmus ergibt sich

$$\mathbf{A}^{(2)} = \begin{pmatrix} 1 & 1 & 1 \\ 0 & 1 & 2 \\ 0 & 0 & 2 \end{pmatrix}$$

Die folgende Matrix **A** ist singulär

$$\mathbf{A} = \begin{pmatrix} 1 & 1 & 1 \\ 1 & 2 & 3 \\ 2 & 3 & 4 \end{pmatrix}$$

denn nach dem Gaußschen Algorithmus ergibt sich

$$\mathbf{A}^{(2)} = \begin{pmatrix} 1 & 1 & 1 \\ 0 & 1 & 2 \\ 0 & 0 & 0 \end{pmatrix}$$

Nun leiten wir drei wichtige Rechenregeln für den Rang einer Matrix her.

Satz 5:

Sei **A** eine (n, m)-Matrix, **B** eine reguläre (n, n)-Matrix und **C** eine reguläre (m, m)-Matrix. Dann gilt
Rang (**B A**) = Rang (**A**) = Rang (**A C**).

Beweis:

Wir zeigen: Rang (**B A**) = Rang (**A**). Den anderen Teil zeigt man analog.
Sei **a** ein m komponentiger Vektor, dann folgt aus

$$(\mathbf{B\,A})\,\mathbf{a} = \mathbf{0}\,,$$

daß **B b** mit **b** = **A a** den Nullvektor ergibt, also eine Linearkombination der Spalten von **B** wird **0**. Da aber **B** regulär ist, ergibt sich

$$\mathbf{b} = \mathbf{A\,a} = \mathbf{0}\,.$$

Es folgt also aus der Beziehung $(\mathbf{B\,A})\,\mathbf{a} = \mathbf{0}$ immer die Beziehung $\mathbf{A\,a} = \mathbf{0}$ d. h., wenn eine gewisse Linearkombination der Spalten von **B A** den Nullvektor ergibt, so ergibt die entsprechende Linearkombination der Spalten von **A** auch den Nullvektor. Vektoren, für die eine geeignete nichttriviale Linearkombination den Nullvektor ergibt, sind aber linear abhängig. Also sind in **A** mindestens alle Spalten linear abhängig, wenn die entsprechenden Spalten in **B A** linear abhängig sind. Dies bedeutet, daß die Maximalzahl linear unabhängiger Spalten von **A** nicht größer ist als die der Spalten von **B A**, d. h.

$$\text{Rang}\,(\mathbf{B\,A}) \geqq \text{Rang}\,(\mathbf{A})$$

Umgekehrt ergibt sich aus

$$\mathbf{A\,a} = \mathbf{0}$$

die Gleichung

$$(\mathbf{B}\,\mathbf{A})\mathbf{a} = \mathbf{0}$$

und daher analog zu der obigen Schlußweise:

$$\text{Rang}(\mathbf{A}) \geqq \text{Rang}(\mathbf{B}\,\mathbf{A}).$$

Damit ergibt sich insgesamt

$$\text{Rang}(\mathbf{B}\,\mathbf{A}) = \text{Rang}(\mathbf{A}).$$

△

Satz 6:

Es gilt

$$\text{Rang}(\mathbf{A}\mathbf{B}) \leqq \min\,[\text{Rang}(\mathbf{A}),\ \text{Rang}(\mathbf{B})]$$

Beweis:

Sei **a** ein Zeilenvektor mit

(33) $\mathbf{a}\,\mathbf{A} = \mathbf{0}$

Multiplizieren wir den Zeilenvektor **a A** von rechts mit **B**, so folgt aus (33)

(34) $\mathbf{a}\,\mathbf{A}\,\mathbf{B} = \mathbf{0}$

Analog zu der Schlußweise im Beweis zu Satz 5 ist daher die Maximalzahl linear unabhängiger Zeilenvektoren von **A B** nicht größer als die von **A**, d. h.

(35) $\text{Rang}(\mathbf{A}\mathbf{B}) \leqq \text{Rang}(\mathbf{A})$.

Andererseits sei **b** ein Spaltenvektor mit

$$\mathbf{B}\,\mathbf{b} = \mathbf{0}$$

Daraus folgt entsprechend

$$\mathbf{A}\,\mathbf{B}\,\mathbf{b} = \mathbf{0},$$

d. h. die Maximalzahl linear unabhängiger Spaltenvektoren von **A B** ist nicht größer als die von **B**.

Das bedeutet

(36) $\text{Rang}(\mathbf{A}\mathbf{B}) \leqq \text{Rang}(\mathbf{B})$.

Aus (35) und (36) folgt die Behauptung.

△

Beispiel:

Wir betrachten die Matrizen

$$\mathbf{A} = \begin{pmatrix} 1 & 1 & 1 \\ 1 & 1 & 1 \\ 1 & 1 & 1 \\ 1 & 1 & 1 \end{pmatrix} \quad \text{und} \quad \mathbf{B} = \begin{pmatrix} 1 & 1 & 1 \\ 1 & 2 & 3 \\ 1 & 4 & 9 \end{pmatrix}$$

Die Matrix **A** hat den Rang 1 und die Matrix **B** den Rang 3. Das Produkt von **A** und **B** lautet

$$\mathbf{A}\,\mathbf{B} = \mathbf{C} = \begin{pmatrix} 3 & 7 & 13 \\ 3 & 7 & 13 \\ 3 & 7 & 13 \\ 3 & 7 & 13 \end{pmatrix}$$

Auch **C** hat den Rang 1. Es gilt also Rang $(\mathbf{A}\,\mathbf{B}) \leqq \min[\text{Rang}(\mathbf{A}), \text{Rang}(\mathbf{B})]$.
Für $\mathbf{B}^2$ ergibt sich

$$\mathbf{B}^2 = \mathbf{D} = \begin{pmatrix} 3 & 7 & 13 \\ 6 & 17 & 34 \\ 14 & 45 & 94 \end{pmatrix}$$

Aus dem Gaußschen Algorithmus resultiert:

$$\mathbf{D}^{(1)} = \begin{pmatrix} 3 & 7 & 13 \\ 0 & 3 & 8 \\ 0 & 37/3 & 100/3 \end{pmatrix} \quad \mathbf{D}^{(2)} = \begin{pmatrix} 3 & 7 & 13 \\ 0 & 3 & 8 \\ 0 & 0 & 4/9 \end{pmatrix}$$

Also hat **D** den Rang 3, und es gilt

$$\text{Rang}(\mathbf{B}\,\mathbf{B}) = \text{Rang}(\mathbf{B})$$

Satz 7:

Sei **A** eine (n, m)-Matrix. Der Rang von **A** bleibt gleich, wenn wir von einer Zeile das Vielfache einer anderen Zeile oder von einer Spalte das Vielfache einer anderen Spalte abziehen.

Beweis:

Der Beweis für die Zeilen folgt unmittelbar aus dem Beweis zu Satz 3, wo gezeigt wurde, daß sich der Zeilenrang (und damit der Rang) nicht ändert, wenn von einer

Zeile das Vielfache einer anderen abgezogen wird. Für die Spalten folgt dies genauso, wenn wir die Überlegung für $\mathbf{A}'$ entsprechend durchführen.

△

Mit Hilfe von Satz 6 können wir den Satz 2 schärfer fassen.

Satz 8:

Sei M die Menge aller Vektoren, die sich als Linearkombination von k linear unabhängigen Vektoren $\mathbf{d}_1, \ldots, \mathbf{d}_k$ des $\mathbb{R}^n$ ergibt. Dann kann M nicht durch weniger als k linear unabhängige Vektoren erzeugt werden.

Beweis:

Wir nehmen an, daß wir M durch p linear unabhängige Vektoren $\mathbf{c}_1, \ldots, \mathbf{c}_p$ erzeugen können. Dann können wir insbesondere $\mathbf{d}_1, \ldots, \mathbf{d}_k$ darstellen als Linearkombination der $\mathbf{c}_i$.
Es gibt also $g_{ij} \in \mathbb{R}$, so daß

$$(37) \qquad \mathbf{d}_i = \sum_{j=1}^{p} g_{ij} \mathbf{c}_j \quad \text{für} \quad 1 \leqq i \leqq k$$

Fassen wir die $\mathbf{d}_i$ als Zeilenvektoren einer Matrix $\mathbf{D}$ auf, die $\mathbf{c}_j$ als Zeilenvektoren einer Matrix $\mathbf{C}$ und die g_{ij} als Elemente einer Matrix $\mathbf{G}$, so folgt aus (37)

$$(38) \quad \mathbf{D} = \mathbf{G}\,\mathbf{C}\,.$$

Nach Satz 6 ergibt sich

$$(39) \qquad \text{Rang}\,(\mathbf{D}) \leqq \text{Rang}\,(\mathbf{C})$$

Der Rang von $\mathbf{C}$ ist aber gleich p. Damit folgt aus (39), da der Rang von $\mathbf{D}$ gleich k ist, $k \leqq p$.
Damit ist der Beweis erbracht.

△

Nach Satz 8 kann eine Menge M von Vektoren, die durch k linear unabhängige Vektoren erzeugt wird, nicht durch weniger als k linear unabhängige Vektoren erzeugt werden. Eine solche Menge bezeichnet man als **linearen Unterraum** der **Dimension k**, symbolisch dim M, und die erzeugenden Vektoren als **Basis** des Unterraums.

Beispiel:

Durch die Einheitsvektoren

$$\mathbf{e}_1 = (1,0,0,0) \quad \text{und} \quad \mathbf{e}_2 = (0,1,0,0)$$

wird im $\mathbb{R}^4$ ein linearer Unterraum U der Dimension 2 erzeugt, und es gilt U ist die Menge aller Vektoren $\mathbf{x}$ mit $\mathbf{x} = (x_1, x_2, 0, 0)$. Dies ergibt sich daraus, daß jeder Vektor $\mathbf{x}$ dieser Form sich darstellen läßt durch

$$\mathbf{x} = x_1 \mathbf{e}_1 + x_2 \mathbf{e}_2$$

Andererseits ergibt eine Linearkombination von $\mathbf{e}_1$ und $\mathbf{e}_2$ immer einen Vektor $\mathbf{x}$ mit $x_3 = x_4 = 0$.

Die Vielfachen des Vektors $\mathbf{x} = (1, 1, 1, 1) \in \mathbb{R}^4$ ergeben den linearen Unterraum U, der aus Vektoren $\mathbf{x}$ besteht mit

$$\mathbf{x} = (x, x, x, x),$$

wobei x beliebig ist.

In den beiden letzten Abschnitten haben wir die wichtigsten Begriffe der Theorie der linearen Gleichungssysteme eingeführt: den Begriff der linearen Abhängigkeit und Unabhängigkeit, den Begriff des Ranges und den Begriff einer singulären bzw. nichtsingulären Matrix.

Dabei konnten wir feststellen, daß diese Begriffe sehr formal sind und direkt kein empirisches Analogon haben, wie die Begriffe in den vorhergehenden Abschnitten.

In einer gewissen Weise wird aufbauend auf die empirisch begründet eingeführten Begriffe wie Vektor und Matrix nun eine formal selbständige Theorie entwickelt.

Die neuen Begriffe erfassen in der Anwendung gewisse typische Situationen, die sich im Rahmen des Gaußschen Algorithmus ergeben.

4.5. Ergebnisse des Gaußschen Algorithmus

In diesem Abschnitt werden wir aus dem Endresultat des Gaußschen Algorithmus wichtige Ergebnisse gewinnen, wobei wir diese Ergebnisse mit Hilfe der Definitionen und Beziehungen aus Abschnitt 4.3. und 4.4. sehr bequem formulieren können.

Bei der Durchführung des Gaußschen Algorithmus haben wir die Koeffizientenmatrix $\mathbf{A}$ und die rechte Seite $\mathbf{b}$, d. h. also die Matrix $\mathbf{B} = (\mathbf{A}, \mathbf{b})$ durch entsprechende Zeilenoperationen auf die folgende Form gebracht

$$(40) \qquad \begin{pmatrix} \mathbf{I}_r & \mathbf{A}^*_{12} & \mathbf{b}_1 \\ & \mathbf{A}_{13} & \mathbf{b}_2 \end{pmatrix}$$

Dabei enthält die Matrix $\mathbf{A}_{13}$ nur Nullen. Wir nehmen nun an, daß eine Komponente von $\mathbf{b}_2$ nicht verschwindet. Es sei dies eine Komponente, die in (40) in der Zeile $i > r$ steht. Dann bringen wir Zeile i an die Stelle $r + 1$, dividieren sie durch diese nicht verschwindende Komponente und ziehen von allen Zeilen nach Zeile $r + 1$ ein geeignetes Vielfaches ab, so daß aus (40) die folgende Matrix resultiert

$$(41)\quad \begin{bmatrix} \mathbf{I}_r & \mathbf{A}^*_{12} & \mathbf{b}_1 \\ & & 1 \\ \mathbf{A}_{13} & & 0 \\ & & \vdots \\ & & 0 \end{bmatrix}$$

Aus (40) ergibt sich, daß der Rang der Matrix **A** gleich r ist und aus (41), daß der Rang der Matrix (**A**, **b**) gleich r + 1 ist. Andererseits sind die Ränge der Matrizen **A** und (**A**, **b**) identisch, sofern $\mathbf{b}_2$ verschwindet. Damit ergibt sich aus dem Gaußschen Algorithmus der

Satz 9:

Das Gleichungssystem

$$(42)\qquad \mathbf{A}\,\mathbf{x} = \mathbf{b}$$

hat genau dann keine Lösung, wenn gilt

$$\text{Rang}(\mathbf{A}) < \text{Rang}(\mathbf{A}, \mathbf{b})$$

Das Gleichungssystem heißt dann **überbestimmt**.

Ist $\text{Rang}(\mathbf{A}) = \text{Rang}(\mathbf{A}, \mathbf{b}) = m$, wobei m die Anzahl der Unbekannten ist, so gibt es genau eine Lösung. Das Gleichungssystem heißt dann **exakt** bestimmt.

Ist $\text{Rang}(\mathbf{A}) = \text{Rang}(\mathbf{A}, \mathbf{b}) < m$, so gibt es unendlich viele Lösungen. Das Gleichungssystem heißt dann **unterbestimmt**.

△

Üblicherweise wird der Satz 9 herangezogen, wenn eine Aussage über die Lösungsmenge eines linearen Gleichungssystems gemacht wird.

Die folgenden Spezialfälle von Satz 9 sind besonders wichtig.

Wenn **A** quadratisch ist, also m = n und **A** regulär, d. h. $\text{Rang}(\mathbf{A}) = n$, so ergibt sich, weil die Matrix (**A**, **b**) nur n Zeilen hat, und weil der Rang von (**A**, **b**) nicht kleiner als der von **A** sein kann

$$n \geqq \text{Rang}(\mathbf{A}, \mathbf{b}) \geqq \text{Rang}(\mathbf{A}) = n$$

d. h. $\text{Rang}(\mathbf{A}, \mathbf{b}) = \text{Rang}(\mathbf{A})$.

In diesem Falle gibt es also genau eine Lösung.

Satz 10:

Falls **A** quadratisch und regulär ist, so gibt es genau eine Lösung zu (42).

△

Ein lineares Gleichungssystem heißt **homogen**, falls die rechte Seite der Nullvektor ist und anderenfalls **inhomogen**.

Wir betrachten nun ein homogenes Gleichungssystem. Der Nullvektor ist immer Lösung. Wenn $\mathbf{A}$ regulär ist, so gibt es nach Satz 10 nur eine Lösung und die muß gleich dem Nullvektor sein.

Satz 11:

Falls $\mathbf{A}$ regulär ist, so gibt es zu einem homogenen System nur die Lösung $\mathbf{x} = \mathbf{0}$.

△

Wir betrachten nun wieder ein homogenes System, wobei $\mathbf{A}$ quadratisch sei, d. h. $n = m$ und $\text{Rang}(\mathbf{A}) = r < n$. Wir wissen, daß dann $n - r$ Gleichungen redundant sind, und daß wir $n - r$ der Variablen x_i beliebig vorgeben können; die restlichen Variablen folgen dann eindeutig.

Wir treffen nun die folgende Wahl der freien Variablen. Zuerst sei $x_{r+1} = 1$ und $x_i = 0$ für $i > r + 1$; die Lösung laute dann $\mathbf{y}_1$. Dann setzen wir $x_{r+1} = 0$, $x_{r+2} = 1$ und $x_i = 0$ für $i > r + 2$, die entsprechende Lösung sei $\mathbf{y}_2$. Auf diese Weise fahren wir fort, indem wir immer eine freie Variable 1 und alle anderen freien Variablen 0 setzen. Wir erhalten insgesamt $n - r$ Lösungen $\mathbf{y}_1, \ldots, \mathbf{y}_{n-r}$. Diese Lösungen sind wegen der speziellen Wahl der freien Variablen linear unabhängig.

Dies überlegen wir uns genauer. Wir betrachten die Gleichung

$$\sum_{i=1}^{n-r} \alpha_i \mathbf{y}_i = \mathbf{0}. \tag{43}$$

Da von den Vektoren $\mathbf{y}_i$ nur der Vektor $\mathbf{y}_1$ an der Stelle $r + 1$ eine nichtverschwindende Komponente (nämlich 1) stehen hat, folgt aus (43): $\alpha_1 = 0$.

Weiter hat nur der Vektor $\mathbf{y}_2$ an der Stelle $r + 2$ eine nichtverschwindende Komponente. Daraus folgt nach (43): $\alpha_2 = 0$ usw. Also kann (43) nur gelten, wenn alle α_i verschwinden, d. h. die $\mathbf{y}_i$ sind linear unabhängig.

Aus der Gleichung

$$\mathbf{A}\,\mathbf{x} = \mathbf{0}$$

folgt weiter, daß mit den Lösungen $\mathbf{y}_1, \ldots, \mathbf{y}_{n-r}$ auch jede Linearkombination

$$\mathbf{z} = \sum_{i=1}^{n-r} \alpha_i \mathbf{y}_i$$

Lösung ist, weil

$$\mathbf{A}\,\mathbf{z} = \mathbf{A}\left(\sum_{i=1}^{n-r} \alpha_i \mathbf{y}_i\right) = \sum_{i=1}^{n-r} \alpha_i \mathbf{A}\,\mathbf{y}_i = \mathbf{0}$$

Wenn wir aber die freien Variablen x_i in folgender Weise festlegen: $x_{r+1} = \alpha_1, \ldots$ $x_n = \alpha_{n-r}$, dann ergibt sich dazu genau eine Lösung $\mathbf{x}$. Andererseits hat die Lösung

$$\sum_{i=1}^{n-r} \alpha_i \mathbf{y}_i$$

nach Konstruktion von $\mathbf{y}_i$ dieselben freien Variablen wie $\mathbf{x}$ und ist daher mit $\mathbf{x}$ identisch. Das bedeutet, daß wir jede Lösung als Linearkombination der $n - r$ linear unabhängigen Vektoren $\mathbf{y}_1 \dots \mathbf{y}_{n-r}$ erhalten. Damit ergibt sich der

Satz 12:

Falls $\mathbf{A}$ eine (n, n)-Matrix mit Rang r ist, und die rechte Seite verschwindet, so ist die Lösungsmenge der homogenen Gleichungen ein linearer Unterraum der Dimension $n - r$.

△

Beispiel:

Wir betrachten das homogene System mit der Koeffizientenmatrix

$$\mathbf{A} = \begin{pmatrix} 1 & 1 & 1 & 1 \\ 1 & 2 & 3 & 4 \\ 2 & 3 & 4 & 5 \\ 0 & 1 & 2 & 3 \end{pmatrix}$$

Der Rang von $\mathbf{A}$ ist zwei, da

$$\mathbf{A}^{(2)} = \begin{pmatrix} 1 & 1 & 1 & 1 \\ 0 & 1 & 2 & 3 \\ 0 & 0 & 0 & 0 \\ 0 & 0 & 0 & 0 \end{pmatrix}$$

Aus $\mathbf{A}^{(2)}$ folgt $r = 2$, d. h. 2 Gleichungen sind redundant und zwei Variable (x_3 und x_4) sind frei.
Wir wählen nun $x_3 = 1$ und $x_4 = 0$. Daraus folgt aus $\mathbf{A}^{(2)}\mathbf{x} = \mathbf{0}$ das System

$$\begin{aligned} 1x_1 + 1x_2 + 1 &= 0 \\ 1x_2 + 2 &= 0 \end{aligned}$$

mit der Lösung

$$\mathbf{y}_1 = (1, -2, 1, 0)$$

Dann wählen wir $x_3 = 0$ und $x_4 = 1$, und es resultiert das System

$$\begin{aligned} x_1 + x_2 + 1 &= 0 \\ x_2 + 3 &= 0 \end{aligned}$$

mit der Lösung

$$\mathbf{y}_2 = (2, -3, 0, 1)$$

Die Lösung $\mathbf{x}$ mit den Werten $x_3 = \alpha$ und $x_4 = \beta$ lautet dann

$$\mathbf{x} = \alpha \mathbf{y}_1 + \beta \mathbf{y}_2$$

d. h.

$$x_1 = \alpha + 2\beta, \; x_2 = -2\alpha - 3\beta, \; x_3 = \alpha, \; x_4 = \beta$$

Man prüfe nach, daß $\mathbf{x}$ tatsächlich Lösung ist.

Wir betrachten nun das inhomogene Gleichungssystem

$$(44) \qquad \mathbf{A}\,\mathbf{x} = \mathbf{b},$$

wobei $\mathbf{A}$ eine (n, n)-Matrix ist.

Falls der Rang von $\mathbf{A}$ gleich $r < n$ ist, so wollen wir versuchen, die Menge der Lösungen genau zu charakterisieren. Es sei $\mathbf{x}_0$ eine spezielle Lösung des inhomogenen Systems (44), d. h.

$$\mathbf{A}\,\mathbf{x}_0 = \mathbf{b}.$$

Ziehen wir diese Gleichung von (44) ab, so resultiert die homogene Gleichung

$$(45) \qquad \mathbf{A}\,\mathbf{y} = \mathbf{0}$$

mit

$$(46) \qquad \mathbf{y} = \mathbf{x} - \mathbf{x}_0$$

Statt (46) können wir auch schreiben

$$(47) \qquad \mathbf{x} = \mathbf{x}_0 + \mathbf{y}$$

d. h. jede Lösung von (44) ergibt sich als Summe einer festen Lösung $\mathbf{x}_0$ und einer Lösung des entsprechenden homogenen Systems (45).

Man bezeichnet $\mathbf{x}_0$ als **partikuläre**, $\mathbf{x}$ als **allgemeine inhomogene** und

$$\mathbf{y} = \sum_{i=1}^{n-r} \alpha_i \mathbf{y}_i$$

als **allgemeine homogene** Lösung.

Satz 12:

Die allgemeine inhomogene Lösung ergibt sich als Summe einer partikulären und der allgemeinen homogenen Lösung.

△

4.6. Zusammenfassung

In diesem Kapitel wurde die für die Lineare Algebra zentrale Theorie der linearen Gleichungssysteme behandelt.

Dabei wurde zuerst ein Verfahren zur Lösung eines linearen Gleichungssystems nämlich der Gaußsche Algorithmus beschrieben. Im Rahmen des Gaußschen Algorithmus wurden die beiden zentralen Begriffe der linearen Unabhängigkeit und des Ranges einer Matrix entwickelt.

Mit Hilfe dieser Begriffe können einfache Kriterien angegeben werden, wann ein lineares Gleichungssystem keine bzw. genau eine bzw. unendlich viele Lösungen besitzt. Falls unendlich viele Lösungen möglich sind, kann auch ihre Struktur näher analysiert werden.

Es sei aber noch einmal darauf hingewiesen, daß diese beiden Begriffe letztlich gestatten, Ergebnisse des Gaußschen Algorithmus formelmäßig sehr einfach und prägnant darzustellen. Zur konkreten Berechnung wird aber in der Regel doch der Gaußsche Algorithmus herangezogen.

Übungen und Aufgaben zu Kapitel 4 (Lineare Gleichungssysteme)

Abschnitt 4.2 (Der Gaußsche Algorithmus)

1. Man löse das folgende Gleichungssystem mit Hilfe des Gaußschen Algorithmus

$$\begin{aligned} x_1 + x_2 + x_3 + x_4 + x_5 &= 0 \\ 2x_1 + 3x_2 + 4x_3 + 4x_4 + 4x_5 &= 4 \\ 1x_1 + 2x_2 + 4x_3 + 6x_4 + 6x_5 &= 13 \\ -2x_1 - 2x_2 - x_3 + 2x_4 + 5x_5 &= 15 \\ 4x_1 + 6x_2 + 9x_3 + 11x_4 + 16x_5 &= 22 \end{aligned}$$

Hinweise zur Rechenkontrolle:

$$\mathbf{A}^{(1)} = \begin{pmatrix} 1 & 1 & 1 & 1 & 1 \\ 0 & 1 & 2 & 2 & 2 \\ 0 & 1 & 3 & 5 & 5 \\ 0 & 0 & 1 & 4 & 7 \\ 0 & 2 & 5 & 7 & 12 \end{pmatrix} \qquad \mathbf{b}^{(1)} = \begin{pmatrix} 0 \\ 4 \\ 13 \\ 15 \\ 22 \end{pmatrix}$$

$$\mathbf{A}^{(2)} = \begin{pmatrix} 1 & 1 & 1 & 1 & 1 \\ 0 & 1 & 2 & 2 & 2 \\ 0 & 0 & 1 & 3 & 3 \\ 0 & 0 & 1 & 4 & 7 \\ 0 & 0 & 1 & 3 & 8 \end{pmatrix} \qquad \mathbf{b}^{(2)} = \begin{pmatrix} 0 \\ 4 \\ 9 \\ 15 \\ 14 \end{pmatrix}$$

$$\mathbf{A}^{(3)} = \begin{pmatrix} 1 & 1 & 1 & 1 & 1 \\ 0 & 1 & 2 & 2 & 2 \\ 0 & 0 & 1 & 3 & 3 \\ 0 & 0 & 0 & 1 & 4 \\ 0 & 0 & 0 & 0 & 5 \end{pmatrix} \qquad \mathbf{b}^{(3)} = \begin{pmatrix} 0 \\ 4 \\ 9 \\ 6 \\ 5 \end{pmatrix}$$

2. Ein Mischproblem

In einem metallurgischen Betrieb soll eine Metallegierung hergestellt werden, die aus 5% Vanadium und 2% Chrom besteht; der Rest soll Aluminium sein. Reines Vanadium und Chrom sind sehr teuer, während es relativ billige Legierungen von Vanadium und Aluminium bzw. Chrom und Aluminium gibt.

In der folgenden Liste wird angegeben, welchen Gehalt an Vanadium (Zeile 1) bzw. Gehalt an Chrom (Zeile 2) eine billig erhältliche Legierung L_j (Spalte j) hat.

	L_1	L_2	L_3	L_4
Vanadium	0.02	0.05	0.03	0.06
Chrom	0.06	0.03	0.02	0.01

Es soll nun eine Einheit (z. B. 1 kg) der gewünschten Legierung hergestellt werden, wobei x_1 Einheiten von L_1, x_2 Einheiten von L_2, x_3 Einheiten von L_3 und x_4 Einheiten von L_4 zusammengeschmolzen und gut vermischt werden. Gesucht sind die Mengen x_i $(1 \leqq i \leqq 4)$.

Da insgesamt eine Einheit resultieren soll, muß gelten

(1) $\quad x_1 + x_2 + x_3 + x_4 = 1$

Der Anteil an Vanadium soll 0.05 betragen, d. h., da in L_1 der Anteil 0.02, in L_2 der Anteil 0.05 usw. beträgt, ergibt sich

(2) $\quad 0.02x_1 + 0.05x_2 + 0.03x_3 + 0.06x_4 = 0.05\,.$

Entsprechend soll der Anteil von Chrom 0.02 betragen, d. h.

(3) $\quad 0.06x_1 + 0.03x_2 + 0.02x_3 + 0.01x_4 = 0.02$

Damit haben wir in den Gleichungen (1)–(3) ein System mit 3 Gleichungen und in 4 Unbekannten. Multiplizieren wir (2) und (3) mit 100, so resultiert ein Gleichungssystem mit

$$\mathbf{A} = \begin{pmatrix} 1 & 1 & 1 & 1 \\ 2 & 5 & 3 & 6 \\ 6 & 3 & 2 & 1 \end{pmatrix} \quad \mathbf{b} = \begin{pmatrix} 1 \\ 5 \\ 2 \end{pmatrix}$$

Nach dem Gaußschen Algorithmus resultiert die folgende Treppenform

$$\mathbf{A}^{(2)} \begin{pmatrix} 1 & 1 & 1 & 1 \\ 0 & 3 & 1 & 4 \\ 0 & 0 & -3 & -1 \end{pmatrix} \quad \mathbf{b}^{(2)} = \begin{pmatrix} 1 \\ 3 \\ -1 \end{pmatrix}$$

Weiter ergibt sich die explizite Form

$$\mathbf{A}^{(3)} = \begin{pmatrix} 1 & 0 & 0 & -5/9 \\ 0 & 1 & 0 & 11/9 \\ 0 & 0 & 1 & 3/9 \end{pmatrix} \quad \mathbf{b}^{(3)} = \begin{pmatrix} -2/9 \\ 8/9 \\ 3/9 \end{pmatrix}$$

Wir sehen daraus, daß die drei obigen Gleichungen voneinander unabhängig sind, und daß eine Variable, nämlich x_4, frei ist; die anderen ergeben sich dann eindeutig. Es existieren also unendliche viele Lösungen.

Geben wir $x_4 = 0.5$ vor, so resultieren

$$x_1 = 1/18, \; x_2 = 5/18 \quad \text{und} \quad x_3 = 3/18$$

d. h. man nehme $\frac{1}{18}$ (Einheiten) von Legierung L_1, $\frac{5}{18}$ von Legierung L_2, $\frac{3}{18}$ von Legierung L_3 und $\frac{9}{18}$ von Legierung L_4, dann ergibt sich eine Einheit der gewünschten Legierung.

Wählen wir aber z. B. $x_4 = \frac{9}{11}$, so resultiert $x_2 = -\frac{1}{9}$. Dies bedeutet, wir sollten $\frac{1}{9}$ der Legierung L_2 nicht hinzufügen, sondern **wegnehmen**. Dies ist technisch im Rahmen einer Mischung nicht möglich. Solche Lösungen scheiden also aus. Es gibt aber trotzdem unendlich viele technisch sinnvolle Lösungen. Unter diesen würde man sicher die billigste auswählen.

Sei also p_i der Preis von einer Einheit der Legierung L_i, so würde eine Einheit der gewünschten Legierung

$$(4) \qquad p_1 x_1 + p_2 x_2 + p_3 x_3 + p_4 x_4$$

kosten. Der Ausdruck (4) ist also zu minimieren unter den Nebenbedingungen

$$x_1 \geqq 0, \; x_2 \geqq 0, \; x_3 \geqq 0, \; x_4 \geqq 0$$

und den Gleichungen (1), (2) und (3).

Dies führt zu einem Problem der linearen Programmierung.

3. Man überlege sich an einer (3,3)-Matrix $\mathbf{A}$, daß sich die Matrix $\mathbf{A}^{(k)}$ im Gaußschen Algorithmus auch in folgender Weise ergibt

$$\mathbf{A}^{(k)} = \mathbf{G}\,\mathbf{A}\,,$$

wobei **G** untere Dreiecksmatrix ist mit Einsen in der Hauptdiagonalen.

Abschnitt 4.3. (Die lineare Abhängigkeit von Vektoren)

1. Man zeige mit Hilfe des Gaußschen Algorithmus, daß unter den folgenden Vektoren nur drei linear unabhängig sind

$$\mathbf{a}_1 = (1,1,1,1), \quad \mathbf{a}_2 = (2,2,1,1),$$
$$\mathbf{a}_3 = (2,3,2,2), \quad \mathbf{a}_4 = (3,3,1,1),$$
$$\mathbf{a}_5 = (4,2,1,1)$$

   Hinweis: Aus den Vektoren $\mathbf{a}_i$ bildet man eine Matrix $\mathbf{A}$.

2. Man zeige, daß die 5 Einheitsvektoren im $\mathbb{R}^5$, nämlich $\mathbf{e}_1, \ldots, \mathbf{e}_5$ linear unabhängig sind.

3. Man drücke den Vektor

$$\mathbf{a} = (4,5)$$

   als Linearkombination der beiden Vektoren

$$\mathbf{b} = (1,3) \quad \text{und} \quad \mathbf{c} = (1,1)$$

   aus.
   Hinweis: Man mache den Ansatz

$$\mathbf{a} = x_1 \mathbf{b} + x_2 \mathbf{c}$$

   und löse die daraus resultierenden Gleichungen in x_1 und x_2. Oder man betrachte die Matrix

$$\mathbf{A} = \begin{pmatrix} \mathbf{c} \\ \mathbf{b} \\ \mathbf{a} \end{pmatrix}$$

   und mache durch elementare Zeilenoperationen Zeile drei zum Nullvektor.

4. Es seien die drei Vektoren **a**, **b** und **c** linear unabhängig. Man zeige, daß dies dann auch für die Vektoren

$$\mathbf{a}, \mathbf{b} + \mathbf{c}, \mathbf{c} + \mathbf{a}$$

   gilt.
   Hinweis: Man schreibe die Vektoren zeilenweise in eine Matrix und betrachte den Zeilenrang der Matrix.

5. Gegeben sei im $\mathbb{R}^3$ die Basis

$$\mathbf{a}_1 = (1,1,1), \quad \mathbf{a}_2 = (1,0,1) \quad \text{und} \quad \mathbf{a}_3 = (0,1,1)$$

   Gegen welchen der drei Vektoren kann man den Vektor $\mathbf{b} = (1,0,0)$ austauschen, so daß immer noch eine Basis des $\mathbb{R}^3$ gegeben ist?

Abschnitt 4.4. (Der Rang einer Matrix)

1. Man berechne den Rang der folgenden Matrix

$$\mathbf{A} = \begin{pmatrix} 1 & 1 & 1 & 1 & 1 \\ 1 & 2 & 3 & 4 & 5 \\ 1 & 3 & 1 & 1 & 1 \\ 1 & 4 & 1 & 1 & 1 \end{pmatrix}$$

2. Man berechne den Rang der folgenden (n, n)-Matrix (n > 2)

$$\mathbf{A} = \begin{pmatrix} 1-p & p & p & \cdots & p \\ p & 1-p & p & \cdots & p \\ \vdots & & & & \vdots \\ \cdot & & & & p \\ p & \cdot & \cdot & \cdot \; \cdot \; p & 1-p \end{pmatrix}$$

Hinweis: Man bringe die Matrix **A** auf untere Dreiecksgestalt, indem zuerst die Zeile 1 von allen anderen Zeilen abgezogen wird. Dann werde mit Hilfe der letzten Zeile das Element a_{1n}, mit Hilfe der vorletzten Zeile das Element a_{1n-1} zu Null gemacht usw.

Abschnitt 4.5. (Ergebnisse des Gaußschen Algorithmus)

1. Problem der Regressionsanalyse.
In der Regressionsanalyse wird der folgende Ansatz gemacht

$$\mathbf{y} = \mathbf{X}\mathbf{b} + \mathbf{u}$$

Dabei ist **y** ein T-komponentiger Vektor, und y_i gibt die i-te Beobachtung des Regressanden an.

In der (T, K)-Matrix **X** steht in Zeile i und Spalte j die i-te Beobachtung des j-ten Regressors.

In dem T-komponentigen Vektor **u** sind die Störungen enthalten.

Der Vektor **b** stellt den unbekannten Parametervektor dar. Ein zentrales Problem der Regressionsanalyse besteht darin, den Vektor **b** aufgrund von **X** und **y** optimal zu schätzen. Der Vektor **u** erfaßt dann den nicht erklärten Rest: $\mathbf{u} = \mathbf{y} - \mathbf{X}\mathbf{b}$.

1.1. Wann ist es möglich, **b** so zu schätzen, daß der Vektor **u** zu Null wird?
Hinweis: Man betrachte die Matrix

$$(\mathbf{X}, \mathbf{y})$$

und diskutiere die Fälle T > K und T ≦ K.

Man ziehe in Betracht, daß in **y** unabhängige zufällige Beobachtungen des Regressanden erfaßt sind.

1.2. Die Schätzung nach der Minimum-Quadrat-Methode liefert die Normalgleichungen

(1) $\mathbf{X}'\mathbf{X}\mathbf{b} = \mathbf{X}'\mathbf{y}$

zur Berechnung von $\mathbf{b}$.

Dies ist ein System von K Gleichungen und in K Unbekannten. Das System (1) ist genau dann eindeutig lösbar, wenn

$$\text{Rang}\,(\mathbf{X}'\mathbf{X}) = K\,.$$

1.3. Es gilt

(2) $\text{Rang}\,(\mathbf{X}'\mathbf{X}) = \text{Rang}\,(\mathbf{X})\,.$

Aus $\mathbf{X}'\mathbf{X}\mathbf{a} = \mathbf{0}$ folgt nämlich $\mathbf{a}'\mathbf{X}'\mathbf{X}\mathbf{a} = \mathbf{0}$ und daraus $\mathbf{X}\mathbf{a} = \mathbf{0}$. Umgekehrt folgt aus $\mathbf{X}\mathbf{a} = \mathbf{0}$ auch $\mathbf{a}'\mathbf{X}'\mathbf{X}\mathbf{a} = \mathbf{0}$. Das bedeutet, daß in $\mathbf{X}$ und $\mathbf{X}'\mathbf{X}$ dieselben Spalten linear abhängig bzw. linear unabhängig sind.

1.4. Weiter gilt:

(3) $\text{Rang}\,(\mathbf{X}'\mathbf{X}, \mathbf{X}'\mathbf{y}) = \text{Rang}\,(\mathbf{X}')$

Dies folgt aus der Tatsache, daß die Spaltenvektoren der Matrix $(\mathbf{X}'\mathbf{X}, \mathbf{X}'\mathbf{y})$ sich ergeben als Linearkombinationen der Spalten von $\mathbf{X}'$.

1.5. Aus (2) und (3) folgt

$$\text{Rang}\,(\mathbf{X}'\mathbf{X}, \mathbf{X}'\mathbf{y}) = \text{Rang}\,(\mathbf{X}'\mathbf{X})$$

Was bedeutet dies für die Lösung von (1)?

1.6. Seien $\mathbf{b}_1$ und $\mathbf{b}_2$ zwei Lösungen von (1), dann folgt

$$\mathbf{X}\mathbf{b}_1 = \mathbf{X}\mathbf{b}_2$$

Man zeigt dies folgendermaßen:
Es gilt

$$\mathbf{X}'\mathbf{X}\mathbf{b}_1 = \mathbf{X}'\mathbf{y}$$

und

$$\mathbf{X}'\mathbf{X}\mathbf{b}_2 = \mathbf{X}'\mathbf{y}$$

Durch Abziehen ergibt sich

$$\mathbf{X}'\mathbf{X}\,(\mathbf{b}_1 - \mathbf{b}_2) = \mathbf{0}$$

und daraus

$$(\mathbf{b}_1 - \mathbf{b}_2)' \mathbf{X}' \mathbf{X} (\mathbf{b}_1 - \mathbf{b}_2) = \mathbf{0}$$

bzw.

$$\mathbf{X} (\mathbf{b}_1 - \mathbf{b}_2) = \mathbf{0} .$$

Teil II

Grundkurs 2

Kapitel 5:
Die Matrixinversion

Im Bereich der reellen Zahlen ist die Division die Umkehrung der Multiplikation. Man kann den Quotienten b/a als Lösung x der Gleichung $ax = b$ definieren. Speziell bezeichnet man die Lösung der Gleichung

$$ax = 1\,,$$

wenn also b gleich 1 ist, als das inverse Element von a, symbolisch 1/a oder a^{-1}. Kennt man die Inversen aller Zahlen, so läßt sich die Division auf eine Multiplikation zurückführen. Es ist nämlich $b/a = b \cdot a^{-1}$.

Im Bereich der Matrizen haben wir die Multiplikation eingeführt. Nun führen wir die **Inverse** einer Matrix ein, wodurch in einer gewissen Weise eine Division als Multiplikation mit einer Inversen möglich wird.

Analog zum Inversen im Bereich der reellen Zahlen definiert man im Bereich der Matrizen das zu einer (n, m)-Matrix $\mathbf{A}$ inverse Elemente als diejenige Matrix, die mit $\mathbf{A}$ multipliziert die Einheitsmatrix ergibt. Da aber die Multiplikation nicht kommutativ ist, könnte es eine **Rechtsinverse** $\mathbf{B}_r$ geben mit

$$(1) \qquad \mathbf{A}\mathbf{B}_r = \mathbf{I}_n$$

und eine **Linksinverse** $\mathbf{B}_l$ mit

$$(2) \qquad \mathbf{B}_l\mathbf{A} = \mathbf{I}_m$$

Da $\mathbf{A}$ eine (n,m)-Matrix ist, so müßte aufgrund der Multiplikationsregeln $\mathbf{B}_r$ eine (m,n)-Matrix sein und $\mathbf{B}_l$ eine (m,n)-Matrix.

Wir wollen nun aus (1) die i-te Spalte von $\mathbf{B}_r$ bestimmen. Diese Spalte bezeichnen wir mit $\mathbf{x}_i$.

Die i-te Spalte in $\mathbf{I}_n$ ist gleich $\mathbf{e}_i$. Daher folgt aus (1) speziell

$$(3) \qquad \mathbf{A}\mathbf{x}_i = \mathbf{e}_i$$

Wir erhalten also ein lineares Gleichungssystem. Dieses Gleichungssystem kann für $n < m$ unterbestimmt und für $n > m$ überbestimmt sein. Wir wollen aber eine eindeutige Inverse zu $\mathbf{A}$ erhalten. Daher betrachten wir im folgenden nur den Fall $n = m$.

Es gibt dann zwei Möglichkeiten:

1. Rang $(\mathbf{A}) < n$

   Damit es zu jedem i für $1 \leqq i \leqq n$ genau eine Lösung $\mathbf{x}_i$ gibt, d. h. damit $\mathbf{B}_r$ eindeutig resultiert, muß gelten: Rang $(\mathbf{A}, \mathbf{e}_i) =$ Rang $(\mathbf{A})$ für $1 \leqq i \leqq n$. Das bedeutet, daß die Vektoren $\mathbf{e}_i$ den Spaltenrang von $\mathbf{A}$ nicht erhöhen, d. h. daß alle $\mathbf{e}_i$ durch Spalten von $\mathbf{A}$ linear dargestellt werden können. Dies geht nicht, da die $\mathbf{e}_i$ den ganzen $\mathbb{R}^n$ aufspannen und es nach Voraussetzung nicht n linear unabhängige Spaltenvektoren von **A** gibt. Daher ist in diesem Falle mindestens eine Spalte von $\mathbf{B}_r$ nicht definiert.

2. Rang ($\mathbf{A}$) = n

   In diesem Fall ist (3) für jedes i eindeutig lösbar. Es gibt also eine eindeutige Rechtsinverse $\mathbf{B}_r$.

   Analog erhalten wir eine Linksinverse $\mathbf{B}_l$. Sei $\mathbf{x}_i$ die i-te Zeile von $\mathbf{B}_l$ als Spaltenvektor geschrieben. Damit ergibt sich

$$\mathbf{A}'\mathbf{x}_i = \mathbf{e}_i$$

   Wegen Rang ($\mathbf{A}'$) = Rang ($\mathbf{A}$) ergibt sich analog eindeutig eine Linksinverse $\mathbf{B}_l$, falls Rang ($\mathbf{A}$) = n ist.

Wir halten fest, wenn A nichtsingulär ist, so gibt es immer genau eine Rechtsinverse $\mathbf{B}_r$ und genau eine Linksinverse $\mathbf{B}_l$.

Wir zeigen nun $\mathbf{B}_l = \mathbf{B}_r$. Die Matrix

$$\mathbf{B}_l\,\mathbf{A}\,\mathbf{B}_r$$

ist wegen $\mathbf{B}_l\mathbf{A} = \mathbf{I}_n$ gleich $\mathbf{B}_r$ und wegen $\mathbf{A}\,\mathbf{B}_r = \mathbf{I}_n$ auch gleich $\mathbf{B}_l$ und damit gilt: $\mathbf{B}_l = \mathbf{B}_r$.

Obiges Ergebnis fassen wir zusammen im

Satz 1:

Eine quadratische Matrix **A** besitzt nur dann immer eindeutig eine Rechtsinverse und eine Linksinverse, wenn **A** regulär ist. Beide Inverse sind gleich, und wir bezeichnen sie mit $\mathbf{A}^{-1}$.

Beispiel:

Es sei

$$\mathbf{A} = \begin{pmatrix} 1 & 1 & 1 \\ 1 & 2 & 3 \\ 0 & 1 & 1 \end{pmatrix}$$

Aus

$$\begin{pmatrix} 1 & 1 & 1 \\ 1 & 2 & 3 \\ 0 & 1 & 1 \end{pmatrix}\begin{pmatrix} x_1 \\ x_2 \\ x_3 \end{pmatrix} = \begin{pmatrix} 1 \\ 0 \\ 0 \end{pmatrix}$$

ergibt sich $\mathbf{x}_1$, die erste Spalte von $\mathbf{A}^{-1}$, zu

$$\mathbf{x}_1' = (1, 1, -1)$$

Aus

$$\begin{pmatrix} 1 & 1 & 1 \\ 1 & 2 & 3 \\ 0 & 1 & 1 \end{pmatrix} \begin{pmatrix} x_1 \\ x_2 \\ x_3 \end{pmatrix} = \begin{pmatrix} 0 \\ 1 \\ 0 \end{pmatrix}$$

ergibt sich $\mathbf{x}_2$, die zweite Spalte von $\mathbf{A}^{-1}$, zu

$$\mathbf{x}_2' = (0, -1, 1)$$

Aus

$$\begin{pmatrix} 1 & 1 & 1 \\ 1 & 2 & 3 \\ 0 & 1 & 1 \end{pmatrix} \begin{pmatrix} x_1 \\ x_2 \\ x_3 \end{pmatrix} = \begin{pmatrix} 0 \\ 0 \\ 1 \end{pmatrix}$$

ergibt sich $\mathbf{x}_3$, die dritte Spalte von $\mathbf{A}^{-1}$, zu

$$\mathbf{x}_3' = (-1, 2, -1)$$

Daraus resultiert

$$\mathbf{A}^{-1} = \begin{pmatrix} 1 & 0 & -1 \\ 1 & -1 & 2 \\ -1 & 1 & -1 \end{pmatrix}$$

Nun wollen wir den Bezug zur Division im Bereich der reellen Zahlen herstellen. Es sei

$$(4) \qquad \mathbf{A}\mathbf{X} = \mathbf{B}$$

Dann könnte man $\mathbf{X}$ als Quotienten von $\mathbf{B}$ und $\mathbf{A}$ bezeichnen. Wenn $\mathbf{A}$ nicht singulär ist, so existiert eine Inverse $\mathbf{A}^{-1}$. Multiplizieren wir (4) auf beiden Seiten mit $\mathbf{A}^{-1}$, so ergibt sich

$$(5) \qquad \mathbf{X} = \mathbf{A}^{-1}\mathbf{B}$$

Entsprechend ergibt sich aus

$$\mathbf{X}\mathbf{A} = \mathbf{B}$$

die Lösung

$$(6) \qquad \mathbf{X} = \mathbf{B}\mathbf{A}^{-1}$$

Beispiel:

Wir nehmen die Matrix **A** im vorhergehenden Beispiel und

$$\mathbf{B} = \begin{pmatrix} 1 & 1 \\ 2 & 3 \\ 4 & 8 \end{pmatrix}$$

Es resultiert dann aus der Gleichung

$$\mathbf{AX} = \mathbf{B}$$

$$\mathbf{X} = \mathbf{A}^{-1}\mathbf{B} = \begin{pmatrix} 1 & 0 & -1 \\ 1 & -1 & 2 \\ -1 & 1 & -1 \end{pmatrix}\begin{pmatrix} 1 & 1 \\ 2 & 3 \\ 4 & 8 \end{pmatrix} = \begin{pmatrix} -3 & -7 \\ 7 & 14 \\ -3 & -6 \end{pmatrix}$$

Ist speziell **X** ein Spaltenvektor, so stellt (4) ein lineares Gleichungssystem dar. Gleichung (5) gibt dann die Lösung an, wobei **B** ein Spaltenvektor ist, den wir immer mit **b** bezeichnet haben.

Da das System (5) in expliziter Form vorliegt, haben wir das lineare Gleichungssystem gelöst; genauer: die Lösung läßt sich in obiger Form formal darstellen. Der Rechenaufwand steckt aber noch in der Bestimmung von $\mathbf{A}^{-1}$!

Im Bereich der reellen Zahlen ergibt sich bekanntlich $(a^{-1})^{-1} = a$. Für Matrizen gilt entsprechendes. Sei **A** eine (n, n)-Matrix und Rang $(\mathbf{A}) = n$.

Dann existiert $\mathbf{A}^{-1}$ und nach Satz 5 in Kapitel 4 ergibt sich

$$\text{Rang}\,(\mathbf{A}^{-1}) = \text{Rang}\,(\mathbf{A}\mathbf{A}^{-1}) = \text{Rang}\,(\mathbf{I}_n) = n$$

Also hat $\mathbf{A}^{-1}$ eine Inverse. Weiter gilt

$$\mathbf{A}\mathbf{A}^{-1} = \mathbf{I}_n$$

Also ist **A** die Inverse von $\mathbf{A}^{-1}$.

Für eine nichtsinguläre Matrix **A** gilt

$$\mathbf{A}\mathbf{A}^{-1} = \mathbf{I}_n.$$

Daraus folgt durch Transponieren von $\mathbf{A}\mathbf{A}^{-1}$

(7) $\quad (\mathbf{A}^{-1})'\mathbf{A}' = \mathbf{I}_n.$

Gleichung (7) bedeutet, daß $(\mathbf{A}^{-1})'$ die Inverse von $\mathbf{A}'$ ist, d.h.

(8) $\quad (\mathbf{A}')^{-1} = (\mathbf{A}^{-1})'.$

Schließlich seien **A** und **B** zwei nichtsinguläre (n, n)-Matrizen. Dann haben **A** und **B** eine Inverse, und es gilt

$$(9) \qquad (\mathbf{B}^{-1}\mathbf{A}^{-1})\mathbf{A}\mathbf{B} = \mathbf{I}_n$$

Gleichung (9) bedeutet

$$(\mathbf{A}\mathbf{B})^{-1} = \mathbf{B}^{-1}\mathbf{A}^{-1}$$

Übungen und Aufgaben zu Kapitel 5 (Die Matrixinversion)

1. Man berechne die Inverse der folgenden Matrix

$$\mathbf{A} = \begin{pmatrix} 1 & 1 & 1 \\ 1 & 2 & 3 \\ 1 & 4 & 9 \end{pmatrix}$$

mit Hilfe des Ansatzes $\mathbf{A}\mathbf{X} = \mathbf{I}_3$.

2. Man zeige, daß das Produkt der beiden Matrizen

$$\mathbf{A} = \begin{pmatrix} 3 & 1 & 2 \\ 2 & 1 & 1 \end{pmatrix} \quad \text{und} \quad \mathbf{B} = \begin{pmatrix} 2 & 0 \\ -3 & 2 \\ -1 & -1 \end{pmatrix}$$

gleich ist $\mathbf{I}_2$.
Ist **B** die Inverse von **A**?

3. Man berechne die Inverse des Produkts der Matrizen **A** und **B**

$$\mathbf{A} = \begin{pmatrix} 1 & 0 & 0 \\ 2 & 1 & 0 \\ 2 & 3 & 1 \end{pmatrix}, \quad \mathbf{B} = \begin{pmatrix} 1 & 2 & 2 \\ 0 & 1 & 2 \\ 0 & 0 & 1 \end{pmatrix}$$

möglichst einfach.
Hinweis: Man berechne die Inverse von **A** aus dem rekursiven System

$$\mathbf{A}\mathbf{X} = \mathbf{I}_3$$

und die Inverse von **B** aus dem rekursiven System

$$\mathbf{Y}\mathbf{B} = \mathbf{I}_3 .$$

Kapitel 6: Die Determinante

Auch den Begriff einer Determinante wollen wir nicht definitorisch einführen, sondern an einem konkreten Problem nämlich der Flächen- bzw. Volumenberechnung.

Wir werden dann sehen, daß sich dieser Begriff sehr gut eignet, um die Inverse einer Matrix bzw. die Lösung eines linearen Gleichungssystems anzugeben.

6.1. Determinantenformeln

Wir beginnen also mit geometrischen Überlegungen, die wir zuerst in der Ebene durchführen.

In der Ebene liege ein Parallelogramm vor. Wir legen ein rechtwinkliges Koordinatenkreuz so, daß der Nullpunkt in eine Ecke des Parallelogramms fällt. Siehe Abbildung 1. Die beiden vom Nullpunkt ausgehenden Seiten beschreiben wir durch zwei Vektoren (= Pfeile) $\mathbf{a}_1$ und $\mathbf{a}_2$. Durch diese beiden Vektoren ist das Parallelogramm eindeutig festgelegt. Dafür sagen wir: die Vektoren $\mathbf{a}_1$ und $\mathbf{a}_2$ spannen das Parallelogramm auf.

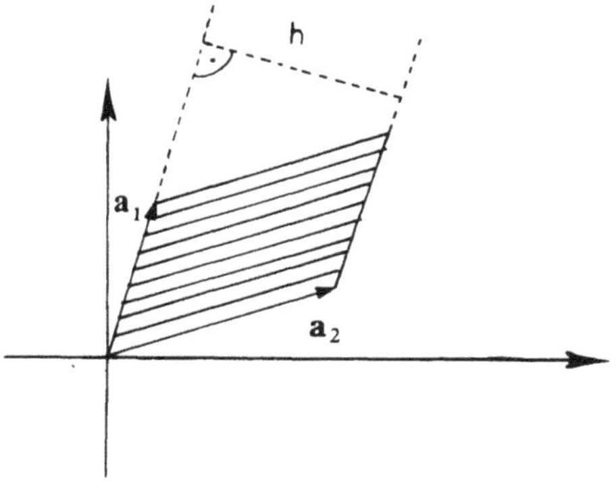

Abb. 1

Die beiden Vektoren $\mathbf{a}_1$ und $\mathbf{a}_2$ fassen wir als Zeilenvektoren einer (2,2)-Matrix $\mathbf{A}$ auf, und wir bezeichnen die gesuchte Fläche mit

$$F(\mathbf{a}_1, \mathbf{a}_2) \quad \text{bzw.} \quad F(\mathbf{A}).$$

Aufgrund elementargeometrischer Überlegungen ergibt sich die Fläche aus dem Produkt von Grundlinie und Höhe und damit nach Abbildung 1 zu

$$F(\mathbf{a}_1, \mathbf{a}_2) = |\mathbf{a}_1| h$$

Wir zeigen geometrisch, daß sich die Fläche nicht ändert, wenn wir $\mathbf{a}_2$ durch $\mathbf{a}_2 - \lambda \mathbf{a}_1$ ersetzen. Siehe Abbildung 2.

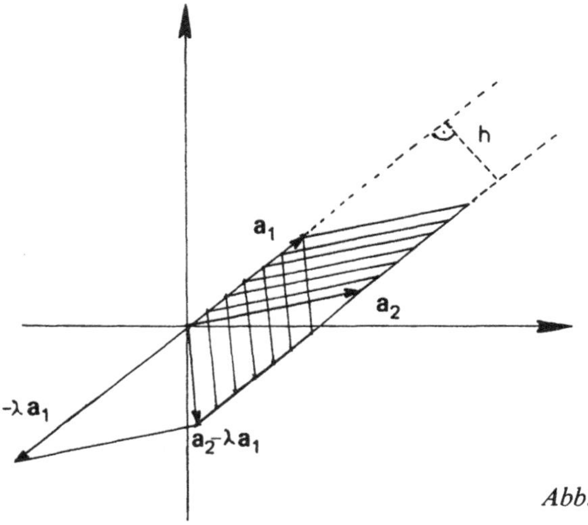

Abb. 2

Da $\mathbf{a}_1$ auch nach dem Ersetzen die Grundlinie bildet, und die Höhe h sich nicht ändert, ergibt sich die Identität

(1) $\quad F(\mathbf{a}_1, \mathbf{a}_2) = F(\mathbf{a}_1, \mathbf{a}_2 - \lambda \mathbf{a}_1)$ für $\lambda \in \mathbb{R}$.

Die Reihenfolge der Vektoren $\mathbf{a}_1$ und $\mathbf{a}_2$ ist für die Flächenberechnung natürlich irrelevant. Daher gilt auch

(2) $\quad F(\mathbf{a}_2, \mathbf{a}_1) = F(\mathbf{a}_1, \mathbf{a}_2)$.

Wir können also festhalten:

Es sei **A** eine (2,2)-Matrix und **B** aus **A** entstanden durch die elementaren Zeilenoperationen: Vertauschen von zwei Zeilen bzw. Abziehen eines Vielfachen einer Zeile von der anderen, so gilt

(3) $\quad F(\mathbf{A}) = F(\mathbf{B})$.

Im folgenden setzen wir voraus, daß a_{11} nicht verschwindet. Dann können wir **A** durch eine Zeilenoperation in die folgende Form bringen:

$$\mathbf{B} = \begin{pmatrix} a_{11} & a_{12} \\ 0 & b \end{pmatrix},$$

wobei $b = a_{22} - \dfrac{a_{12}}{a_{11}} a_{21}$.

Nun berechnen wir F(**B**). Nach Abbildung 3 ergibt sich, daß wir $|b|$ als Grundlinie und $|a_{11}|$ als Höhe nehmen können, d.h.

(4) $\quad F(\mathbf{B}) = |a_{11}| \cdot |b|$

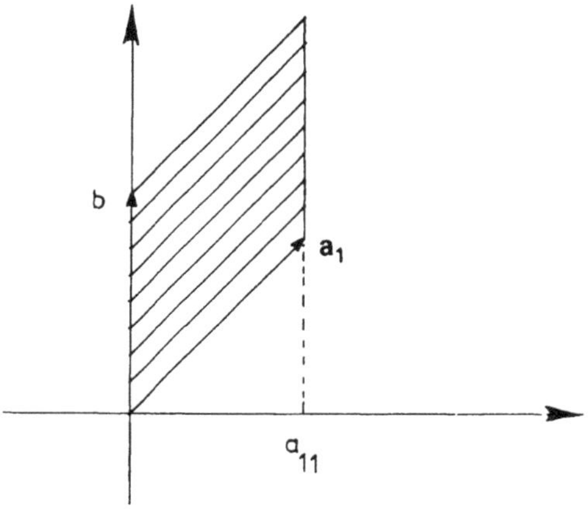

Abb. 3

Dabei müssen wir a_{11} und b absolut nehmen, da sie auch negativ sein können. Ersetzen wir in (4) b, so ergibt sich

$$F(\mathbf{A}) = F(\mathbf{B}) = |a_{11}(a_{22} - \frac{a_{12}}{a_{11}} a_{21})| = |a_{11}a_{22} - a_{12}a_{21}|$$

Damit haben wir für $a_{11} \neq 0$ eine Flächenformel entwickelt. Falls aber a_{11} verschwindet, so unterscheiden wir zwei Fälle:

1. a_{21} verschwindet nicht. Durch Vertauschen der beiden Zeilen erhalten wir obigen Fall.
2. a_{21} verschwindet auch. In diesem Fall entartet das Parallelogramm zu einer Strecke und die Fläche ist Null. Da aber der Ausdruck $a_{11}a_{22} - a_{12}a_{21}$ in diesem Fall auch verschwindet, gilt allgemein

$$(5) \qquad F(\mathbf{A}) = |a_{11}a_{22} - a_{12}a_{21}|.$$

Damit haben wir die allgemeine Flächenformel entwickelt. Wir benötigen aber im folgenden für andere Überlegungen die rechte Seite von (5) auch ohne Absolutstrich. Das führt zu

Definition 1:

A sei eine (2,2)-Matrix. Als **Determinante** von **A** bezeichnen wir den Wert $a_{11}a_{22} - a_{21}a_{12}$, symbolisch schreiben wir dafür det **A**.

△

Es gilt dann

$$F(\mathbf{A}) = |\det \mathbf{A}|.$$

Beispiele:

Für die folgenden Matrizen

$$\mathbf{A} = \begin{pmatrix} 1 & 2 \\ 3 & 4 \end{pmatrix}, \quad \mathbf{B} = \begin{pmatrix} 1 & 0 \\ 2 & 3 \end{pmatrix} \quad \text{und} \quad \mathbf{C} = \begin{pmatrix} 1 & 2 \\ 0 & 0 \end{pmatrix}$$

ergibt sich nach Definition 1:

$$\det \mathbf{A} = 1 \cdot 4 - 2 \cdot 3, \ \det \mathbf{B} = 1 \cdot 3 - 0 \cdot 2 \ \text{und} \ \det \mathbf{C} = 1 \cdot 0 - 2 \cdot 0 .$$

Alle obigen Überlegungen lassen sich auf den dreidimensionalen Raum übertragen, wobei wir uns nun zur Beschreibung zweckmäßigerweise der Vektoren des $\mathbb{R}^3$ bedienen.

Dabei geht es um die Berechnung des Volumens des Parallelotops, das von drei Vektoren $\mathbf{a}_1$, $\mathbf{a}_2$ und $\mathbf{a}_3$ aufgespannt wird. Siehe Abbildung 4, in der eine Projektion in die Zeichenebene vorgenommen wurde und der Nullpunkt des Koordinatenkreuzes in eine Ecke des Parallelotops gelegt ist.

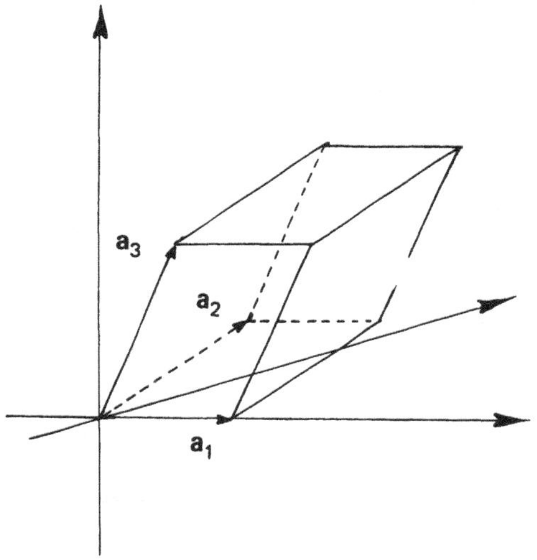

Abb. 4

Wir fassen die drei Vektoren $\mathbf{a}_1$, $\mathbf{a}_2$ und $\mathbf{a}_3$ als Zeilenvektoren einer Matrix $\mathbf{A}$ auf und bezeichnen das Volumen mit

$$\mathrm{V}(\mathbf{a}_1, \mathbf{a}_2, \mathbf{a}_3) \ \text{oder kurz mit} \ \mathrm{V}(\mathbf{A}).$$

Sei $\mathrm{F}(\mathbf{a}_1, \mathbf{a}_2)$ die Grundfläche, die durch $\mathbf{a}_1$ und $\mathbf{a}_2$ aufgespannt wird, so ergibt sich aus elementargeometrischen Überlegungen

$$\mathrm{V}(\mathbf{a}_1, \mathbf{a}_2, \mathbf{a}_3) = \mathrm{F}(\mathbf{a}_1, \mathbf{a}_2)\,\mathrm{h},$$

wobei h der senkrechte Abstand von der Spitze des Pfeils $\mathbf{a}_3$ zur Grundfläche ist. Daraus und aus den obigen Überlegungen für $n = 2$ folgt

$$V(\mathbf{a}_1, \mathbf{a}_2, \mathbf{a}_3) = V(\mathbf{a}_1, \mathbf{a}_2 - \lambda \mathbf{a}_1, \mathbf{a}_3)$$

Da die Reihenfolge der Zeilen und Spalten von **A** bei der Volumenberechnung keine Rolle spielt, erhalten wir allgemein: Es sei **A** eine (3,3)-Matrix und **B** aus **A** entstanden durch die elementaren Zeilenoperationen: Vertauschen von zwei Zeilen bzw. Vertauschen von zwei Spalten bzw. Abziehen eines Vielfachen einer Zeile von einer anderen, so ergibt sich

(6) $\quad V(\mathbf{A}) = V(\mathbf{B})$

Wenn **A** nicht verschwindet, was wir annehmen wollen, so können wir ohne Beschränkung der Allgemeinheit annehmen, daß a_{11} nicht verschwindet.
Durch zwei elementare Zeilenoperationen erhalten wir daher aus **A** die Matrix

(7) $$\mathbf{A}^{(1)} = \begin{bmatrix} a_{11} & a_{12} & a_{13} \\ 0 & a_{22} - \dfrac{a_{12}a_{21}}{a_{11}} & a_{23} - \dfrac{a_{13}a_{21}}{a_{11}} \\ 0 & a_{32} - \dfrac{a_{12}a_{31}}{a_{11}} & a_{33} - \dfrac{a_{13}a_{31}}{a_{11}} \end{bmatrix}$$

Wir berechnen nun $V(\mathbf{A}^{(1)})$, indem wir die Grundfläche nehmen, die durch den 2. und 3. Zeilenvektor von $\mathbf{A}^{(1)}$ aufgespannt wird und mit der Höhe multiplizieren. Diese beiden Zeilenvektoren liegen in einer Ebene, da die erste Komponente verschwindet. Daher ist diese Grundfläche gleich der, die durch die Vektoren $(a_{22}^{(1)}, a_{23}^{(1)})$ und $(a_{32}^{(1)}, a_{33}^{(1)})$ aufgespannt wird. Andererseits hat der erste Zeilenvektor von $\mathbf{A}^{(1)}$ als einziger eine 1. Komponente, die nicht verschwindet. Diese Komponente gibt also den Abstand von der Grundfläche zur Spitze des ersten Zeilenvektors an und damit die Höhe. Aus diesen Überlegungen ergibt sich:

(8) $$V(\mathbf{A}) = V(\mathbf{A}^{(1)}) = |a_{11}|\,\left|\det\begin{pmatrix} a_{22}^{(1)}, & a_{23}^{(1)} \\ a_{32}^{(1)}, & a_{33}^{(1)} \end{pmatrix}\right|$$

Nach Definition von $\mathbf{A}^{(1)}$ folgt daraus

(9) $$\begin{aligned} V(\mathbf{A}) = |&a_{11}a_{22}a_{33} - a_{12}a_{21}a_{33} - a_{22}a_{13}a_{31} + \\ &- a_{23}a_{32}a_{11} + a_{13}a_{21}a_{32} + a_{23}a_{12}a_{31}| \end{aligned}$$

Bei den obigen Überlegungen hatten wir ausgeschlossen, daß **A** gleich ist der Nullmatrix; ist dies aber der Fall, so ist formal det **A** definiert und gleich Null und andererseits ist natürlich auch das entsprechende Volumen gleich Null.

Damit haben wir eine Formel zur Volumenberechnung gefunden. Diese Formel werden wir im folgenden verallgemeinern für (n,n)-Matrizen mit $n > 3$. Um diese Verallgemeinerung besser einsehen zu können, schreiben wir $V(\mathbf{A})$ etwas anders. Zu diesem Zwecke definieren wir die Matrix $\mathbf{A}_{ik}$, die aus $\mathbf{A}$ durch Streichen von Zeile i und Spalte k entsteht. Dann schreibt sich $V(\mathbf{A})$, wie man leicht nachrechnet, auch folgendermaßen:

$$V(\mathbf{A}) = |a_{11} \det \mathbf{A}_{11} - a_{12} \det \mathbf{A}_{12} + a_{13} \det \mathbf{A}_{13}| \tag{10}$$

Im folgenden wird die rechte Seite von (10) auch ohne Absolutstrich verwendet. Das führt zu der folgenden

Definition 2:

$\mathbf{A}$ sei eine (3,3)-Matrix. Als **Determinante** von $\mathbf{A}$, symbolisch det $\mathbf{A}$, bezeichnen wir den Wert

$$\begin{aligned} & a_{11}a_{22}a_{33} - a_{12}a_{21}a_{33} - a_{22}a_{13}a_{31} - a_{23}a_{32}a_{11} + a_{13}a_{21}a_{32} + a_{23}a_{12}a_{31} \\ & \quad = a_{11} \det \mathbf{A}_{11} - a_{12} \det \mathbf{A}_{12} + a_{13} \det \mathbf{A}_{13} . \end{aligned}$$

△

Es gilt dann

$$V(\mathbf{A}) = |\det \mathbf{A}| .$$

Beispiele:

Für die folgenden Matrizen

$$\mathbf{A} = \begin{pmatrix} 1 & 2 & 3 \\ 4 & 5 & 6 \\ 1 & 2 & 4 \end{pmatrix}, \quad \mathbf{B} = \begin{pmatrix} 1 & 0 & 0 \\ 2 & 4 & 0 \\ 3 & 5 & 6 \end{pmatrix} \quad \text{und} \quad \mathbf{C} = \begin{pmatrix} 1 & 2 & 3 \\ 0 & 4 & 5 \\ 0 & 0 & 0 \end{pmatrix}$$

ergibt sich nach Definition

$$\det \mathbf{A} = 1 \det \begin{pmatrix} 5 & 6 \\ 2 & 4 \end{pmatrix} - 2 \det \begin{pmatrix} 4 & 6 \\ 1 & 4 \end{pmatrix} + 3 \det \begin{pmatrix} 4 & 5 \\ 1 & 2 \end{pmatrix} = 8 - 20 + 9 = -3$$

$$\det \mathbf{B} = 1 \det \begin{pmatrix} 4 & 0 \\ 5 & 6 \end{pmatrix} - 0 \det \begin{pmatrix} 2 & 0 \\ 3 & 6 \end{pmatrix} + 0 \det \begin{pmatrix} 2 & 4 \\ 3 & 5 \end{pmatrix} = 24$$

und

$$\det \mathbf{C} = 1 \det \begin{pmatrix} 4 & 5 \\ 0 & 0 \end{pmatrix} - 2 \det \begin{pmatrix} 0 & 5 \\ 0 & 0 \end{pmatrix} + 3 \det \begin{pmatrix} 0 & 4 \\ 0 & 0 \end{pmatrix} = 0$$

Es soll nun Definition 2 verallgemeinert werden für $n > 3$. Dabei kommt uns die rekursive Struktur von det $\mathbf{A}$ zustatten, deren Berechnung zurückgeführt werden kann auf die Berechnung von Determinanten von (2,2)-Matrizen.

Allgemein bezeichnen wir mit $\mathbf{A}_{ij}$ die Matrix, die aus $\mathbf{A}$ durch Streichen von Zeile i und Spalte j entsteht, und wir definieren in Verallgemeinerung zu Definition 2

Definition 3:

Es sei **A** eine (n, n)-Matrix und $n \geqq 3$. Als **n-reihige Determinante** von **A**, symbolisch det **A**, bezeichnen wir den Wert

$$(11) \qquad \sum_{j=1}^{n} (-1)^{j+1} a_{1j} \det \mathbf{A}_{1j}$$

△

Definition 3 gilt auch für n = 2, wenn wir für eine (1, 1)-Matrix $\mathbf{A} = (a)$ definieren: $\det \mathbf{A} = a$.

Wir prüfen dies für das folgende konkrete Beispiel nach

$$\det\begin{pmatrix}1 & 2\\ 3 & 4\end{pmatrix} = 1 \det(4) - 2\det(3) = 1\cdot 4 - 2\cdot 3 = -2$$

Weiter berechnen wir

$$\det\begin{pmatrix}1&1&1&1\\1&2&2&2\\1&2&3&3\\1&2&3&4\end{pmatrix} = 1\det\begin{pmatrix}2&2&2\\2&3&3\\2&3&4\end{pmatrix} - 1\det\begin{pmatrix}1&2&2\\1&3&3\\1&3&4\end{pmatrix} + 1\det\begin{pmatrix}1&2&2\\1&2&3\\1&2&4\end{pmatrix} - 1\det\begin{pmatrix}1&2&2\\1&2&3\\1&2&3\end{pmatrix}$$

$$= 1\cdot 2 - 1\cdot 1 + 1\cdot 0 - 1\cdot 0 = 1$$

In Verallgemeinerung der obigen Überlegungen wird $|\det \mathbf{A}|$ als Volumen des durch die Zeilenvektoren von **A** aufgespannten Parallelotops im n-dimensionalen Raum bezeichnet.

Diese „Berechnung des Volumens" eines Parallelotops im n-dimensionalen Raum ist eine mathematische Abstraktion genau so wie die „Berechnung des Winkels" von zwei Vektoren im n-dimensionalen Raum.

Im folgenden überlegen wir uns, wie sich die Determinante einer Matrix **A** ändert, wenn wir in der Matrix gewisse Operationen, z. B. elementare Zeilenoperationen vornehmen.

Zuerst überlegen wir uns, wie sich die Determinante von **A** ändert, wenn wir in **A** zwei benachbarte Zeilen vertauschen.

Satz 1:

Sei **A** eine (n, n)-Matrix und **B** aus **A** durch Vertauschen zweier benachbarter Zeilen entstanden. Dann gilt

$$\det \mathbf{B} = -\det \mathbf{A}$$

Beweis:

Für $n = 2$ folgt die Behauptung direkt aus der Definition 1. Für $n \geqq 3$ überlegen wir uns zuerst die Vertauschung von Zeile 1 und Zeile 2.
Gemäß (11) ergibt sich

$$\text{(12)} \qquad \det \mathbf{A} = \sum_{j=1}^{n} (-1)^{j+1} a_{1j} \det \mathbf{A}_{1j}$$

Berechnen wir $\det \mathbf{A}_{1j}$ wieder gemäß (11), so resultiert

$$\text{(13)} \qquad \begin{aligned} \det \mathbf{A}_{1j} = {} & a_{21} \det \mathbf{A}_{1j21} - a_{22} \det \mathbf{A}_{1j22} + \ldots + \\ & + (-1)^{j} a_{2j-1} \det \mathbf{A}_{1j2j-1} + \\ & + (-1)^{j+1} a_{2j+1} \det \mathbf{A}_{1j2j+1} + \ldots + (-1)^{n} a_{2n} \det \mathbf{A}_{1j2n} \end{aligned}$$

wobei $\mathbf{A}_{1j2k}$ gleich ist der Matrix, die durch Streichen von Zeile 1 und 2 sowie Spalte j und k aus $\mathbf{A}$ entstanden ist.
Für die Matrix $\mathbf{B}$, die aus $\mathbf{A}$ durch Vertauschen von Zeile 1 und 2 entstanden ist, ergibt sich analog

$$\text{(14)} \qquad \det \mathbf{B} = \sum_{k=1}^{n} (-1)^{k+1} a_{2k} \det \mathbf{B}_{1k}$$

und

$$\text{(15)} \qquad \begin{aligned} \det \mathbf{B}_{1k} = {} & a_{11} \det \mathbf{A}_{1k21} - a_{12} \det \mathbf{A}_{1k22} + \ldots + \\ & + (-1)^{k} a_{1k-1} \det \mathbf{A}_{1k2k-1} + \\ & + (-1)^{k+1} a_{1k+1} \det \mathbf{A}_{1k2k+1} + \ldots + (-1)^{n} \mathbf{A} \;\; a_{1n} \det \mathbf{A}_{1k2n} \end{aligned}$$

Ersetzen wir $\det \mathbf{A}_{1j}$ gemäß (13) in (12), so resultiert eine Summe bestehend aus $n(n-1)$ Termen mit dem folgenden typischen Term

$$\text{(16)} \qquad \begin{array}{ll} (-1)^{j+1}(-1)^{k+1} a_{1j} a_{2k} \det \mathbf{A}_{1j2k} & \text{für } 1 \leqq k < j \leqq n \\ (-1)^{j+1}(-1)^{k} a_{1j} a_{2k} \det \mathbf{A}_{1j2k} & \text{für } 1 \leqq j < k \leqq n \end{array}$$

Entsprechend resultiert, wenn wir $\det \mathbf{B}_{1k}$ gemäß (15) in (14) ersetzen, eine Summe von $n(n-1)$ Termen mit dem typischen Term

$$\text{(17)} \qquad \begin{array}{ll} (-1)^{k+1}(-1)^{j+1} a_{2k} a_{1j} \det \mathbf{A}_{1k2j} & \text{für } 1 \leqq j < k \leqq n \\ (-1)^{k+1}(-1)^{j} a_{2k} a_{1j} \det \mathbf{A}_{1k2j} & \text{für } 1 \leqq k < j \leqq n \end{array}$$

Wegen

$$\det \mathbf{A}_{1j2k} = \det \mathbf{A}_{1k2j}$$

ist der Term in (17) für ein Paar (j, k) das Negative vom entsprechenden Term in

(16). Das bedeutet

$$\det \mathbf{B} = -\det \mathbf{A}$$

Nun überlegen wir uns noch den Fall, daß Zeile i und Zeile i + 1 vertauscht werden, wobei $1 < i < n$ gewählt werden kann, da der Fall $i = 1$ schon gezeigt ist.

Für $n = 3$ ergibt sich nach Definition 3:

$$(18) \qquad \det \mathbf{A} = a_{11} \det \mathbf{A}_{11} - a_{12} \det \mathbf{A}_{12} + a_{13} \det \mathbf{A}_{13}$$

Nach obigen Überlegungen für den Fall $n = 2$ folgt, daß $\det \mathbf{A}_{1j}$ (für $1 \leqq j \leqq 3$) das Vorzeichen wechselt, wenn wir in **A** Zeile 2 und Zeile 3 vertauschen. Daher folgt aus (18) dasselbe für det **A**.

Damit ist der Beweis für $n = 3$ vollständig, da nur Zeile 1 und 2 bzw. Zeile 2 und 3 benachbart sind.

Entsprechend erhalten wir für den Fall $n = 4$ nach Definition 3

$$\det \mathbf{A} = \sum_{j=1}^{4} (-1)^{j+1} a_{1j} \det \mathbf{A}_{1j}$$

und daher ergibt sich durch Vertauschung der Zeilen i und i + 1 ($i > 1$) ein Vorzeichenwechsel, weil dies für $n = 3$ bereits gezeigt ist.

Analog wird der Beweis für $n = 5, 6, \ldots$ geführt.

△

Beispiel:

Gegeben sei die Matrix

$$\mathbf{A} = \begin{pmatrix} 1 & 1 & 1 \\ 2 & 3 & 4 \\ 2 & 2 & 4 \end{pmatrix}$$

Es ergibt sich nach Definition 3

$$\det \mathbf{A} = 1\,(12 - 8) - 1\,(8 - 8) + 1\,(4 - 6) = 2$$

Vertauschen wir Zeile 2 und Zeile 3, und bezeichnen wir die resultierende Matrix mit **B**, so ergibt sich wieder nach Definition 3

$$\det \mathbf{B} = 1\,(8 - 12) - 1\,(8 - 8) + 1\,(6 - 4) = -2$$

Weiter zeigen wir den

Satz 2:

Die Determinante einer (n, n)-Matrix **A** verschwindet, wenn in **A** zwei Zeilen identisch sind.

Beweis:

Es seien die Zeile i und die Zeile k mit $k > i$ identisch. Ist nun $k = i + 1$, so folgt die Behauptung aus der Tatsache, daß sich $\mathbf{A}$ selbst durch Vertauschen dieser beiden Zeilen nicht ändert und andererseits nach Satz 1 das Vorzeichen wechselt, d.h. $\det \mathbf{A} = 0$.
Sind die beiden Zeilen nicht benachbart ($k > i + 1$), so bringen wir durch sukzessives Vertauschen benachbarter Zeilen die Zeile i an die Stelle $k - 1$. Dadurch resultiere die Matrix $\mathbf{B}$. Es gilt nun nach Satz 1:

$$|\det \mathbf{B}| = |\det \mathbf{A}|$$

und nach obigen Überlegungen

$$\det \mathbf{B} = 0\,,$$

weil in $\mathbf{B}$ zwei benachbarte Zeilen gleich sind. Daraus folgt: $\det \mathbf{A} = 0$.

△

Weiter ergibt sich der wichtige

Satz 3:

Sei $\mathbf{A}$ eine (n, n)-Matrix so gilt:

$$\det \mathbf{A} = \sum_{j=1}^{n} (-1)^{i+j} a_{ij} \det \mathbf{A}_{ij}\,.$$

Beweis:

Wir vertauschen in $\mathbf{A}$ sukzessive Zeile i mit Zeile $i - 1$, dann die neue Zeile $i - 1$ mit Zeile $i - 2$ usw. bis die ursprüngliche Zeile i an erster Stelle steht. Die resultierende Matrix sei $\mathbf{B}$. Dann folgt aus Satz 1

$$\det \mathbf{B} = (-1)^{i-1} \det \mathbf{A}$$

und nach Definition 3

$$\det \mathbf{B} = \sum_{j=1}^{n} (-1)^{j+1} b_{1j} \det \mathbf{B}_{1j}$$

Da aber $b_{1j} = a_{ij}$ und $\mathbf{B}_{1j} = \mathbf{A}_{ij}$ für $1 \leqq j \leqq n$, folgt daraus gerade die Behauptung.

△

Die Formel in Satz 3 wird als **Entwicklungssatz von Laplace** bezeichnet und zwar nach Zeile i. Als Spezialfall ergibt sich für $i = 1$ Formel (11). Aus Satz 3 folgt direkt $\det \mathbf{A} = 0$, wenn eine Zeile den Nullvektor enthält. Wir brauchen nur nach dieser Zeile zu entwickeln, dann ist dies sofort ersichtlich.

Beispiel:

Wir berechnen zu der folgenden Matrix die Determinante durch Entwickeln nach Zeile 1, Zeile 2 und Zeile 3.

$$\mathbf{A} = \begin{pmatrix} 1 & 1 & 1 \\ 2 & 3 & 4 \\ 2 & 2 & 4 \end{pmatrix}$$

$$\begin{aligned} \det \mathbf{A} &= 1\,(12-8) - 1\,(8-8) + 1\,(4-6) &= 2 \\ \det \mathbf{A} &= -2\,(4-2) + 3\,(4-2) - 4\,(2-2) &= 2 \\ \det \mathbf{A} &= 2\,(4-3) - 2\,(4-2) + 4\,(3-2) &= 2 \end{aligned}$$

Schließlich zeigen wir, daß sich die Determinante nicht ändert, wenn wir von einer Zeile das Vielfache einer anderen Zeile abziehen.

Satz 4:

Sei **A** eine (n, n)-Matrix und **B** aus **A** dadurch entstanden, daß in **A** von Zeile i das λ-fache der Zeile $k \neq i$ abgezogen wird, so gilt

$$\det \mathbf{B} = \det \mathbf{A}$$

Beweis:

Nach Satz 3 ergibt sich für **B** durch Entwickeln nach Zeile i

$$\begin{aligned} \det \mathbf{B} &= \sum_{j=1}^{n} (-1)^{j+i}(a_{ij} - \lambda a_{kj}) \det \mathbf{A}_{ij} \\ &= \det \mathbf{A} - \lambda \sum_{j=1}^{n} (-1)^{j+i} a_{kj} \det \mathbf{A}_{ij} \end{aligned} \tag{19}$$

Bezeichnen wir mit **C** die Matrix, die aus **A** dadurch entsteht, daß wir den i-ten Zeilenvektor durch den k-ten ersetzen, so hat **C** zwei identische Zeilen, und es ergibt sich durch Entwickeln nach Zeile i

$$0 = \det \mathbf{C} = \sum_{j=1}^{n} (-1)^{j+i} a_{kj} \det \mathbf{A}_{ij}$$

Daraus folgt gemäß (19)

$$\det \mathbf{B} = \det \mathbf{A}$$

Also ändert sich der Wert der Determinante durch diese elementare Zeilenoperation nicht.

△

Nun überlegen wir uns, wie wir die Determinante von **A** berechnen können, wenn **A** obere Dreiecksmatrix ist:

$$\mathbf{A} = \begin{pmatrix} a_{11} & a_{12} & a_{13} & \cdots & a_{1n} \\ 0 & a_{22} & a_{23} & \cdots & a_{2n} \\ \vdots & \vdots & & & \vdots \\ 0 & 0 & . & . & . \; a_{nn} \end{pmatrix}$$

Durch Entwickeln nach Zeile n ergibt sich

$$\det \mathbf{A} = a_{nn} \det \mathbf{A}_{nn}$$

und weiter durch Entwickeln von $\mathbf{A}_{nn}$ nach Zeile $n - 1$

$$\det \mathbf{A} = a_{nn} a_{n-1\,n-1} \det \mathbf{A}_{nn\,n-1\,n-1}$$

Fahren wir auf diese Weise fort immer nach der letzten Zeile zu entwickeln, so resultiert schließlich

$$\det \mathbf{A} = a_{nn} a_{n-1\,n-1} \cdots a_{11}$$

Also ist det **A** gleich dem Produkt der Hauptdiagonalelemente. Entsprechend zeigt man durch Entwicklung nach Zeile 1, Zeile 2 usw. bis Zeile n, daß für eine untere Dreiecksmatrix

$$\mathbf{A} = \begin{pmatrix} a_{11} & 0 & 0 & \cdots & 0 \\ a_{21} & a_{22} & 0 & \cdots & 0 \\ \vdots & \vdots & & & \vdots \\ a_{n1} & a_{n2} & . & . & . \; a_{nn} \end{pmatrix}$$

die Determinante gleich ist dem Produkt aller Hauptdiagonalelemente.

Satz 5:

Für eine untere bzw. obere Dreiecksmatrix **A** gilt:

$$\det \mathbf{A} = a_{11} a_{22} \cdots a_{nn} .$$

△

Speziell ergibt sich aus Satz 5

$$\det \mathbf{I}_n = 1 .$$

Es ist nun naheliegend, genauso wie im Gaußschen Algorithmus **A** durch Anwenden dieser elementaren Zeilenoperationen auf obere Dreiecksgestalt zu bringen. Da sich der Wert der Determinante dadurch nicht ändert, und die Determinante einer oberen Dreiecksmatrix sehr einfach zu berechnen ist, haben wir eine einfache

Methode entwickelt, um die Determinante einer Matrix konkret zu berechnen. Dabei müssen wir beachten, daß im Rahmen des Gaußschen Algorithmus Nullzeilen auftreten können. Wenn aber eine Nullzeile auftritt, so ist der Wert der Determinante gleich Null. Anderenfalls können wir **A** auf eine obere Dreiecksform mit nichtverschwindenden Diagonalelementen bringen. Da aber eine Matrix nach Definition genau dann singulär ist, wenn im Gaußschen Algorithmus eine Nullzeile auftritt, erhalten wir den wichtigen

Satz 6:

Genau dann, wenn eine Matrix singulär ist, verschwindet die Determinante. Speziell verschwindet die Determinante, falls zwei Zeilen gleich sind oder eine Zeile verschwindet.

△

Zu dem oben beschriebenen Verfahren bringen wir ein konkretes Beispiel. Es gehe darum, die Determinante der folgenden Matrix zu berechnen:

$$\mathbf{A} = \begin{bmatrix} 1 & 1 & 1 & 1 & 1 \\ 1 & 2 & 2 & 2 & 2 \\ 1 & 3 & 4 & 4 & 4 \\ 1 & 4 & 5 & 6 & 6 \\ 1 & 5 & 6 & 7 & 8 \end{bmatrix}$$

Wir ziehen zuerst die Zeile 1 von allen folgenden Zeilen ab, mit dem Ergebnis

$$\mathbf{A}^{(1)} = \begin{bmatrix} 1 & 1 & 1 & 1 & 1 \\ 0 & 1 & 1 & 1 & 1 \\ 0 & 2 & 3 & 3 & 3 \\ 0 & 3 & 4 & 5 & 5 \\ 0 & 4 & 5 & 6 & 7 \end{bmatrix}$$

Nun ziehen wir in $\mathbf{A}^{(1)}$ von Zeile 3 das Doppelte, von Zeile 4 das Dreifache und von Zeile 5 das Vierfache jeweils von Zeile 2 ab. Das ergibt

$$\mathbf{A}^{(2)} = \begin{bmatrix} 1 & 1 & 1 & 1 & 1 \\ 0 & 1 & 1 & 1 & 1 \\ 0 & 0 & 1 & 1 & 1 \\ 0 & 0 & 1 & 2 & 2 \\ 0 & 0 & 1 & 2 & 3 \end{bmatrix}$$

Weiter ziehen wir in $\mathbf{A}^{(2)}$ Zeile 3 von den beiden folgenden Zeilen ab und schließlich in diesem Ergebnis Zeile 4 von der letzten Zeile. Das ergibt

$$\mathbf{A}^{(4)} = \begin{bmatrix} 1 & 1 & 1 & 1 & 1 \\ 0 & 1 & 1 & 1 & 1 \\ 0 & 0 & 1 & 1 & 1 \\ 0 & 0 & 0 & 1 & 1 \\ 0 & 0 & 0 & 0 & 1 \end{bmatrix}$$

Das Ergebnis lautet also

$$\det \mathbf{A} = \det \mathbf{A}^{(4)} = 1 .$$

Nun überlegen wir uns einige Rechenregeln für Determinanten, die in der Anwendung sehr wichtig sind. Wir formulieren sie teilweise in einem Satz.

Sei **B** eine Matrix, die aus der (n,n)-Matrix **A** durch Multiplikation der Zeile i mit dem Faktor α entstanden ist, so folgt durch Entwicklung nach Zeile i direkt

$$(20) \qquad \det \mathbf{B} = \alpha \det \mathbf{A} .$$

Multiplizieren wir nun in **A** zuerst Zeile 1 mit α, dann in der neuen Matrix Zeile 2 mit α usw., so resultiert wegen (20) schließlich

$$\det(\alpha \mathbf{A}) = \alpha^n \det \mathbf{A}$$

Satz 7:

Seien **A** und **B** zwei (n,n)-Matrizen, so gilt

$$\det(\mathbf{A}\,\mathbf{B}) = \det \mathbf{A} \det \mathbf{B}$$

Beweis:

Falls **A** singulär ist, so ist es auch **AB**, und nach Satz 6 gilt die Behauptung. Daher beschränken wie uns im folgenden auf den Fall, daß **A** nichtsingulär ist.

Wir bringen **A** im Rahmen des Gaußschen Algorithmus auf die obere Dreiecksform $\mathbf{A}^{(k)}$.

Durch dieselben Zeilenoperationen wird **A B** auf die Form $\mathbf{A}^{(k)}\mathbf{B}$ gebracht.

Daher gilt nach Satz 4 für die Matrix $\mathbf{A}^{(k)}\mathbf{B}$

$$\det \mathbf{A}\mathbf{B} = \det \mathbf{A}^{(k)}\mathbf{B}$$

Nun läßt sich $\mathbf{A}^{(k)}$ schreiben in der Form

$$\begin{pmatrix} a_{11}^{(k)} & 0 & \dots & 0 \\ 0 & a_{22}^{(k)} & \dots & 0 \\ \vdots & & \ddots & \vdots \\ 0 & \dots & & a_{nn}^{(k)} \end{pmatrix} \mathbf{G} = \mathbf{D}\mathbf{G} ,$$

wobei **G** eine obere Dreiecksmatrix mit Einsen in der Hauptdiagonalen ist.

Sei nun

$$\mathbf{C} = \mathbf{G}\mathbf{B} ,$$

so ergibt sich **C** aus **B** durch geeignete elementare Zeilenoperationen. Man vergleiche hierzu auch die Überlegungen in Abschnitt 4.3.

Die Zeile n in **C** ist identisch mit Zeile n in **B**. Zeile $n-1$ in **C** ergibt sich, indem wir von Zeile $n-1$ in **B** das $-g_{n-1,n}$-fache von Zeile n in **B** abziehen usw.
Daraus folgt

$$\det(\mathbf{AB}) = \det(\mathbf{A}^{(k)}\mathbf{B}) = \det(\mathbf{DGB}) = \det(\mathbf{DC}),$$

wobei **C** aus **B** durch elementare Zeilenoperationen entstanden ist und die Linksmultiplikation von **C** mit **D** bewirkt, daß Zeile i in **C** mit dem Faktor $a_{ii}^{(k)}$ multipliziert wird.
Daraus folgt wegen (20)

$$\det(\mathbf{DC}) = a_{11}^{(k)} \ldots a_{nn}^{(k)} \det \mathbf{C} = \det \mathbf{A}^{(k)} \det \mathbf{C} = \det \mathbf{A} \det \mathbf{B}$$

Aus den beiden letzten Gleichungen folgt die Behauptung.

△

Speziell erhalten wir aus Satz 7 für eine reguläre Matrix **A**, wenn wir $\mathbf{B} = \mathbf{A}^{-1}$ setzen

$$\det \mathbf{I}_n = \det \mathbf{A}\mathbf{A}^{-1} = \det \mathbf{A} \cdot \det \mathbf{A}^{-1}$$

Da aber $\det \mathbf{I}_n = 1$, folgt daraus:

(21) $\quad \det \mathbf{A}^{-1} = 1/\det \mathbf{A}\,.$

Beispiel:

Wir gehen aus von den Matrizen

$$\mathbf{A} = \begin{pmatrix} 1 & 1 \\ 1 & 2 \end{pmatrix} \quad \text{und} \quad \mathbf{B} = \begin{pmatrix} 1 & 2 \\ 3 & 4 \end{pmatrix}$$

Es ist

$$\mathbf{C} = \mathbf{AB} = \begin{pmatrix} 4 & 6 \\ 7 & 10 \end{pmatrix}$$

und

$$\det \mathbf{A} = 1, \ \det \mathbf{B} = -2 \ \text{und} \ \det \mathbf{C} = -2\,.$$

Weiter ergibt sich

$$\mathbf{A}^{-1} = \begin{pmatrix} 2 & -1 \\ -1 & 1 \end{pmatrix}$$

und $\det \mathbf{A}^{-1} = 1$.

Satz 8:

Sei **A** eine (n, n)-Matrix, so gilt

$$\det \mathbf{A}' = \det \mathbf{A}.$$

Beweis:

Bringen wir im Rahmen des Gaußschen Algorithmus $\mathbf{A}^{(k)}$ auf obere Dreiecksgestalt, so gibt es eine untere Dreiecksmatrix **G** mit Einsen in der Hauptdiagonalen, so daß

$$\mathbf{A}^{(k)} = \mathbf{G}\mathbf{A}$$

Daraus folgt

$$\det \mathbf{A}^{(k)} = \det \mathbf{G} \det \mathbf{A} = \det \mathbf{A} \tag{22}$$

Durch Transponieren der vorletzten Gleichung erhalten wir

$$\mathbf{A}^{(k)\prime} = \mathbf{A}'\mathbf{G}'$$

und damit

$$\det \mathbf{A}^{(k)\prime} = \det \mathbf{A}' \det \mathbf{G}' = \det \mathbf{A}' \tag{23}$$

Da $\mathbf{A}^{(k)}$ und $\mathbf{A}^{(k)\prime}$ die gleiche Hauptdiagonale haben, resultiert nach Satz 5

$$\det \mathbf{A}^{(k)} = \det \mathbf{A}^{(k)\prime}$$

Daraus folgt nach (22) und (23) die Behauptung.

△

Liegen Aussagen über die Determinante einer Matrix **A** vor, wobei diese Aussagen Zeilen betreffen, so gestattet Satz 8 die analoge Aussage zu machen, wobei aber anstelle der Zeilen die entsprechenden Spalten zu setzen sind.

So ergibt sich aus Satz 6 die Aussage, daß die Determinante einer Matrix verschwindet, wenn zwei Spalten gleich sind.

Aus Satz 3 resultiert der **Entwicklungssatz von Laplace** und zwar nach Spalte i:

$$\det \mathbf{A} = \sum_{j=1}^{n} (-1)^{j+i} a_{ji} \det \mathbf{A}_{ji}$$

Beispiel:

Zur Matrix

$$\mathbf{A} = \begin{pmatrix} 1 & 1 & 1 \\ 2 & 3 & 3 \\ 3 & 4 & 5 \end{pmatrix}$$

berechnen wir det **A** durch Entwicklung nach Spalte 1, 2 und 3

$$\det \mathbf{A} = 1\,(15-12) - 2\,(5-4) + 3\,(3-3) = 1$$
$$\det \mathbf{A} = -1\,(10-9) + 3\,(5-3) - 4\,(3-2) = 1$$
$$\det \mathbf{A} = 1\,(8-9) - 3\,(4-3) + 5\,(3-2) = 1$$

6.2. Die Verwendung der Determinante in der Theorie linearer Gleichungssysteme

Mit Hilfe von Determinanten lassen sich die Inverse einer Matrix und die Lösung eines linearen Gleichungssystems mit regulärer Koeffizientenmatrix formelmäßig sehr einfach ausdrücken.

Aus Kapitel 5 wissen wir, daß zu einer Matrix genau dann eine Inverse existiert, wenn sie nicht singulär ist. Dies ist nach Satz 6 genau dann der Fall, wenn die Determinante nicht verschwindet.

Wir definieren nun ausgehend von einer (n,n)-Matrix **A** mit $\det \mathbf{A} \neq 0$ für $1 \leqq i,\ j \leqq n$ die n^2 Zahlen

$$b_{ij} = (-1)^{i+j} \det \mathbf{A}_{ji} / \det \mathbf{A} \tag{24}$$

Es ergibt sich dann

$$\sum_{\nu=1}^{n} a_{i\nu} b_{\nu j} = \sum_{\nu} a_{i\nu} (-1)^{\nu+j} \det \mathbf{A}_{j\nu} / \det \mathbf{A} \tag{25}$$

Aus Satz 3 folgt, daß der Ausdruck (25) für $i = j$ gleich 1 ist. Betrachten wir aber die Matrix **C**, die aus **A** dadurch entsteht, daß Zeile j durch Zeile i ersetzt wird, so ist nach Satz 6 $\det \mathbf{C} = 0$, und es ergibt sich durch Entwickeln nach Zeile j

$$0 = \det \mathbf{C} = \sum_{\nu=1}^{n} a_{i\nu} (-1)^{\nu+j} \det \mathbf{A}_{j\nu} \tag{26}$$

Aus (26) folgt, daß (25) für $i \neq j$ verschwindet.

Das bedeutet aber nach Definition des Produkts zweier Matrizen

$$\mathbf{A}\mathbf{B} = \mathbf{I}_n$$

d. h. wegen der Eindeutigkeit der Inversen

$$\mathbf{B} = \mathbf{A}^{-1}$$

Damit haben wir in der Matrix **B**, definiert durch (24), die Inverse von **A** gefunden.

Satz 9:

Falls die quadratische Matrix **A** eine nicht verschwindende Determinante hat, so existiert die Inverse **B** und sie ergibt sich gemäß (24).

△

Dazu bringen wir ein Beispiel.

Beispiel:

Man berechne die Inverse der folgenden Matrix gemäß Formel (24)

$$\mathbf{A} = \begin{pmatrix} 1 & 1 & 1 \\ 2 & 3 & 3 \\ 3 & 4 & 5 \end{pmatrix}$$

Zuerst bringen wir **A** auf obere Dreiecksgestalt

$$\mathbf{A}^{(2)} = \begin{pmatrix} 1 & 1 & 1 \\ 0 & 1 & 1 \\ 0 & 0 & 1 \end{pmatrix}$$

Daraus ergibt sich: $\det \mathbf{A} = 1$.
Weiter ergibt sich:

$$\det \mathbf{A}_{11} = 3, \det \mathbf{A}_{12} = 1, \det \mathbf{A}_{13} = -1$$
$$\det \mathbf{A}_{21} = 1, \det \mathbf{A}_{22} = 2, \det \mathbf{A}_{23} = 1$$
$$\det \mathbf{A}_{31} = 0, \det \mathbf{A}_{32} = 1, \det \mathbf{A}_{33} = 1$$

und damit

$$\mathbf{A}^{-1} = \mathbf{B} = \begin{pmatrix} 3 & -1 & 0 \\ -1 & 2 & -1 \\ -1 & -1 & 1 \end{pmatrix}$$

Man berechne noch **BA** und **AB**.
Das Ergebnis von Satz 9 gestattet auch die Lösung von linearen Gleichungssystemen mit nichtsingulärer Koeffizientenmatrix mit Hilfe von Determinanten anzugeben.
Sei

(27) $$\mathbf{A}\mathbf{x} = \mathbf{b}$$

ein lineares System, wobei **A** eine reguläre (n, n)-Matrix ist. Wie wir in Kapitel 5 gesehen haben, ergibt sich für die Lösung von (27)

$$\mathbf{x} = \mathbf{A}^{-1}\mathbf{b}$$

oder in Komponentenschreibweise

$$x_i = \sum_{j=1}^{n} a_{ij}^{(-1)} b_j, \quad \text{für } 1 \leqq i \leqq n,$$

wobei $a_{ij}^{(-1)} = [\mathbf{A}^{-1}]_{ij}$.
Unter Benutzung von (24) wird daraus

$$(28) \qquad x_i = \sum_{j=1}^{n} (-1)^{i+j} b_j \det \mathbf{A}_{ji} / \det \mathbf{A}$$

Nach dem Entwicklungssatz ergibt sich aus (28)

$$(29) \qquad x_i = \det \mathbf{B}_i / \det \mathbf{A}, \quad \text{für } 1 \leqq i \leqq n,$$

wobei $\mathbf{B}_i$ eine Matrix ist, die aus **A** dadurch entsteht, daß wir Spaltenvektor i ersetzen durch den Vektor **b**. Durch Formel (29) haben wir die Lösung eines linearen Gleichungssystems mit Hilfe von Determinanten angegeben. Diese Formel heißt auch **Cramersche Regel**. Dies ergibt den

Satz 10:

Ist **A** eine nichtsinguläre (n, n)-Matrix, so ergibt sich die Lösung des Gleichungssystems

$$\mathbf{A}\mathbf{x} = \mathbf{b}$$

nach der Formel

$$x_i = \det \mathbf{B}_i / \det \mathbf{A} \quad \text{für } 1 \leqq i \leqq n,$$

wobei $\mathbf{B}_i$ aus **A** dadurch entsteht, daß wir den Spaltenvektor i durch **b** ersetzen.

△

Dazu bringen wir ein Beispiel.

Beispiel:

Wir betrachten das lineare Gleichungssystem

$$x_1 + x_2 = 2$$
$$x_1 - x_2 = 3$$

Die entsprechende Koeffizientenmatrix bzw. rechte Seite lautet

$$\mathbf{A} = \begin{pmatrix} 1 & 1 \\ 1 & -1 \end{pmatrix} \quad \text{bzw.} \quad \mathbf{b} = \begin{pmatrix} 2 \\ 3 \end{pmatrix}$$

Wir erhalten: det $\mathbf{A} = -2$.
Weiter ergibt sich

$$\mathbf{B}_1 = \begin{pmatrix} 2 & 1 \\ 3 & -1 \end{pmatrix}, \quad \mathbf{B}_2 = \begin{pmatrix} 1 & 2 \\ 1 & 3 \end{pmatrix}$$

und daher

$$\det \mathbf{B}_1 = -5 \text{ und } \mathbf{B}_2 = 1$$

Mit diesen Werten resultiert schließlich

$$x_1 = \tfrac{5}{2} \text{ und } x_2 = -\tfrac{1}{2}$$

Man prüfe nach, ob diese Werte von x_1 und x_2 obiges Gleichungssystem erfüllen.

6.3. Zusammenfassung

In diesem Kapitel wurde der Begriff der Determinante einer quadratischen Matrix eingeführt. Dabei wurde ausgegangen vom Problem der Flächen- bzw. Volumenberechnung eines Parallelogramms in der Ebene ($n = 2$) bzw. Parallelotops im dreidimensionalen Raum ($n = 3$).

Die resultierende Formel wurde verallgemeinert für allgemeines n. Es wurde untersucht, wie sich die Determinante einer Matrix ändert, wenn elementare Zeilenoperationen vorgenommen werden. Daraus resultierte die Entwicklung der Determinante nach einer beliebigen Zeile und die Tatsache, daß die Determinante einer oberen Dreiecksmatrix gleich ist dem Produkt der Diagonalelemente.

Weiter ergab sich, daß sich die Determinante einer Matrix nicht ändert, wenn wir die Matrix im Rahmen des Gaußschen Algorithmus auf die Treppenform bringen. Dadurch ergibt sich eine einfache Methode zur Berechnung einer Determinante.

Es wurden dann noch einige Rechenregeln für Determinanten abgeleitet, insbesondere wie die Determinante des Produkts zweier Matrizen und der Transponierten einer Matrix zu berechnen sind.

Schließlich wurde gezeigt, daß man die Lösung eines linearen Gleichungssystems mit nichtsingulärer Koeffizientenmatrix und die Inverse einer Matrix, mit Hilfe von Determinanten sehr einfach darstellen kann. Diese Darstellungen dienen aber nicht zur konkreten Berechnung, sondern nur zur einfachen formelmäßigen Erfassung der Lösung eines linearen Gleichungssystems bzw. der Inversen einer Matrix.

Übungen und Aufgaben zu Kapitel 6 (Die Determinante)

1. Man berechne die Determinante der Matrix **A** durch Entwickeln nach der ersten Zeile

$$\mathbf{A} = \begin{pmatrix} 1 & 1 & 1 & 1 \\ 1 & 2 & 3 & 4 \\ 1 & 4 & 9 & 16 \\ 1 & 0 & 1 & 0 \end{pmatrix}$$

2. Man berechne die Determinante in Übung 1 durch auf Dreiecksgestalt bringen.
3. Man berechne die Determinante der (n, n)-Matrix

$$\mathbf{A} = \begin{bmatrix} 1-p & p & p \cdots & p \\ p & 1-p & p \cdots & p \\ \vdots & & & \vdots \\ . & & & p \\ p & \cdots\cdot & p & 1-p \end{bmatrix}$$

Hinweis: Man beachte das Ergebnis aus Übung 2 in Abschnitt 4.4.

4. Man überlege sich, daß im $\mathbb{R}^3$ drei Vektoren $\mathbf{a}_1$, $\mathbf{a}_2$ und $\mathbf{a}_3$ genau dann linear abhängig sind, wenn sie in einer Ebene liegen.

Hinweis: Man ziehe die Volumenformel heran.

5.* Übermatrizen

5.1. Es sei **A** eine quadratische Matrix der Form

$$(1) \qquad \mathbf{A} = \begin{pmatrix} \mathbf{B} & \mathbf{0} \\ \mathbf{0} & \mathbf{C} \end{pmatrix},$$

wobei **B** und **C** auch quadratisch sind.

Man zeige: det **A** = det **B** det **C**

Hinweis: Durch elementare Zeilenoperationen bringe man **B** und **C** auf Dreiecksform.

5.2. Es sei **A** von folgender Form

$$(2) \qquad \mathbf{A} = \begin{pmatrix} \mathbf{B} & \mathbf{0} \\ \mathbf{C} & \mathbf{D} \end{pmatrix},$$

wobei **B** eine (n, n)-Matrix bzw. **D** eine (m, m)-Matrix ist.

Man zeige: det **A** = det **B** det **D**.

Hinweis: Wenn **B** singulär ist, so gilt die Beziehung. Anderenfalls bringe man die Matrix **A** durch elementare Zeilenoperationen auf die „Diagonalgestalt" (1).

5.3. Es sei **A** von folgender Form

$$\mathbf{A} = \begin{pmatrix} \mathbf{B} & \mathbf{C} \\ \mathbf{D} & \mathbf{E} \end{pmatrix},$$

wobei **B** eine (n, n)-Matrix bzw. **E** eine reguläre (m, m)-Matrix ist.

Man berechne die Determinante von **A**.

Hinweis: Zuerst multipliziere man **A** von links mit

$$\begin{pmatrix} \mathbf{I}_n & \mathbf{0} \\ \mathbf{0} & \mathbf{E}^{-1} \end{pmatrix}$$

und dann von links mit

$$\begin{pmatrix} \mathbf{I}_n & -\mathbf{C} \\ \mathbf{0} & \mathbf{I}_m \end{pmatrix}$$

Damit resultiert eine Matrix der Form (2).

Man vergleiche die sich ergebende Formel mit der Determinantenformel für eine (2,2)-Matrix

$$\mathbf{A} = \begin{pmatrix} b & c \\ d & e \end{pmatrix}$$

Kapitel 7: Grundelemente der Geometrie

Geometrische Überlegungen werden in der Ökonomie in der Regel nur durchgeführt, um formale Sachverhalte oder Beziehungen zu veranschaulichen. Insofern ist die Geometrie hier nicht von eigenständigem Interesse. Trotzdem sind geometrische Überlegungen äußerst hilfreich, da durch die geometrische Veranschaulichung oft Sachverhalte und Beziehungen sehr vereinfacht werden.

Im folgenden werden wir primär Geometrie betreiben. Wir werden ausgehen von geometrischen Sachverhalten und diese in Vektorschreibweise analytisch formulieren. Dies gestattet dann – aus rein geometrischer Sicht – durch Verallgemeinerung zumindest formal eine Geometrie im n-dimensionalen Raum zu entwickeln.

Für ökonomische Überlegungen dient dann diese, von der Geometrie ausgehende, systematisch entwickelte Entsprechung geometrischer und analytischer Sachverhalte dazu, um analytische Sachverhalte geometrisch darzustellen.

Wir bringen dazu eine ökonomisches Beispiel, wie eine analytische in eine geometrische Beziehung umgesetzt werden kann.

Wenn z.B. der Konsum C linear vom Einkommen Y abhängt, so schreiben wir dafür in analytischer Form

$$C = a + bY\,,$$

wobei a und b feste Parameterwerte darstellen.

Nimmt das Einkommen Y verschiedene Werte an, so erhalten wir zu jedem Y genau ein C. Fassen wir entsprechende C und Y Werte zusammen zu einem Vektor $\mathbf{a} \in \mathbb{R}^2$, so resultiert eine Menge von Vektoren $\in \mathbb{R}^2$. Diese Vektoren stellen geometrisch eine Punktmenge in der Ebene dar und zwar, wie wir noch sehen werden, eine Gerade. Damit haben wir eine analytische Beziehung durch ein geometrisches Gebilde veranschaulicht. Im folgenden befassen wir uns zuerst mit geometrischen Gebilden in der Ebene.

7.1. Geometrie der Ebene

In der Ebene sind für eine lineare Theorie vor allem die Geraden von Interesse. Für eine Gerade gibt es sehr viele verschiedene Darstellungen, je nachdem welche Betrachtungsweise wir heranziehen. Im folgenden bringen wir die üblichen Darstellungen.

Wir gehen in der Ebene von einer Geraden G aus.

Es geht nun darum, die Gerade analytisch zu beschreiben. Eine Gerade ist geometrisch eine Menge von Punkten. Punkte können wir aber durch Vektoren analytisch erfassen. Dazu legen wir ein Koordinatenkreuz in die Ebene, wobei der Nullpunkt auf die Gerade gelegt wird. Siehe Abbildung 1.

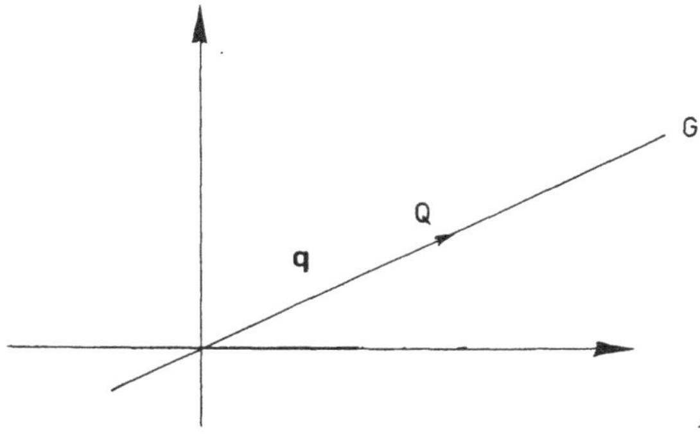

Abb. 1

Sei Q ein Punkt auf der Geraden ungleich dem Nullpunkt und $\mathbf{q}$ der entsprechende Koordinatenvektor, so ergibt sich direkt, daß ein beliebiger Koordinatenvektor $\mathbf{x}$ der Geraden G sich darstellen läßt als Vielfaches von $\mathbf{q}$

(1) $\quad \mathbf{x} = t\mathbf{q}$ für $t \in \mathbb{R}$

Beispiele:

Die Winkelhalbierende, d.h. die Gerade mit der Steigung 45°, geht durch den Nullpunkt und enthält den Punkt mit dem Vektor (1, 1). Daher lautet ihre Darstellung

$$\mathbf{x} = t(1,1) = (t,t)$$

Die Abszisse selbst geht durch den Nullpunkt und enthält den Punkt (1,0). Daher lautet ihre Darstellung

$$\mathbf{x} = t(1,0) = (t,0).$$

Nach (1) bilden also die Vektoren, welche den Punkten dieser Geraden entsprechen, einen linearen Unterraum der Dimension 1, da sie alle das Vielfache eines festen Vektors $\mathbf{q} \neq \mathbf{0}$ sind. Wenn das Koordinatenkreuz bereits festgelegt ist, so geht eine beliebige Gerade G im allgemeinen nicht durch den Nullpunkt. Es gibt dann immer eine zu G parallele Gerade G′ durch den Nullpunkt.

Sei P ein beliebiger Punkt auf G und $\mathbf{p}$ der entsprechende Koordinatenvektor. Weiter sei Q ein beliebiger Punkt auf G′ ungleich dem Nullpunkt und $\mathbf{q}$ der entsprechende Vektor. Siehe Abbildung 2.

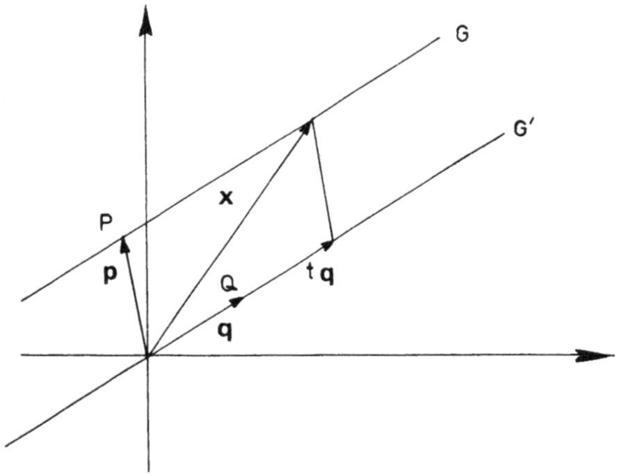

Abb. 2

Dann läßt sich der Vektor $\mathbf{x}$, der einen beliebigen Punkt von G darstellt, in folgender Form schreiben

(2) $\quad \mathbf{x} = \mathbf{p} + t\mathbf{q},$

wobei t eine von $\mathbf{x}$ abhängige reelle Zahl ist.

Gleichung (2) heißt die **Parameterdarstellung** einer Geraden mit dem **Parameter** t.

Damit haben wir in (2) eine erste Darstellung einer allgemeinen Geraden abgeleitet.

Beispiel:

Eine Gerade, die durch den Punkt geht, der dem Vektor (0,1) entspricht und 45° Steigung hat, besitzt also die folgende Darstellung

$$\mathbf{x} = (0,1) + t(1,1) = (t, t+1)$$

Aus dieser Darstellung entwickeln wir eine weitere, in der zum Ausdruck kommt, daß eine Gerade durch zwei verschiedene Punkte bereits festgelegt ist.

Wir wählen zwei Punkte P_1 und P_2 auf der Geraden G. Der Koordinatenvektor von P_1 bzw. P_2 sei $\mathbf{x}_1$ bzw. $\mathbf{x}_2$.

Wir betrachten nun die Menge der Vektoren $\mathbf{x}$, die sich mit einem $t \in \mathbb{R}$ in folgender Form darstellen lassen:

(3) $\mathbf{x} = t\mathbf{x}_1 + (1 - t)\mathbf{x}_2$

Daraus erhalten wir durch Zusammenfassen

$$\mathbf{x} = \mathbf{x}_2 + t(\mathbf{x}_1 - \mathbf{x}_2)$$

also für $\mathbf{x}_1 \neq \mathbf{x}_2$ eine Darstellung analog zu (2).

Damit haben wir in (3) eine weitere Darstellung einer Geraden gefunden. Für $t = 0$ resultiert, daß der $\mathbf{x}_2$ entsprechende Punkt auf der Geraden liegt und für $t = 1$ resultiert, daß der $\mathbf{x}_1$ entsprechende Punkt auf der Geraden liegt. Wenn die beiden Punkte verschieden sind, so ist dadurch genau eine Gerade festgelegt. Siehe Abbildung 3.

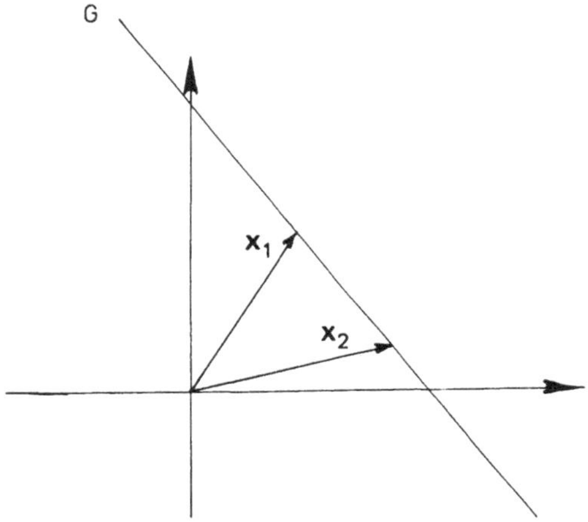

Abb. 3

Man überlegt sich an Abbildung 3 auch leicht, daß für $0 < t < 1$ alle Punkte resultieren, die zwischen $\mathbf{x}_1$ und $\mathbf{x}_2$ liegen, für $t > 1$ alle Punkte links von $\mathbf{x}_1$ und für $t < 0$ alle Punkte rechts von $\mathbf{x}_2$.

Beispiel:

Die Gerade, die durch die Punkte mit den beiden Vektoren (0,1) und (1,0) geht, hat also die Darstellung

$$\mathbf{x} = t(0,1) + (1 - t)(1,0) = (1 - t, t)$$

Bei beiden obigen Darstellungen einer Geraden haben wir die Vektorschreibweise verwendet.

Am gebräuchlichsten ist aber die Koordinatendarstellung einer Geraden. Schreiben wir die Vektorgleichung (3) komponentenweise, so ergibt sich

$$(4) \qquad x_1 = tx_{11} + (1-t)x_{21} = t(x_{11} - x_{21}) + x_{21}$$

$$(5) \qquad x_2 = tx_{12} + (1-t)x_{22} = t(x_{12} - x_{22}) + x_{22}$$

Wir definieren nun

$$p_1 = x_{12} - x_{22}$$
$$p_2 = -(x_{11} - x_{21})$$

und

$$a = p_1 x_{21} + p_2 x_{22} .$$

Dann multiplizieren wir Gleichung (4) mit p_1, Gleichung (5) mit p_2 und addieren die beiden Gleichungen.

Damit ergibt sich

$$(6) \qquad p_1 x_1 + p_2 x_2 = a .$$

Da aber $\mathbf{x}_1 \neq \mathbf{x}_2$ ist, muß entweder p_1 oder p_2 ungleich Null sein. Dafür schreiben wir auch

$$(7) \qquad p_1^2 + p_2^2 > 0$$

Damit haben wir die Beziehung gefunden, der die beiden Koordinaten der Punkte der Geraden unterliegen, die sogenannte **Koordinatendarstellung** einer Geraden.

Wenn $p_2 \neq 0$ ist, so erhalten wir aus (6) explizit

$$(8) \qquad x_2 = -\frac{p_1}{p_2} x_1 + \frac{a}{p_2}$$

Dies ist auch eine sehr gebräuchliche Darstellung einer Geraden, wobei allerdings meistens für x_2 die Variable y und für x_1 die Variable x verwendet wird. Die Darstellung lautet dann in der üblichen Notation

$$y = a + bx$$

Die Größe a/p_2 in (8) stellt den Koordinatenwert dar, bei dem die Gerade die Ordinate schneidet. Siehe Abbildung 4.

Dies ergibt sich aus (8), da $x_2 = a/p_2$ wird für $x_1 = 0$. Andererseits ist $-p_1/p_2$ der Tan-

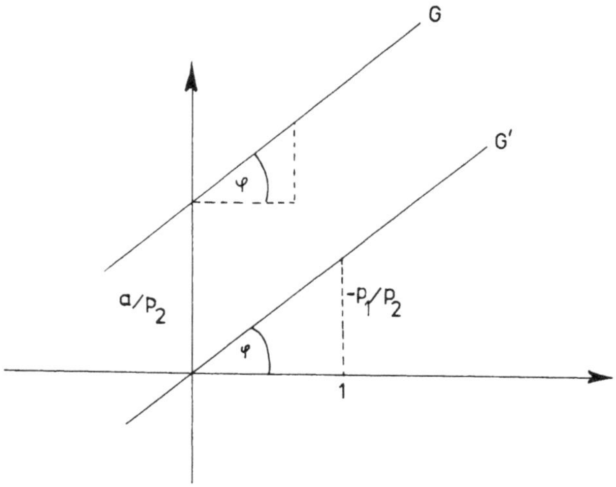

Abb. 4

gens des Winkels φ, den die Gerade mit der positiven Abszisse bildet. Dies ergibt sich aus Abbildung 4, da die zu G parallele und durch den Nullpunkt gehende Gerade G' die folgende Darstellung hat

$$x_2 = -\frac{p_1}{p_2}x_1 .$$

Für den Tangens des Steigungswinkels von G' ergibt sich aber

$$\text{tang}\,\varphi = -\frac{p_1}{p_2}/1 = -p_1/p_2$$

Beispiel:

Die Gerade, welche die Ordinate im Punkt $x_2 = 1$ schneidet und die Steigung 60° hat, lautet (beachte: tang 60° = $\sqrt{3}$)

$$x_2 = 1 + \sqrt{3}x_1 .$$

Ausgehend von der Darstellung (6), können wir eine weitere Darstellung gewinnen, die geometrisch sehr anschaulich ist. Da wir Gleichung (6) durch einen Faktor dividieren können, ohne die entsprechende Gerade zu ändern, können wir wegen (7) ohne Beschränkung der Allgemeinheit annehmen, daß gilt

$$p_1^2 + p_2^2 = 1 .$$

Im folgenden nehmen wir diese Normierung als gegeben und betrachten zuerst eine Gerade durch den Nullpunkt.

Eine Gerade, die durch den Nullpunkt geht, enthält den Nullpunkt. Also muß in der Darstellung (6) a verschwinden, d.h.

(9) $p_1 x_1 + p_2 x_2 = 0$

Definieren wir die Vektoren

$$\mathbf{p} = \begin{pmatrix} p_1 \\ p_2 \end{pmatrix} \text{ und } \mathbf{x} = \begin{pmatrix} x_1 \\ x_2 \end{pmatrix}$$

so schreibt sich (9) auch folgendermaßen

(10) $\mathbf{p}'\mathbf{x} = \mathbf{0}$

Gleichung (10) besagt, daß der Vektor **p** senkrecht ist zu jedem Vektor **x** der Geraden G. Siehe Abbildung 5.

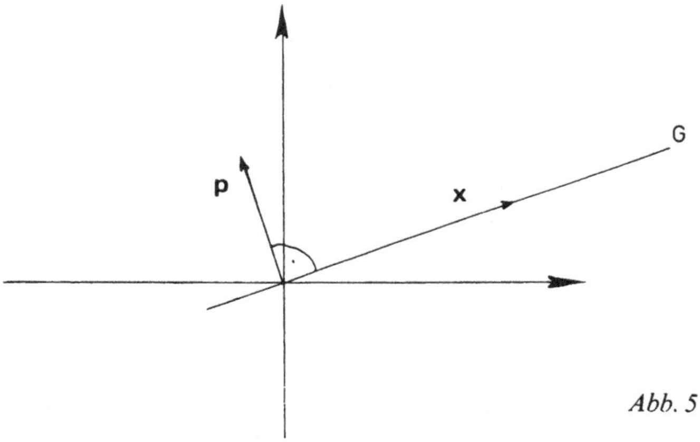

Abb. 5

Nun gehen wir von einer beliebigen Geraden G aus. Eine solche Gerade hat immer eine parallele Gerade G′ durch den Nullpunkt.

Wir bezeichnen mit **y** die Koordinatenvektoren der Punkte von G′ und mit **p** den Vektor, der senkrecht zu G′ steht. Daraus folgt

(11) $\mathbf{p}'\mathbf{y} = 0.$

Nun ergibt sich aus Abbildung 6, daß jeder Vektor **x** gleich ist einem geeigneten **y** plus $\alpha\mathbf{p}$, wobei α gleich ist dem Abstand von G zum Nullpunkt. (Beachte dabei die Normierung)

Daraus folgt

(12) $\mathbf{x} = \mathbf{y} + \alpha\mathbf{p}$

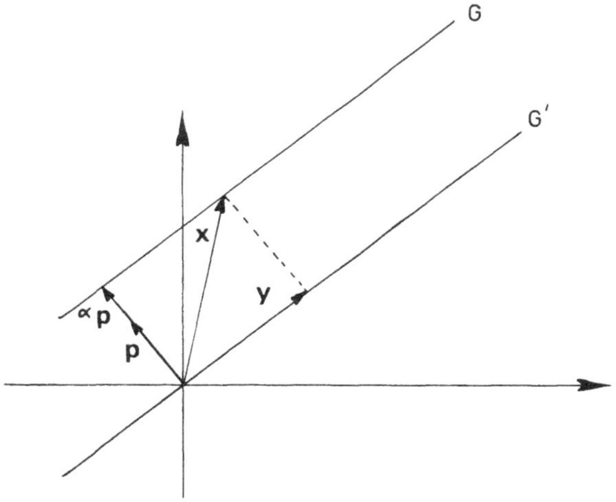

Abb. 6

Multiplizieren wir (12) von links mit $\mathbf{p}'$, so folgt wegen der Normierung und (11)

(13) $\mathbf{p}'\mathbf{x} = \alpha$

Gleichung (13) beschreibt also die Menge der Vektoren, die zu den Punkten einer Geraden G gehören, durch einen Vektor $\mathbf{p}$ der Länge 1, der senkrecht zu G ist und durch den Abstand α der Geraden G vom Nullpunkt.

Dabei ist $\alpha < 0$, wenn die Gerade vom Nullpunkt aus in Richtung des Vektors $-\mathbf{p}$ liegt.

Die Darstellung (13) heißt auch Geradendarstellung in der **Hesseschen Normalform**.

Damit haben wir die gebräuchlichsten Geradendarstellungen abgeleitet, und wir bringen ein Beispiel

Beispiel:

Eine Gerade soll durch die beiden Punkte mit den Vektoren (0,0) und (1,1) gehen. Dann ergibt sich aus (3) für die Koordinatenvektoren der Geraden

(14) $\mathbf{x} = t(0,0) + (1-t)(1,1)$

Schreiben wir diese Gleichung komponentenweise, so ergibt sich

$$x_1 = 1 - t \quad \text{und} \quad x_2 = 1 - t$$

oder, wenn wir t eliminieren

(15) $x_1 - x_2 = 0$

In (15) haben wir die Koordinatendarstellung erhalten, mit $p_1 = 1$ und $p_2 = -1$. Daraus ergibt sich tang $\varphi = p_1/(-p_2) = 1$ d.h. $\varphi = 45°$.

Aus (15) ergibt sich schließlich

$$(1, -1)\begin{pmatrix} x_1 \\ x_2 \end{pmatrix} = 0$$

und nach Normierung die Hessesche Normalform mit

$$\mathbf{p}' = (1/\sqrt{2}, -1/\sqrt{2}).$$

Damit resultiert auch, daß der Vektor $(1/\sqrt{2}, -1/\sqrt{2})$ senkrecht zur vorliegenden Geraden steht.

Durch die Koordinatendarstellung eines Punktes in der Ebene haben wir jedem Punkt einen Vektor zugeordnet und durch die Geradendarstellung jeder Geraden eine Menge von Vektoren. Diese Menge lautet nach der Koordinatendarstellung einer Geraden

$$G = \{\mathbf{x} = (x_1, x_2) \mid p_1 x_1 + p_2 x_2 = a,\ p_1^2 + p_2^2 > 0\},$$

wobei die reellen Zahlen p_1, p_2 und a typisch für die Gerade sind.

Wir bezeichnen G auch als **Gerade im $\mathbb{R}^2$**. Dabei ist zu beachten, daß $\mathbb{R}^2$ eine Menge von Vektoren und kein geometrisches Gebilde ist!

Im folgenden untersuchen wir geometrische Beziehungen zwischen zwei Geraden. Diese geometrischen Beziehungen übersetzen wir in analytische Beziehungen, die mit Hilfe von Ergebnissen der Theorie der linearen Gleichungssysteme sehr einfach formuliert werden können.

Zwei Geraden in der Ebene können zusammenfallen, d. h. alle Punkte gemeinsam haben oder parallel und verschieden sein, d. h. keinen Punkt gemeinsam haben oder genau einen Schnittpunkt, d. h. einen Punkt gemeinsam haben.

Diesen rein geometrischen Sachverhalt wollen wir nun analytisch beschreiben.

Wir betrachten dazu die Koordinatendarstellungen der beiden Geraden

$$p_{11}x_1 + p_{12}x_2 = b_1$$

bzw.

$$p_{21}x_1 + p_{22}x_2 = b_2$$

Dann führen wir eine für das weitere Vorgehen zentrale Überlegung durch:

Wenn die beiden Geraden einen Punkt P gemeinsam haben, so muß der entsprechende Koordinatenvektor $\mathbf{x} = (x_1, x_2)$ die beiden Geradengleichungen erfüllen. Erfüllt umgekehrt ein Vektor $\mathbf{x} = (x_1, x_2)$ beide Geradengleichungen, so ist der entsprechende Punkt P den beiden Geraden gemeinsam.

Wir betrachten also das lineare Gleichungssystem

$$\begin{aligned} p_{11}x_1 + p_{12}x_2 &= b_1 \\ p_{21}x_1 + p_{22}x_2 &= b_2 \end{aligned}$$

und versuchen die Menge der Vektoren $\mathbf{x}$ zu ermitteln, die dieses Gleichungssystem erfüllen.

Gibt es keine Lösung, so haben die Geraden auch keinen Punkt gemeinsam; sie sind dann also parallel. Im folgenden verstehen wir unter parallel immer parallel und verschieden.

Gibt es genau eine Lösung, so haben die Geraden genau einen Punkt gemeinsam; sie schneiden sich also.

Gibt es mehr als eine Lösung, so haben die Geraden mehr als einen Punkt gemeinsam; sie fallen dann zusammen. Wir schreiben das lineare Gleichungssystem in Matrizenform

$$\mathbf{P}\mathbf{x} = \mathbf{b}$$

Aus der Theorie der linearen Gleichungssysteme folgt, daß es genau eine Lösung $\mathbf{x} = \mathbf{x}_0$ gibt, falls

$$\text{Rang}(\mathbf{P}) = 2.$$

In diesem Falle haben die Geraden genau einen Schnittpunkt, nämlich den mit dem Koordinatenvektor $\mathbf{x}_0$.

Ist aber

$$\text{Rang}(\mathbf{P}) = \text{Rang}(\mathbf{P}, \mathbf{b}) = 1\,,$$

so ist eine Gleichung das Vielfache der anderen, d. h. beide Gleichungen beschreiben dieselbe Gerade oder – geometrisch betrachtet – die beiden Geraden fallen zusammen.

Gilt schließlich

$$\text{Rang}(\mathbf{P}) = 1 \text{ und } \text{Rang}(\mathbf{P}, \mathbf{b}) = 2\,,$$

so gibt es keine gemeinsame Lösung der beiden Gleichungen, d. h. die beiden Geraden sind parallel.

Man beachte, daß damit alle denkbaren Fälle behandelt sind, da wegen der Normierung, und weil $\mathbf{P}$ zwei Zeilen hat, gelten muß

$$1 \leqq \text{Rang}(\mathbf{P}) \leqq \text{Rang}(\mathbf{P}, \mathbf{b}) \leqq 2$$

Damit haben wir die geometrischen Beziehungen zwischen zwei Geraden, nämlich daß sie sich schneiden, zusammenfallen oder parallel sind, umgesetzt in analytische Beziehungen, genauer gesagt in Rangbeziehungen. Diese Sprechweise übertragen wir dann auf den $\mathbb{R}^2$.

Wir sagen: zwei Geraden im $\mathbb{R}^2$ sind parallel, wenn

$$\text{Rang}(\mathbf{P}) = 1 \text{ und } \text{Rang}(\mathbf{P}, \mathbf{b}) = 2$$

bzw. sie fallen zusammen, falls

$$\text{Rang}\,(\mathbf{P}) = \text{Rang}\,(\mathbf{P}, \mathbf{b}) = 1$$

und sie schneiden sich in einem Punkt, falls

$$\text{Rang}\,(\mathbf{P}) = 2.$$

Zu den obigen Überlegungen bringen wir ein Beispiel. Wir betrachten zwei Geraden mit folgender Koordinatendarstellung

$$x_1 + x_2 = 1$$

bzw.

$$x_1 - x_2 = 1\,.$$

Da die Gleichungen in der Form (6) vorliegen, ergibt sich für die erste

$$\text{tang}\,\varphi = -1/1 \quad \text{d.h.} \quad \varphi = -45^\circ$$

und für die zweite

$$\text{tang}\,\varphi = +1/1 \quad \text{d.h.} \quad \varphi = +45^\circ$$

Daraus folgt, daß sie nicht parallel sind, also einen Schnittpunkt gemeinsam haben müssen. Gemäß der Hesseschen Normalform gehört zu der ersten der senkrechte Vektor

$$\mathbf{p}'_1 = \left(\frac{1}{\sqrt{2}}, \frac{1}{\sqrt{2}}\right)$$

und zu der zweiten der senkrechte Vektor

$$\mathbf{p}'_2 = \left(\frac{1}{\sqrt{2}}, -\frac{1}{\sqrt{2}}\right)$$

Wegen $\mathbf{p}'_1\,\mathbf{p}_2 = 0$ sind diese Vektoren senkrecht aufeinander und daher auch die Geraden.

Nun wollen wir diese Ergebnisse auch gemäß der Theorie der linearen Gleichungssysteme ableiten.

Dazu betrachten wir die Matrix

$$\mathbf{P} = \begin{pmatrix} 1 & 1 \\ 1 & -1 \end{pmatrix}$$

und den Vektor

$$\mathbf{b} = \begin{pmatrix} 1 \\ 1 \end{pmatrix}$$

Wegen

$$\text{Rang}(\mathbf{P}) = \text{Rang}(\mathbf{P}, \mathbf{b}) = 2$$

erhalten wir genau einen Schnittpunkt der beiden Geraden. Durch Lösen des linearen Gleichungssystems

$$\mathbf{P}\mathbf{x} = \mathbf{b}$$

ergibt sich der Schnittpunkt mit dem Koordinatenvektor

$$\mathbf{x}_0' = (1,0).$$

Von Interesse sind noch die folgenden Vektormengen

$$H_1 = \{\mathbf{x} \mid p_1 x_1 + p_2 x_2 \leqq a\}$$
$$H_2 = \{\mathbf{x} \mid p_1 x_1 + p_2 x_2 > a\}$$

Aus der Darstellung einer Geraden in Hessescher Normalform ergibt sich, daß sich die Vektoren aus H_1 schreiben lassen in der Form

$$\{\mathbf{x} \mid p_1 x_1 + p_2 x_2 = b,\ b \leqq a\}$$

Für jedes feste b resultiert eine Gerade, die vom Nullpunkt den senkrechten Abstand b hat, wobei alle Geraden parallel sind. Also entspricht H_1 der Vereinigung von parallelen Geraden mit einem Abstand von Null, der kleiner oder gleich a ist. Siehe Abbildung 7.

Sei G die Gerade mit Abstand a, dann gehören zu H_1 alle Geraden unterhalb G und G selbst.

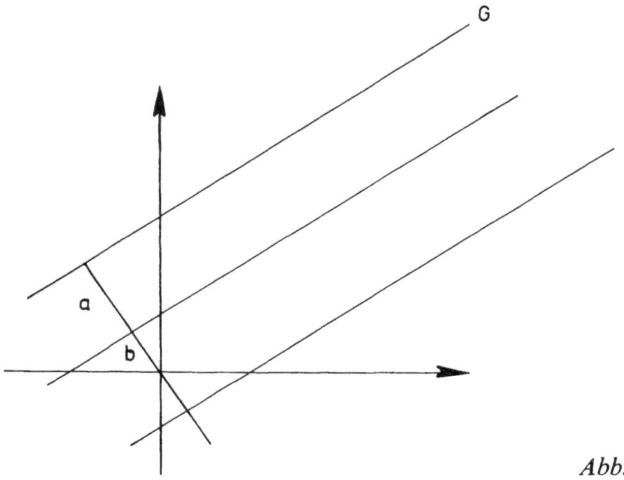

Abb. 7

Das bedeutet, daß H_1 die Vektoren zu allen Punkten auf und unterhalb der Geraden G enthält. H_1 wird auch als **Halbraum** bezeichnet. Entsprechend enthält H_2 die Vektoren zu allen Punkten oberhalb der Geraden.

Schließlich betrachten wir noch eine Punktmenge in der Ebene, die nicht „linear" beschrieben werden kann, nämlich den Kreis.

Es ergibt sich unmittelbar, daß die Menge K der Vektoren, welche den Punkten auf einem Kreis mit Radius r entsprechen, sich darstellen läßt in der Form

$$K = \{\mathbf{x} \mid |\mathbf{x}| = r\}$$

K wird auch als **Kreis im** $\mathbb{R}^2$ bezeichnet.

7.2. Geometrie im dreidimensionalen Raum

Die Überlegungen, die wir in der Ebene durchgeführt haben, lassen sich direkt auf den dreidimensionalen Raum übertragen. Daher werden wir im folgenden die Ableitungen sehr knapp halten. Entsprechend zu (1) ergeben sich die Koordinatenvektoren einer Geraden als Vielfache eines festen Vektors

(16) $\quad \mathbf{x} = t\mathbf{q}$ für $t \in \mathbb{R}$.

Für eine beliebige Gerade G ergibt sich die Darstellung

(17) $\quad \mathbf{x} = \mathbf{p} + t\mathbf{q}$ für $t \in \mathbb{R}$,

wobei der Vektor **p** einen Punkt auf der Geraden G darstellt und **q** einen auf der zu G parallelen Geraden, die durch den Nullpunkt geht.

Sind $\mathbf{x}_1$ und $\mathbf{x}_2$ zwei Vektoren, die zwei verschiedenen Punkten auf der Geraden entsprechen, so ergibt sich die Geradendarstellung

(18) $\quad \mathbf{x} = t\mathbf{x}_1 + (1-t)\mathbf{x}_2$ für $t \in \mathbb{R}$.

Beispiel:

Die sogenannte Raumdiagonale, das ist die Gerade durch den Nullpunkt und durch den Punkt P mit dem Vektor (1,1,1), hat die Darstellung

$$\mathbf{x} = t(0,0,0) + (1-t)(1,1,1) = (1-t, 1-t, 1-t)$$

Nun leiten wir noch die Koordinatendarstellung einer Geraden im dreidimensionalen Raum ab. Dabei ergibt sich ein Unterschied zur Ebene, da wir nun nicht zwei sondern drei Koordinaten vorliegen haben.

Aus (18) ergibt sich koordinatenweise

(19) $\quad x_1 = tx_{11} + (1-t)x_{21} = t(x_{11} - x_{21}) + x_{21}$

(20) $x_2 = tx_{12} + (1-t)x_{22} = t(x_{12} - x_{22}) + x_{22}$

(21) $x_3 = tx_{13} + (1-t)x_{23} = t(x_{13} - x_{23}) + x_{23}$

Aus den Gleichungen (19)–(21) wollen wir t eliminieren. Dazu multiplizieren wir die drei Gleichungen mit geeigneten Koeffizienten und bilden dann Differenzen, so daß t gerade wegfällt. Dadurch entfällt eine Gleichung, und es resultieren zwei Gleichungen von der Form

(22) $p_{11}x_1 + p_{12}x_2 + p_{13}x_3 = b_1$

(23) $p_{21}x_1 + p_{22}x_2 + p_{23}x_3 = b_2$

Man beachte dabei, daß die Koeffizienten p_{ij} und b_i nicht eindeutig sind. Das entspricht der Tatsache, daß sich die Lösung eines linearen Gleichungssystems nicht ändert, wenn wir von einer Gleichung das Vielfache einer anderen abziehen. Die Gleichungen (22) und (23) stellen nur dann eine Gerade dar, wenn ihre Lösungen sich darstellen lassen in der Form (17)

$$\mathbf{x} = \mathbf{p} + t\mathbf{q} \quad \text{mit} \quad \mathbf{q} \neq \mathbf{0} \quad \text{und} \quad t \in \mathbb{R}.$$

Nach der Theorie der linearen Gleichungssysteme ist dies nur dann der Fall, wenn

(24) $$\operatorname{Rang}\begin{pmatrix} p_{11} & p_{12} & p_{13} \\ p_{21} & p_{22} & p_{23} \end{pmatrix} = 2,$$

wobei dann **q** eine Lösung des entsprechenden homogenen Systems ist und **p** eine beliebige Lösung von (22) und (23).

Die Bedingung (24) entspricht dabei der Bedingung, daß in (18) $\mathbf{x}_1$ und $\mathbf{x}_2$ verschieden sind.

Hier ergibt sich ein wesentlicher Unterschied zu den Betrachtungen in der Ebene, da nicht eine sondern zwei lineare Gleichungen (22) und (23) eine Gerade beschreiben.

Wieder bezeichnen wir die Menge der Vektoren im $\mathbb{R}^3$, deren Komponenten x_1, x_2 und x_3 den Gleichungen (22), (23) und (24) genügen als **Gerade im** $\mathbb{R}^3$.

Nun untersuchen wir die Beziehungen zwischen zwei Geraden. In der Koordinatendarstellung ergibt sich für die Geraden

$$p_{11}x_1 + p_{12}x_2 + p_{13}x_3 = b_1, \; p_{21}x_1 + p_{22}x_2 + p_{23}x_3 = b_2$$

bzw.

$$p_{31}x_1 + p_{32}x_2 + p_{33}x_3 = b_3, p_{41}x_1 + p_{42}x_2 + p_{43}x_3 = b_4$$

Den gemeinsamen Punkten entspricht analog zu den Überlegungen in der Ebene die folgende Menge von Koordinatenvektoren

(25) $D = \{\mathbf{x} \mid \mathbf{P}\mathbf{x} = \mathbf{b}\}$,

wobei

$$\mathbf{P} = \begin{pmatrix} p_{11} & p_{12} & p_{13} \\ p_{21} & p_{22} & p_{23} \\ p_{31} & p_{32} & p_{33} \\ p_{41} & p_{42} & p_{43} \end{pmatrix} \quad \text{und} \quad \mathbf{b} = \begin{pmatrix} b_1 \\ b_2 \\ b_3 \\ b_4 \end{pmatrix}$$

Aus der Theorie der linearen Gleichungssysteme ergibt sich: falls

$$(26) \qquad \text{Rang}(\mathbf{P}, \mathbf{b}) > \text{Rang}(\mathbf{P}),$$

so haben die Geraden keinen Punkt gemeinsam. Man beachte, daß die Geraden in diesem Fall nicht parallel sein müssen!

Für

$$(27) \qquad \text{Rang}(\mathbf{P}, \mathbf{b}) = \text{Rang}(\mathbf{P}) = 3$$

ergibt sich genau ein Schnittpunkt und für

$$(28) \qquad \text{Rang}(\mathbf{P}, \mathbf{b}) = \text{Rang}(\mathbf{P}) = 2$$

fallen die beiden Geraden zusammen.

Man beachte, daß wegen (24), und da $\mathbf{P}$ drei Spalten hat, gelten muß

$$2 \leqq \text{Rang}(\mathbf{P}) \leqq 3.$$

Beispiel:

Wir betrachten die beiden Geraden mit der Darstellung

$$\begin{aligned} x_1 + x_2 + x_3 &= 1 \\ x_1 - x_2 + x_3 &= 1 \end{aligned}$$

bzw.

$$\begin{aligned} x_2 + x_3 &= 1 \\ x_3 &= 1 \end{aligned}$$

Durch elementare Zeilenoperationen ergibt sich für die Matrix $\mathbf{P}$

$$\text{Rang}(\mathbf{P}) = \text{Rang}\begin{pmatrix} 1 & 1 & 1 \\ 1 & -1 & 1 \\ 0 & 1 & 1 \\ 0 & 0 & 1 \end{pmatrix} = 3$$

und

$$\text{Rang}(\mathbf{P}, \mathbf{b}) = \begin{pmatrix} 1 & 1 & 1 & 1 \\ 1 & -1 & 1 & 1 \\ 0 & 1 & 1 & 1 \\ 0 & 0 & 1 & 1 \end{pmatrix} = 3$$

Also haben die beiden Geraden genau einen Schnittpunkt.

Damit haben wir geometrische Beziehungen zwischen zwei Geraden wieder umgesetzt in analytische Rangbeziehungen.

Im dreidimensionalen Raum gibt es aber noch andere „lineare Gebilde" nämlich Ebenen, die in einer linearen Theorie eine wichtige Rolle spielen und – wie wir noch sehen werden – in bestimmter Weise die Verallgemeinerung einer Geraden in der Ebene darstellen.

Wir gehen also von einer Ebene E im dreidimensionalen Raum aus. Dabei liege das Koordinatenkreuz so, daß der Nullpunkt in die Ebene fällt. Es ergibt sich daraus, daß zwei Vektoren $\mathbf{x}_1$ und $\mathbf{x}_2$ existieren, so daß der Vektor $\mathbf{x}$, der einem beliebigen Punkt in der Ebene entspricht, sich darstellen läßt in der Form

$$(29) \qquad \mathbf{x} = t_1\mathbf{x}_1 + t_2\mathbf{x}_2 \quad \text{für} \quad t_1, t_2 \in \mathbb{R}$$

Dabei sind $\mathbf{x}_1$ und $\mathbf{x}_2$ linear unabhängig, d.h. ein Vektor nicht ein Vielfaches des anderen.

Ausgehend von (29) laufen die Überlegungen nun analog wie in der Ebene ausgehend von (1). Es sei E eine beliebige Ebene und E′ die dazu parallele, die durch den Nullpunkt geht. Weiter sei Q ein beliebiger Punkt auf E′, P ein beliebiger Punkt auf E und $\mathbf{q}$ der Koordinatenvektor zu Q bzw. $\mathbf{p}$ der zu P, so ergibt sich, daß jeder Vektor $\mathbf{x}$, der einen beliebigen Punkt von E darstellt, sich schreiben läßt in der Form

$$\mathbf{x} = \mathbf{p} + t\mathbf{q}$$

bzw. wegen (29)

$$(30) \qquad \mathbf{x} = \mathbf{p} + t_1\mathbf{x}_1 + t_2\mathbf{x}_2 \quad \text{für} \quad t_1, t_2 \in \mathbb{R}$$

Dies ist die **Parameterdarstellung** einer allgemeinen Ebene mit den **Parametern** t_1 und t_2.

Wir betrachten nun Vektoren folgender Art

$$(31) \qquad \mathbf{y} = t_1\mathbf{x}_1 + t_2\mathbf{x}_2 + (1 - t_1 - t_2)\mathbf{x}_3 \quad \text{für} \quad t_1, t_2 \in \mathbb{R}$$

Aus (31) folgt durch Zusammenfassen

$$\mathbf{y} = \mathbf{x}_3 + t_1(\mathbf{x}_1 - \mathbf{x}_3) + t_2(\mathbf{x}_2 - \mathbf{x}_3)$$

also eine Darstellung der Form (30).

Wir müssen nun noch garantieren, daß die beiden Vektoren $\mathbf{x}_1 - \mathbf{x}_3$ und $\mathbf{x}_2 - \mathbf{x}_3$ linear unabhängig sind, dann haben wir in (31) eine andere Darstellung einer Ebene gefunden. Wenn z.B. $\mathbf{x}_1 - \mathbf{x}_3$ ein Vielfaches von $(\mathbf{x}_2 - \mathbf{x}_3)$ ist

$$\mathbf{x}_1 - \mathbf{x}_3 = t(\mathbf{x}_2 - \mathbf{x}_3),$$

so ergibt sich

$$\mathbf{x}_1 = t\mathbf{x}_2 + (1 - t)\mathbf{x}_3.$$

Daraus folgt wegen (3), daß die drei entsprechenden Punkte auf einer Geraden liegen. Entsprechendes ergibt sich, wenn $\mathbf{x}_2 - \mathbf{x}_3$ ein Vielfaches von $\mathbf{x}_1 - \mathbf{x}_3$ ist.

Wenn wir also fordern, daß die drei Vektoren $\mathbf{x}_1, \mathbf{x}_2$ und $\mathbf{x}_3$ nicht auf einer Geraden liegen, so wird durch (31) eine Ebene dargestellt, wobei die drei Punkte, die $\mathbf{x}_1, \mathbf{x}_2$ und $\mathbf{x}_3$ entsprechen, selbst in der Ebene liegen. Damit ist eine Ebene durch drei Punkte, die nicht auf einer Geraden liegen, eindeutig festgelegt.

Beispiel:

Wir berechnen die Darstellung der Ebene, die durch die drei Einheitspunkte geht, d. h. durch die Punkte mit den Vektoren

$$(1,0,0)\,,\quad (0,1,0) \quad \text{und} \quad (0,0,1)$$

Sie lautet

$$\mathbf{x} = (0,0,1) + t_1(1,0,-1) + t_2(0,1,-1) = (t_1, t_2, 1 - t_1 - t_2)$$

Von besonderem Interesse ist aber die Koordinatendarstellung einer Ebene.

Aus (30) erhalten wir koordinatenweise die Gleichungen

$$(32) \qquad x_1 = p_1 + t_1 x_{11} + t_2 x_{21}$$

$$(33) \qquad x_2 = p_2 + t_1 x_{12} + t_2 x_{22}$$

$$(34) \qquad x_3 = p_3 + t_1 x_{13} + t_2 x_{23}$$

Multiplizieren wir Gleichung (32) mit x_{12} und Gleichung (33) mit x_{11} und ziehen wir beide Gleichungen voneinander ab, so erhalten wir eine neue Gleichung, in der t_1 eliminiert ist. Entsprechend erhalten wir aus den beiden letzten Gleichungen eine, in der auch t_1 eliminiert ist. Schließlich ergibt sich analog aus den beiden neuen Gleichungen eine, die weder t_1 noch t_2 enthält. Diese Gleichung ist von der Form

$$(35) \qquad p_1 x_1 + p_2 x_2 + p_3 x_3 = b$$

Es ist klar, daß in (35) gelten muß: $p_1^2 + p_2^2 + p_3^2 > 0$. Anderenfalls, d. h. für $p_1 = p_2 = p_3 = 0$, ist entweder auch $b = 0$ und dann wird damit jeder Vektor des $\mathbb{R}^3$ erfaßt oder $b \neq 0$, und dann wird kein Vektor des $\mathbb{R}^3$ erfaßt.

Damit haben wir die **Koordinatendarstellung** einer Ebene abgeleitet. Diese ist – wie bei der Geraden in der Ebene – durch **eine** Gleichung gegeben.

Aus dieser folgt analog wie bei der Geraden in der Ebene die sogenannte **Hessesche Normalform** einer Ebene

$$(36) \qquad \mathbf{p}'\mathbf{x} = \alpha\,,$$

wobei der Vektor **p** die Länge 1 hat, senkrecht auf der Ebene steht, und α den senkrechten Abstand der Ebene zum Nullpunkt angibt.

Beispiel:

Durch die Gleichung

$$x_1 = 2$$

wird eine Ebene dargestellt, dabei ist x_1 fest; x_2 und x_3 sind völlig beliebig.

In der Hesseschen Normalform lautet die Ebene

$$(1,0,0)\begin{pmatrix} x_1 \\ x_2 \\ x_3 \end{pmatrix} = 2$$

Das bedeutet, daß der Pfeil, der durch den Vektor $\mathbf{p}' = (1,0,0)$ dargestellt wird, senkrecht zur Ebene ist und daß die Ebene vom Nullpunkt den senkrechten Abstand 2 hat.

Man veranschauliche sich diesen Sachverhalt geometrisch.

Nun untersuchen wir noch die Beziehungen zwischen zwei Ebenen. Aus geometrischen Überlegungen folgt, daß die Ebenen sich schneiden können, wobei sie eine Gerade gemeinsam haben, oder parallel sein können oder zusammenfallen können. Für diese Sachverhalte suchen wir eine analytische Beziehung.

Wir gehen von zwei Ebenen in der Koordinatendarstellung aus:

$$p_{11}x_1 + p_{12}x_2 + p_{13}x_3 = b_1 \quad \text{mit} \quad p_{11}^2 + p_{12}^2 + p_{13}^2 > 0$$

bzw.

$$p_{21}x_1 + p_{22}x_2 + p_{23}x_3 = b_2 \quad \text{mit} \quad p_{21}^2 + p_{22}^2 + p_{23}^2 > 0$$

Die Punkte, die den beiden Ebenen gemeinsam sind, haben die folgenden Koordinatenvektoren

$$D = \{\mathbf{x} \mid \mathbf{P}\,\mathbf{x} = \mathbf{b}\},$$

wobei

$$\mathbf{P} = \begin{pmatrix} p_{11} & p_{12} & p_{13} \\ p_{21} & p_{22} & p_{23} \end{pmatrix} \quad \text{und} \quad \mathbf{b} = \begin{pmatrix} b_1 \\ b_2 \end{pmatrix}$$

Man beachte, daß die den beiden Ebenen gemeinsamen Punkte formal den durch (22) und (23) beschriebenen Punkten entsprechen!

Aus der Theorie der linearen Gleichungssysteme ergibt sich für

$$\text{Rang}\,(\mathbf{P}, \mathbf{b}) > \text{Rang}\,(\mathbf{P}),$$

daß die Ebenen keinen gemeinsamen Punkt haben, d. h. parallel sind.

Weiter ergibt sich für

$$\text{(37)} \qquad \text{Rang}\,(\mathbf{P}) = 2,$$

daß sich die Lösungen darstellen lassen in der Form

$$\mathbf{x} = \mathbf{x}_0 + t\mathbf{x}_1 \quad \text{für} \quad t \in \mathbb{R}$$

Also liegt eine Gerade vor, d.h. die Ebenen schneiden sich und haben eine Gerade gemeinsam.

Der Fall

$$\text{Rang}(\mathbf{P}, \mathbf{b}) = \text{Rang}(\mathbf{P}) = 1$$

bedeutet, daß sich die Lösungen darstellen lassen in der Form

$$\mathbf{x} = \mathbf{x}_0 + t_1\mathbf{x}_1 + t_2\mathbf{x}_2 \quad \text{für} \quad t_1, t_2 \in \mathbb{R}$$

Also liegt eine Ebene vor, d.h. die beiden Ebenen fallen zusammen. Aus diesen Überlegungen folgt auch, daß die beiden Gleichungen (22) und (23) genau dann eine Gerade darstellen, wenn (37) bzw. (24) erfüllt ist.

Beispiel:

Es liegen zwei Ebenen in der folgenden Koordinatendarstellung vor

$$x_1 + x_2 + x_3 = 1$$

bzw.

$$x_1 - x_2 - x_3 = 1$$

Wir definieren die Matrix

$$\mathbf{P} = \begin{pmatrix} 1 & 1 & 1 \\ 1 & -1 & -1 \end{pmatrix}$$

Aus der Beziehung

$$\text{Rang}(\mathbf{P}) = 2$$

folgt dann, daß die beiden Ebenen eine Gerade gemeinsam haben.

7.3. Geometrie im $\mathbb{R}^n$ für $n > 3$

Die Überlegungen in diesem Abschnitt sind Verallgemeinerungen von formalen Beziehungen zwischen Vektoren des $\mathbb{R}^n$, denen dann eine geometrische Bedeutung zugeordnet wird und zwar in Analogie zum $\mathbb{R}^2$ und $\mathbb{R}^3$.

Insofern betreiben wir eine Geometrie im $\mathbb{R}^n$ $(n > 3)$ und **nicht** im n-dimensionalen Raum, den es nach geometrischer Vorstellung nicht gibt.

So bezeichnen wir die Menge der Vektoren $\mathbf{x} \in \mathbb{R}^n$, die sich in folgender Form darstellen lassen

(38) $\mathbf{x} = \mathbf{r} + t\mathbf{q}$ mit $t \in \mathbb{R}$ und $\mathbf{q} \neq \mathbf{0}$

als **Gerade** im $\mathbb{R}^n$ und zwar in der **Parameterdarstellung**. Die **Koordinatendarstellung** einer solchen Geraden ergibt sich nach Elimination von t in (38) zu

$$\sum_{j=1}^{n} p_{ij} x_j = b_i \quad \text{für} \quad 1 \leqq i \leqq n-1\,,$$

wobei für die $(n-1, n)$-Matrix $\mathbf{P} = (p_{ij})$ gelten muß

$$\text{Rang}\,(\mathbf{P}) = n - 1.$$

Man überlege sich, daß daraus für $n = 2$ eine Gerade im $\mathbb{R}^2$ und für $n = 3$ eine Gerade im $\mathbb{R}^3$ resultiert.

Allgemein bezeichnet man die Vektoren $\mathbf{x}$, welche folgendem Gleichungssystem genügen

(39) $$\sum_{j=1}^{n} p_{ij} x_j = b_i \quad 1 \leqq i \leqq m$$

als **(n − m)-dimensionale Hyperebene im** $\mathbb{R}^n$, falls die (m, n)-Matrix

$$\mathbf{P} = (p_{ij})$$

den Rang m hat.

Für $n = 3$ und $m = 1$ resultiert eine Ebene im $\mathbb{R}^3$ und für $n = 2$ und $m = 1$ eine Gerade im $\mathbb{R}^2$.

Mit Hilfe der Theorie der linearen Gleichungssysteme können wir dann den Durchschnitt einer m-dimensionalen mit einer k-dimensionalen Hyperebene im $\mathbb{R}^n$ berechnen.

Diese Überlegungen haben in der Ökonomie wenig Bedeutung, und deshalb gehen wir nicht näher darauf ein. Die prinzipielle Vorgehensweise resultiert aber bereits aus den entsprechenden Überlegungen im $\mathbb{R}^2$ bzw. im $\mathbb{R}^3$.

7.4. Koordinatentransformationen

Bei den bisherigen geometrischen Überlegungen haben wir immer ein rechtwinkliges Koordinatenkreuz zugrundegelegt, um Punkte als Vektoren darstellen zu können. Dabei haben wir das Koordinatenkreuz beliebig in die Ebene oder den dreidimensionalen Raum gelegt. Je nach der Lage des Koordinatenkreuzes ergeben sich zu einem festen Punkt P verschiedene Vektoren. Siehe Abbildung 8.

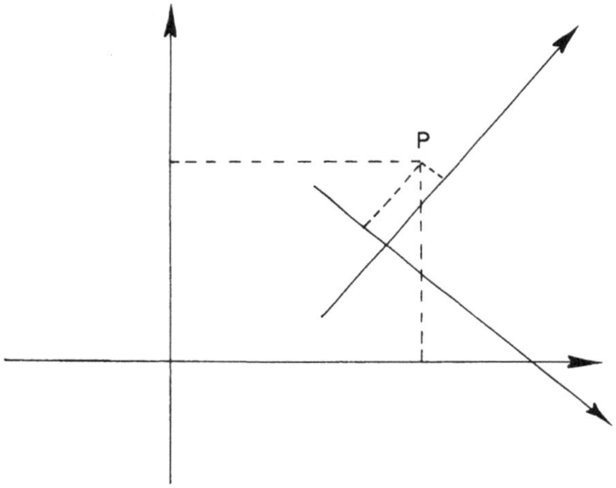

Abb. 8

Die Darstellung eines Punktes durch einen Vektor hängt also von der Wahl des Koordinatenkreuzes ab. Wenn wir einen Vektor $\mathbf{x} = (x_1, x_2)$ benutzen, um damit einen geometrischen Punkt zu veranschaulichen, so hat der Vektor eine Bedeutung, die davon abhängt, in welchem Koordinatenkreuz wir den Punkt darstellen. Es ist also der Fall gegeben, daß ein Vektor einen konkreten empirischen Sachverhalt mißt, und wir müssen genau angeben, was jede Komponente erfaßt, z. B. die erste Komponente mißt in einem bestimmten Koordinatenkreuz den Abszissenwert. Daher können zwei Vektoren mathematisch gleich sein aber andere Punkte darstellen.

Im folgenden überlegen wir uns, wie sich die Koordinaten eines Punktes P transformieren, wenn wir zu einem anderen Koordinatenkreuz übergehen.

Dabei werden wir den allgemeinen Fall betrachten, bei dem das Koordinatenkreuz schiefwinklig ist. Die Überlegungen führen wir in der Ebene durch. Sie übertragen sich dann unmittelbar auf den dreidimensionalen Fall.

Ein Koordinatenkreuz bezeichnen wir kurz als Koordinatenkreuz 1 und das andere als Koordinatenkreuz 2. Einen Vektor $\mathbf{x}$, der einen Punkt im Koordinatenkreuz 1 angibt, kennzeichnen wir im folgenden mit $\overset{1}{\mathbf{x}}$ und einen Vektor $\mathbf{x}$, der einen Punkt im Koordinatenkreuz 2 erfaßt, mit $\overset{2}{\mathbf{x}}$. Beachte, daß $\overset{1}{\mathbf{x}}$ und $\overset{2}{\mathbf{x}}$ identische Komponenten haben können, z. B. $\overset{1}{\mathbf{x}} = (1,1)$ und $\overset{2}{\mathbf{x}} = (1,1)$, trotzdem stellen sie etwas anderes dar.

Im folgenden ist es anschaulicher bei der Addition anstatt mit Punkten mit den entsprechenden Pfeilen zu argumentieren.

Wir gehen also vom Koordinatenkreuz 1 aus. Die beiden Vektoren

$$\overset{1}{\mathbf{e}}_1 = \begin{pmatrix} 1 \\ 0 \end{pmatrix} \quad \text{und} \quad \overset{1}{\mathbf{e}}_2 = \begin{pmatrix} 0 \\ 1 \end{pmatrix}$$

stellen die sogenannten **Basisvektoren** dar. Siehe Abbildung 9.

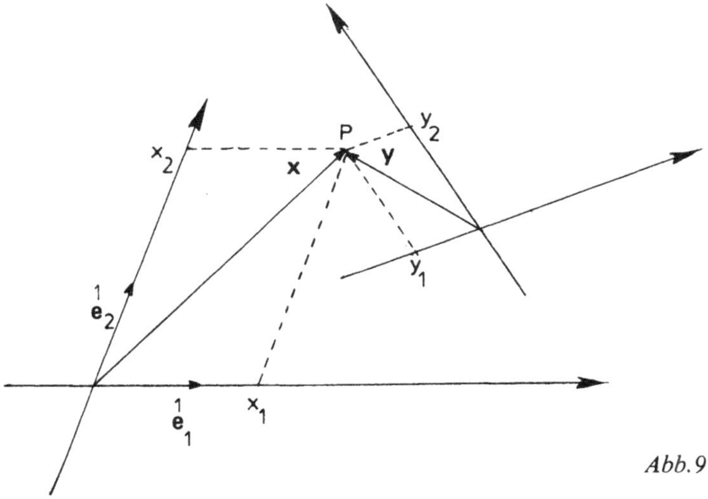

Abb. 9

Jeder Pfeil P läßt sich als Linearkombination der $\overset{1}{\mathbf{e}}_1$ und $\overset{1}{\mathbf{e}}_2$ entsprechenden Pfeile darstellen:

Sei nämlich $\overset{1}{\mathbf{x}}' = (x_1, x_2)$ der Vektor, der den Pfeil P darstellt, so gilt

(40) $$\overset{1}{\mathbf{x}} = x_1 \overset{1}{\mathbf{e}}_1 + x_2 \overset{1}{\mathbf{e}}_2$$

Zum Koordinatenkreuz 2 gibt es entsprechend die Basisvektoren $\overset{2}{\mathbf{d}}_1$ und $\overset{2}{\mathbf{d}}_2$ mit der Darstellung

$$\overset{2}{\mathbf{d}}_1 = \begin{pmatrix} 1 \\ 0 \end{pmatrix} \quad \text{und} \quad \overset{2}{\mathbf{d}}_2 = \begin{pmatrix} 0 \\ 1 \end{pmatrix}$$

Der dem Pfeil P entsprechende Vektor $\overset{2}{\mathbf{y}}$ läßt sich darstellen in der Form

(41) $$\overset{2}{\mathbf{y}} = y_1 \overset{2}{\mathbf{d}}_1 + y_2 \overset{2}{\mathbf{d}}_2$$

Nun betrachten wir zuerst den Fall, daß beide Koordinatenkreuze den Nullpunkt gemeinsam haben. Siehe Abbildung 10.

Der Pfeil mit der Darstellung $\overset{1}{\mathbf{e}}_1$ bzw. $\overset{1}{\mathbf{e}}_2$ kann natürlich im zweiten Koordinatensystem auch dargestellt werden.

Die Darstellung laute

(42) $$\overset{2}{\mathbf{e}}_1 = d_{11} \overset{2}{\mathbf{d}}_1 + d_{12} \overset{2}{\mathbf{d}}_2$$

bzw.

(43) $$\overset{2}{\mathbf{e}}_2 = d_{21} \overset{2}{\mathbf{d}}_1 + d_{22} \overset{2}{\mathbf{d}}_2$$

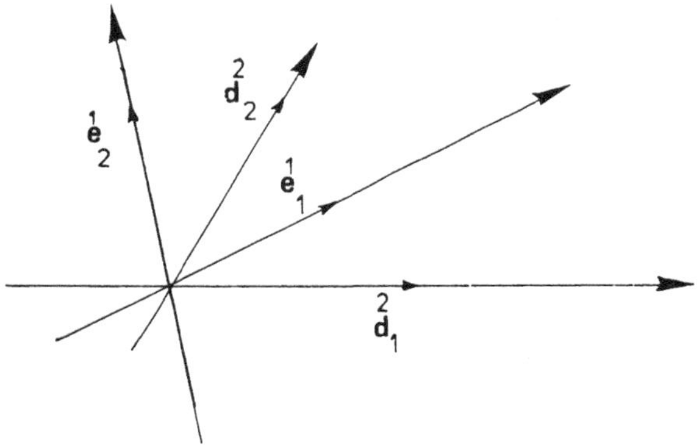

Abb. 10

Ersetzen wir in (40) $\overset{1}{\mathbf{e}}_1$ nach (42) und $\overset{1}{\mathbf{e}}_2$ nach (43), so erhalten wir für den durch $\overset{1}{\mathbf{x}}$ dargestellten Pfeil P

$$(44) \qquad \begin{aligned} \overset{2}{\mathbf{x}} &= x_1(d_{11}\overset{2}{\mathbf{d}}_1 + d_{12}\overset{2}{\mathbf{d}}_2) + x_2(d_{21}\overset{2}{\mathbf{d}}_1 + d_{22}\overset{2}{\mathbf{d}}_2) = \\ &= (x_1 d_{11} + x_2 d_{21})\overset{2}{\mathbf{d}}_1 + (x_1 d_{12} + x_2 d_{22})\overset{2}{\mathbf{d}}_2 \end{aligned}$$

Wenn also der Pfeil P im ersten Koordinatenkreuz durch den Vektor $\overset{1}{\mathbf{x}}$ und im zweiten durch den Vektor $\overset{2}{\mathbf{y}}$ erfaßt wird, so folgt aus (41) und (44) wegen der Eindeutigkeit der Darstellung für die Koordinaten

$$\begin{aligned} y_1 &= d_{11}x_1 + d_{21}x_2 \\ y_2 &= d_{12}x_1 + d_{22}x_2 \end{aligned}$$

Mit Hilfe der Matrix

$$\mathbf{D} = \begin{pmatrix} d_{11} & d_{12} \\ d_{21} & d_{22} \end{pmatrix}$$

schreiben sich diese Gleichungen in der Form

$$(45) \qquad \mathbf{y} = \mathbf{D}'\mathbf{x}$$

Man beachte, daß die Vektoren $\mathbf{y}$ und $\mathbf{x}$ jetzt keine Punkte veranschaulichen, sondern die Koordinaten desselben Punktes in zwei verschiedenen Koordinatenkreuzen **rein zahlenmäßig** angeben. In Gleichung (45) haben wir die Transformation der Koordinaten des Vektors von einem festen Punkt P beim Übergang vom ersten zum zweiten Koordinatenkreuz gefunden. Dabei hatten die Kreuze aber einen gemeinsamen Nullpunkt. Wir betrachten nun den allgemeinen Fall, bei dem der Nullpunkt nicht gemeinsam ist.

Dabei beschränken wir uns auf den Fall, daß das zweite Koordinatenkreuz aus dem ersten durch eine Verschiebung (Translation) entstanden ist. Siehe Abbildung 11.

Dabei bedeutet eine Translation, daß die Richtungen der Achsen gleichbleiben und nur der Nullpunkt verlegt wird.

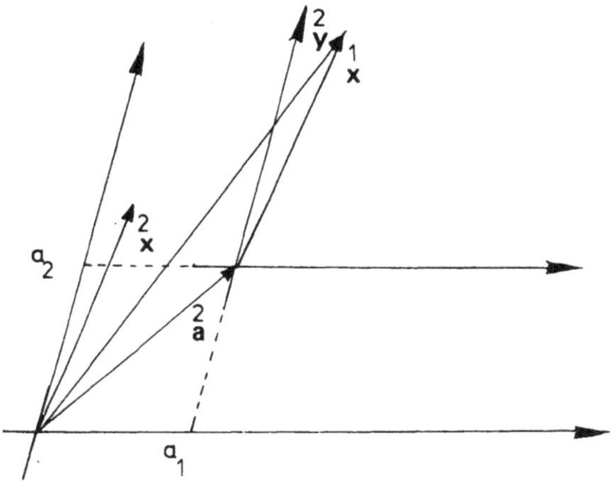

Abb. 11

Der Nullpunkt des ersten Koordinatenkreuzes habe im zweiten die Darstellung

(46) $\overset{2}{\mathbf{a}}{}' = (a_1, a_2)$

Verschieben wir nun den dem Vektor $\overset{1}{\mathbf{x}}$ entsprechenden Pfeil in den Nullpunkt des zweiten Koordinatenkreuzes, so ergibt sich, daß der neue Pfeil im zweiten Koordinatenkreuz (weil nur eine Translation vorliegt) dieselbe Darstellung hat wie der alte im ersten Koordinatenkreuz, nämlich $\overset{2}{\mathbf{x}}{}' = (x_1, x_2)$. Daraus folgt aber

$$\overset{2}{\mathbf{y}} = \overset{2}{\mathbf{x}} + \overset{2}{\mathbf{a}}$$

bzw. komponentenweise

(47) $$\begin{aligned} y_1 &= x_1 + a_1 \\ y_2 &= x_2 + a_2 \end{aligned}$$

Man beachte (siehe Abbildung 11), daß $\overset{1}{\mathbf{x}} \neq \overset{2}{\mathbf{x}}$, obwohl die entsprechenden Vektoren komponentenweise gleich sind!

Für (47) schreiben wir

(48) $\mathbf{y} = \mathbf{x} + \mathbf{a}$,

wobei diese Gleichung die Koordinatentransformation beim Übergang vom ersten zum zweiten Koordinatenkreuz erfaßt.

Nun liege der allgemeine Fall vor, mit Koordinatenkreuzen, die weder den Nullpunkt gemeinsam haben noch durch Verschiebung auseinander hervorgehen.

Den Übergang vom Koordinatenkreuz 1 zum Koordinatenkreuz 2 zerlegen wir in zwei Übergänge, indem wir ein drittes Koordinatenkreuz konstruieren, so daß der Übergang vom Koordinatenkreuz 1 zum Koordinatenkreuz 3 eine Translation in den Nullpunkt von Koordinatenkreuz 2 darstellt und damit Koordinatenkreuz 2 und 3 einen gemeinsamen Nullpunkt haben. Bezeichnen wir den Koordinatenvektor des Punktes P im Koordinatenkreuz 3 mit $\mathbf{z}$, so ergibt sich durch Translation gemäß (48)

$$\mathbf{z} = \mathbf{x} + \mathbf{a}$$

und aus (45)

$$\mathbf{y} = \mathbf{D}'\mathbf{z}$$

d. h. insgesamt

$$\mathbf{y} = \mathbf{D}'\mathbf{x} + \mathbf{b} \tag{49}$$

mit

$$\mathbf{b} = \mathbf{D}'\mathbf{a}$$

Daraus ergibt sich, daß sich die Koordinaten eines Punktes, der im ersten Koordinatenkreuz im Vektor $\overset{1}{\mathbf{x}}' = (x_1, x_2)$ und im zweiten im Vektor $\overset{2}{\mathbf{y}}' = (y_1, y_2)$ erfaßt wird, gemäß (49) transformieren.

Wir übertragen diese Sprechweise auf den $\mathbb{R}^2$ und sagen, daß sich die Vektoren beim Wechsel eines Koordinatenkreuzes gemäß (49) transformieren.

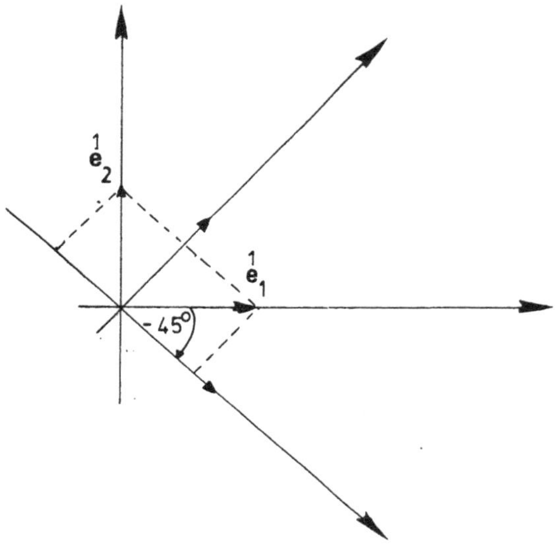

Abb. 12

Beispiel:

Wir gehen aus von einem rechtwinkligen Koordinatenkreuz in der Ebene und betrachten ein zweites, das aus dem ersten durch Drehung im Nullpunkt um $-45°$ entstanden ist. Siehe Abbildung 12.

Da der Punkt, dem der Vektor $\overset{1}{\mathbf{e}}_1$ entspricht vom Nullpunkt den Abstand 1 hat und im zweiten Koordinatenkreuz auf der Winkelhalbierenden liegt, ergibt sich

$$\overset{1}{\mathbf{e}}_1 = \frac{1}{\sqrt{2}}\overset{2}{\mathbf{d}}_1 + \frac{1}{\sqrt{2}}\overset{2}{\mathbf{d}}_2$$

Analog erhalten wir

$$\overset{1}{\mathbf{e}}_2 = \frac{-1}{\sqrt{2}}\overset{2}{\mathbf{d}}_1 + \frac{1}{\sqrt{2}}\overset{2}{\mathbf{d}}_2$$

Daraus folgt dann

$$\mathbf{y} = \mathbf{D}'\mathbf{x} = \begin{bmatrix} \frac{1}{\sqrt{2}} & \frac{-1}{\sqrt{2}} \\ \frac{1}{\sqrt{2}} & \frac{1}{\sqrt{2}} \end{bmatrix} \mathbf{x}$$

Entspricht also dem Punkt P im ersten Koordinatenkreuz der Vektor

$$\mathbf{x}' = (1, 1),$$

so entspricht ihm im zweiten der Vektor

$$\mathbf{y} = \begin{bmatrix} \frac{1}{\sqrt{2}} & \frac{-1}{\sqrt{2}} \\ \frac{1}{\sqrt{2}} & \frac{1}{\sqrt{2}} \end{bmatrix} \begin{pmatrix} 1 \\ 1 \end{pmatrix} = \begin{pmatrix} 0 \\ \sqrt{2} \end{pmatrix}$$

Die obigen Überlegungen können direkt auf den dreidimensionalen Raum übertragen werden, und es resultieren dann die folgenden Transformationsformeln

(50) $\mathbf{y} = \mathbf{A}\mathbf{x} + \mathbf{b}$

Dabei ist $\mathbf{A}$ eine (3, 3)-Matrix und $\mathbf{b} \in \mathbb{R}^3$.

Entsprechend übertragen wir die Sprechweise auf den $\mathbb{R}^3$ und sagen, daß sich Vektoren beim Wechsel eines Koordinatenkreuzes gemäß (50) transformieren.

Schließlich verallgemeinern wir den Sachverhalt vom $\mathbb{R}^2$ und $\mathbb{R}^3$ auf den $\mathbb{R}^n$.

Dabei ist $\mathbf{A}$ eine (n, n)-Matrix, $\mathbf{b} \in \mathbb{R}^n$ und es gilt

(51) $\quad \mathbf{y} = \mathbf{A}\mathbf{x} + \mathbf{b}$

Wir sagen dafür, daß sich der Vektor $\mathbf{x}$ beim Wechsel des Koordinatenkreuzes gemäß (51) in den Vektor $\mathbf{y}$ transformiert.

7.5. Lineare Transformationen

Durch (51) wird eine Vorschrift festgelegt, nach der jedem $\mathbf{x} \in \mathbb{R}^n$ eindeutig ein $\mathbf{y} \in \mathbb{R}^n$ zugeordnet ist. Wir können (51) noch dahingehend verallgemeinern, daß $\mathbf{A}$ eine (n, m)-Matrix ist und $\mathbf{b} \in \mathbb{R}^n$. Dann wird durch

(52), $\quad \mathbf{y} = \mathbf{A}\mathbf{x} + \mathbf{b}$

eine Vorschrift festgelegt, nach der jedem $\mathbf{x} \in \mathbb{R}^m$ eindeutig ein $\mathbf{y} \in \mathbb{R}^n$ zugeordnet ist.

Wir sprechen allgemein von einer **Transformation** T oder **Abbildung** vom $\mathbb{R}^m$ in den $\mathbb{R}^n$, wenn T eine Vorschrift angibt, nach der jedem $\mathbf{x} \in \mathbb{R}^m$ ein $\mathbf{y} = T(\mathbf{x}) \in \mathbb{R}^n$ zugeordnet wird. Dabei heißt $\mathbf{y}$ das **Bild** von $\mathbf{x}$ und $\mathbf{x}$ das **Urbild** von $\mathbf{y}$ unter T. Solche Transformationen treten bei geometrischen Überlegungen öfters auf. Als Beispiel wählen wir eine Spiegelung in der Ebene und zwar an der Winkelhalbierenden W. Ein beliebiger Punkt P wird an der Winkelhalbierenden gespiegelt und geht über in den Punkt P*. Siehe Abbildung 13.

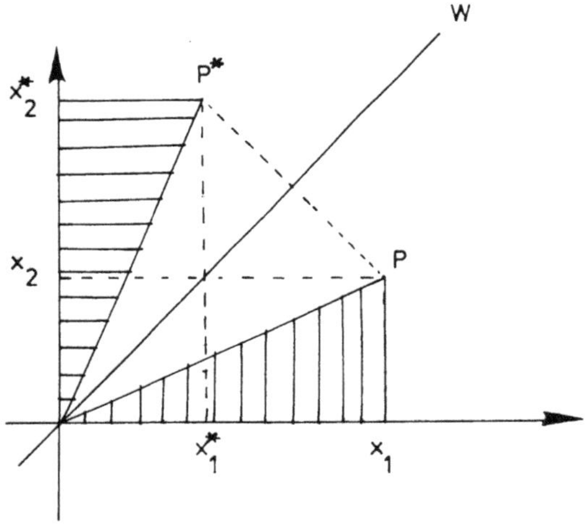

Abb. 13

Durch die Spiegelung wird der Koordinatenvektor $\mathbf{x}$, der dem Punkt P entspricht, transformiert in den Vektor $\mathbf{x}^*$, der dem Punkt P* entspricht.

Wir wollen nun diese Transformation genauer beschreiben. Aus der Spiegelung folgt, daß die in Abbildung 13 schraffierten Bereiche deckungsgleich sind, d.h. es gilt

$$x_1^* = x_2$$
$$x_2^* = x_1$$

Diese Transformation schreibt sich daher in Matrixform folgendermaßen

(53) $\mathbf{x}^* = \mathbf{A}\,\mathbf{x}$

mit

$$\mathbf{A} = \begin{pmatrix} 0 & 1 \\ 1 & 0 \end{pmatrix}$$

Gleichung (53) beschreibt also eine Abbildung vom $\mathbb{R}^2$ in den $\mathbb{R}^2$.

Weiter betrachten wir eine Projektion vom dreidimensionalen Raum in eine Ebene E.

Wir legen nun ein Koordinatenkreuz so, daß die beiden ersten Achsen in diese Ebene fallen und bezeichnen mit $\mathbf{x}$ den Vektor eines Punktes P und mit $\mathbf{x}^*$ den Vektor der Projektion von P in die Ebene E. Es gilt dann

$$x_1^* = x_1, \quad x_2^* = x_2 \quad \text{und} \quad x_3^* = 0.$$

Diese Transformation schreibt sich in Matrixform folgendermaßen

(54) $\mathbf{x}^* = \mathbf{A}\,\mathbf{x}$

mit

$$\mathbf{A} = \begin{pmatrix} 1 & 0 & 0 \\ 0 & 1 & 0 \\ 0 & 0 & 0 \end{pmatrix}$$

Gleichung (54) beschreibt also eine Abbildung vom $\mathbb{R}^3$ in den $\mathbb{R}^3$.

Für die Lineare Algebra ist die folgende Klasse von Abbildungen besonders wichtig.

Definition 1:

Eine Abbildung T heißt **linear**, wenn die beiden folgenden Beziehungen gelten

$$T(\mathbf{x}_1 + \mathbf{x}_2) = T(\mathbf{x}_1) + T(\mathbf{x}_2) \quad \text{für alle } \mathbf{x}_1 \text{ und } \mathbf{x}_2$$

und

$$T(\alpha\mathbf{x}) = \alpha T(\mathbf{x}) \quad \text{für alle } \mathbf{x}.$$

△

Für eine lineare Abbildung T ergibt sich:

$$T(\alpha_1 \mathbf{x}_1 + \alpha_2 \mathbf{x}_2) = T(\alpha_1 \mathbf{x}_1) + T(\alpha_2 \mathbf{x}_2) = \alpha_1 T(\mathbf{x}_1) + \alpha_2 T(\mathbf{x}_2)$$

für alle $\mathbf{x}_1$ und $\mathbf{x}_2$.

Man prüft leicht nach, daß die durch (52) festgelegte Abbildung linear ist, wenn der Vektor **b** verschwindet. Jede lineare Abbildung T vom $\mathbb{R}^m$ in den $\mathbb{R}^n$ läßt sich andererseits aber auch in der Form

$$\mathbf{y} = \mathbf{A}\mathbf{x}$$

darstellen. Dies überlegen wir uns genauer.
Durch die Basisvektoren $\mathbf{e}_i$ läßt sich jeder Vektor $\mathbf{x} \in \mathbb{R}^m$ schreiben in der Form

$$\mathbf{x} = \sum_{i=1}^{m} x_i \mathbf{e}_i .$$

Daraus folgt wegen der Linearität von T

$$(55) \qquad T(\mathbf{x}) = \sum_{i=1}^{m} x_i T(\mathbf{e}_i)$$

Gleichung (55) können wir auch in Matrixform schreiben, wenn wir eine Matrix **A** definieren mit dem i-ten Spaltenvektor $T(\mathbf{e}_i)$

$$\mathbf{A} = (T(\mathbf{e}_1), T(\mathbf{e}_2), \ldots, T(\mathbf{e}_m))$$

Es folgt dann aus (55)

$$T(\mathbf{x}) = \mathbf{A}\mathbf{x}$$

Beispiele für lineare Transformationen sind die Spiegelung und die Projektion, die wir oben betrachtet haben. Nun ein Beispiel für eine nichtlineare Transformation vom $\mathbb{R}^3$ in den $\mathbb{R}^2$.
Dem Vektor $\mathbf{x} \in \mathbb{R}^3$ werde zugeordnet der Abstand y_1 vom Nullpunkt und y_2 die Summe der Koordinaten, d. h.

$$y_1 = \sqrt{x_1^2 + x_2^2 + x_3^2} \quad \text{und} \quad y_2 = x_1 + x_2 + x_3$$

Definition 2:

Eine Abbildung heißt **eineindeutig**, wenn zwei verschiedenen **x** auch verschiedene **y** entsprechen, wenn also aus $\mathbf{x}_1 \neq \mathbf{x}_2$ folgt

$$T(\mathbf{x}_1) \neq T(\mathbf{x}_2) .$$

Das heißt, daß jedem Bild genau ein Urbild entspricht.

△

Beispiele:

Die folgende Abbildung vom $\mathbb{R}^3$ in den $\mathbb{R}^1$, die dem Vektor $\mathbf{x} = (x_1, x_2, x_3)$ zuordnet die Zahl

$$w = p_1 x_1 + p_2 x_2 + p_3 x_3,$$

ist nicht eineindeutig, da verschiedenen Vektoren $\mathbf{x}$ durchaus derselbe Wert w zugeordnet werden kann.

Die Abbildung die jedem $x \in \mathbb{R}^1$ den Absolutbetrag $|x|$ zuordnet ist auch nicht eineindeutig, da z. B. $|-1| = |1|$, also den beiden verschiedenen Urbildern 1 und -1 ein Bild entspricht.

Wir überlegen uns, daß eine lineare Transformation vom $\mathbb{R}^n$ in den $\mathbb{R}^n$ nur dann eineindeutig ist, wenn die entsprechende Matrix $\mathbf{A}$ regulär ist.

Ist $\mathbf{A}$ regulär, so hat nach der Theorie der linearen Gleichungssysteme die Gleichung

$$\mathbf{A}\mathbf{x} = \mathbf{y}$$

bei gegebenem $\mathbf{y}$ nur eine Lösung, und daher entspricht jedem Bild genau ein Urbild.

Aus dem Bild $\mathbf{y}$ ergibt sich dann das entsprechende Urbild eindeutig zu

$$\mathbf{x} = \mathbf{A}^{-1}\mathbf{y}$$

Definition 3:

Die Menge der Bilder einer Abbildung ergibt den **Bildbereich** und die Menge der Urbilder den **Urbildbereich**.

△

Bei einer linearen Abbildung ist der Bildbereich ein linearer Unterraum. Sind nämlich $\mathbf{y}_1$ und $\mathbf{y}_2$ Bilder der linearen Abbildung, die durch die Matrix $\mathbf{A}$ vermittelt wird, so gibt es geeignete $\mathbf{x}_1$ und $\mathbf{x}_2$, so daß

$$\mathbf{A}\mathbf{x}_1 = \mathbf{y}_1 \quad \text{und} \quad \mathbf{A}\mathbf{x}_2 = \mathbf{y}_2$$

Daraus folgt

$$\alpha_1 \mathbf{y}_1 + \alpha_2 \mathbf{y}_2 = \alpha_1 \mathbf{A}\mathbf{x}_1 + \alpha_2 \mathbf{A}\mathbf{x}_2 = \mathbf{A}(\alpha_1 \mathbf{x}_1 + \alpha_2 \mathbf{x}_2),$$

d. h. jede Linearkombination zweier Bilder ist wieder ein Bild.

Für eine Linearkombination von endlich vielen Bildern gilt dies analog, und damit ist der Bildbereich ein linearer Unterraum. Wir sprechen daher auch vom **Bildraum** und bezeichnen ihn mit $\mathfrak{B}(\mathbf{A})$.

Definition 4:

Die Menge der Vektoren, die durch eine lineare Abbildung, vermittelt durch die Matrix **A**, zum Nullvektor werden, heißt der **Kern** von **A**. Symbolisch schreiben wir dafür $\mathfrak{K}(\mathbf{A})$.

△

Beispiel:

Betrachtet wird die lineare Abbildung vermittelt durch

$$\mathbf{A} = \begin{pmatrix} 1 & 2 \\ 1 & 2 \end{pmatrix}$$

Aus

$$\mathbf{A}\mathbf{x} = \begin{pmatrix} x_1 + 2x_2 \\ x_1 + 2x_2 \end{pmatrix}$$

ergibt sich, daß $\mathfrak{B}(\mathbf{A})$ gleich ist der Winkelhalbierenden, also der Menge aller $\mathbf{y}$ mit $y_1 = y_2$.
Weiter ergibt sich $\mathbf{A}\mathbf{x} = \mathbf{0}$ für alle $\mathbf{x}$ mit $x_1 = -2x_2$. Das heißt $\mathfrak{K}(\mathbf{A})$ ist gleich der Geraden mit der Koordinatendarstellung $x_1 = -2x_2$. Also sind $\mathfrak{B}(\mathbf{A})$ und $\mathfrak{K}(\mathbf{A})$ eindimensionale Unterrräume.
Es gilt nun der folgende

Satz 1:

Sei **A** eine (n, m)-Matrix, dann ergibt sich

(56) $\quad m = \dim \mathfrak{B}(\mathbf{A}) + \dim \mathfrak{K}(\mathbf{A})$

Beweis:

Aus der Theorie der linearen Gleichungen wissen wir, daß die Lösungsmenge des Systems

$$\mathbf{A}\mathbf{x} = \mathbf{0}$$

einen linearen Unterraum der Dimension m-Rang (**A**) darstellt. Daher ist der Kern von **A** ein linearer Unterraum der Dimension m-Rang (**A**). Andererseits ist $\mathfrak{B}(\mathbf{A})$ die Menge der Linearkombinationen der Spaltenvektoren von **A**. Daraus folgt, daß die Dimension von $\mathfrak{B}(\mathbf{A})$ gleich ist dem Rang von **A**. Damit folgt (56).

△

Definition 5:

Ein linearer Unterraum U heißt **invariant** bzgl. **A**, wenn folgendes gilt: für jedes $\mathbf{x} \in U$ folgt $\mathbf{A}\mathbf{x} \in U$ und zu jedem $\mathbf{x} \in U$ gibt es ein $\mathbf{y} \in U$ mit $\mathbf{A}\mathbf{y} = \mathbf{x}$.

△

Für einen linearen Unterraum, der invariant bzgl. **A** ist, gilt also: das Bild eines jeden $\mathbf{x} \in U$ ist wieder in **U**, und jedes $\mathbf{x} \in U$ hat ein Urbild in U. Dafür schreiben wir auch

$$\mathbf{A}\,U = U$$

Beispiel:

Es sei die folgende lineare Transformation gegeben.

$$\mathbf{A} = \begin{pmatrix} 4 & 2 \\ 3 & 5 \end{pmatrix}$$

Die Vielfachen des Vektors $\mathbf{x}' = (1, -1)$ bilden einen linearen Unterraum U. Aus

$$\mathbf{A}\,\mathbf{x} = 2\,\mathbf{x}$$

folgt, daß U bzgl. **A** invariant ist. **A** ordnet jedem $\mathbf{x} \in U$ das Zweifache zu.

Wir beweisen nun den

Satz 2:

Sei **A** eine (n, n)-Matrix.

Wenn der Bildraum von **A** bzgl. **A** invariant ist, so läßt sich jeder Vektor $\mathbf{x} \in \mathbb{R}^n$ eindeutig in folgender Form darstellen

$$\mathbf{x} = \mathbf{y} + \mathbf{z}$$

mit $\mathbf{y} \in \mathfrak{B}(\mathbf{A})$ und $\mathbf{z} \in \mathfrak{K}(\mathbf{A})$.

Beweis:

Es sei $\mathbf{x} \in \mathbb{R}^n$. Dann ist $\mathbf{w} = \mathbf{A}\,\mathbf{x} \in \mathfrak{B}(\mathbf{A})$. Annahmegemäß gibt es zu **w** ein $\mathbf{y} \in \mathfrak{B}(\mathbf{A})$ mit

$$\mathbf{w} = \mathbf{A}\,\mathbf{x} = \mathbf{A}\,\mathbf{y}$$

Daraus folgt

$$\mathbf{A}\,(\mathbf{x} - \mathbf{y}) = \mathbf{0}$$

d. h. $\mathbf{z} = \mathbf{x} - \mathbf{y} \in \mathfrak{K}(\mathbf{A})$.

Dann ergibt die Identität

$$\mathbf{x} = \mathbf{y} + \mathbf{z}$$

gerade die gewünschte Darstellung.

△

Beispiel:

Gegeben sei die lineare Transformation vermittelt durch die Matrix

$$\mathbf{A} = \begin{pmatrix} 1 & -1 \\ -1 & 1 \end{pmatrix}$$

Dann ergibt sich für $\mathbf{y} = \mathbf{A}\,\mathbf{x}$

$$y_1 = x_1 - x_2 \quad \text{und} \quad y_2 = -x_1 + x_2.$$

Also besteht der Bildraum von **A** aus allen Vektoren **y** mit $y_2 = -y_1$.
Der Bildraum ist invariant bzgl. **A**, da

$$\mathbf{A}\,\mathbf{y} = 2\mathbf{y}$$

Jeder Vektor **x** ist darstellbar in der Form

$$\mathbf{x} = \begin{pmatrix} \frac{x_1 - x_2}{2} \\ \frac{x_2 - x_1}{2} \end{pmatrix} + \begin{pmatrix} \frac{x_1 + x_2}{2} \\ \frac{x_1 + x_2}{2} \end{pmatrix},$$

wobei der erste Summand zum Bildraum und der zweite zum Kern gehört.

7.6. Zusammenfassung

In diesem Kapitel wurden die Grundbegriffe der analytischen Geometrie eingeführt.

Ausgangspunkt war der zweidimensionale Raum, nämlich die Ebene. Dabei wurden mit Hilfe der Vektoren die gebräuchlichen Geradendarstellungen behandelt und die Schnittmenge zweier Geraden bestimmt. Es stellte sich heraus, daß der $\mathbb{R}^2$ ein adäquates mathematisches Modell der Ebene ist, mit dessen Hilfe man Gerade und die Schnittmenge analytisch einfach darstellen kann. Die Sprechweise bei Sachverhalten in der Ebene wurde auf die entsprechenden mathematischen Sachverhalte im $\mathbb{R}^2$ übertragen.

Analoge Überlegungen wurden dann im dreidimensionalen Raum durchgeführt. Dabei wurden neben den Geraden auch Ebenen behandelt. Dafür ist der $\mathbb{R}^3$ das adäquate mathematische Modell. Auch hier wurde die Sprechweise von Sachverhalten im dreidimensionalen Raum auf die entsprechenden mathematischen Sachverhalte übertragen.

Durch Verallgemeinerung von analytischen Sachverhalten im $\mathbb{R}^2$ und $\mathbb{R}^3$ wurden die Anfangsgründe einer Geometrie im $\mathbb{R}^n$ $(n > 3)$ behandelt.

Dann wurde untersucht, wie sich die Koordinaten eines Punktes beim Wechsel eines Koordinatensystems transformieren.

Und schließlich wurden lineare Transformationen im $\mathbb{R}^n$ besprochen.

Übungen und Aufgaben zu Kapitel 7 (Grundelemente der Geometrie)

Abschnitt 7.1. (Geometrie in der Ebene)

1. Man bestimme in der Ebene die Parameterdarstellung der Geraden, die durch die beiden Punkte (1, 1) und (1,2) geht.
2. Man bestimme die Menge der gemeinsamen Punkte der beiden Gearden, die durch die Punkte

   (1, 1) und (1,2)

   bzw.

   (1,0) und (0, 1)

   gehen.
3. Man bestimme die Gerade, welche durch den Nullpunkt geht und die senkrecht zu der Geraden steht, welche durch die beiden Punkte (1,0) und (0, 1) geht.

Abschnitt 7.2. (Geometrie im dreidimensionalen Raum)

1. Man bestimme die Gerade, die durch die beiden Punkte (1, 1, 1) und (1, 1,0) geht.
2. Man bestimme die Ebene E mit dem Abstand 1 vom Nullpunkt, die senkrecht auf der Geraden steht, die durch den Nullpunkt und durch (1, 1, 1) geht.
3. Man bestimme den Schnittpunkt der Geraden und der Ebene in Übung 2.

Abschnitt 7.3. (Geometrie im $\mathbb{R}^n$, $n > 3$)

1. Man bestimme im $\mathbb{R}^4$ den Winkel zwischen je zwei der Vektoren

   $$\mathbf{e}'_1 = (1,0,0,0),\ \mathbf{e}'_2 = (0,1,0,0),\ \mathbf{e}'_3 = (0,0,1,0) \text{ und } \mathbf{e}'_4 = (0,0,0,1).$$

2. Man bestimme die Länge der beiden Vektoren

   $$\mathbf{a} = (1,2,2,3) \quad \text{und} \quad \mathbf{b} = (2,1,0,3).$$
3. Welche Menge von Punkten haben die drei folgenden Ebenen im $\mathbb{R}^4$ gemeinsam

   $$x_1 + x_2 + x_3 + x_4 = 1$$
   $$x_1 - x_2 = 0$$
   $$x_1 + x_2 = 1\,.$$

Abschnitt 7.4. (Koordinatentransformationen)

1. Wie transformieren sich in der Ebene die Koordinaten eines Punktes, wenn wir zuerst das Koordinatenkreuz so verschieben, daß der Nullpunkt im ursprünglichen Punkt (1, 1) liegt und dann das Koordinatenkreuz um 90° im Uhrzeigersinn drehen?

Abschnitt 7.5. (Lineare Transformationen)

1. Man betrachte in der Ebene eine Spiegelung an der Ordinate. Wie lautet die entsprechende lineare Transformation?
2. Man betrachte in der Ebene eine Projektion in Richtung der Ordinate auf die Winkelhalbierende. Wie lautet die entsprechende lineare Transformation?
3. Welche der folgenden Transformationen in der Ebene ist linear?

$$y_1 = x_1 + 5, \; y_2 = x_2 + x_1$$
$$y_1 = x_1^2, \qquad y_2 = x_1$$
$$y_1 = \log x_2, \; y_2 = x_1.$$

4. Wie transformieren sich die drei Ecken des Dreiecks

$$\mathbf{x}_1 = (1,0), \; \mathbf{x}_2 = (0,1) \text{ und } \mathbf{x}_3 = (0,0)$$

durch eine lineare Transformation gegeben durch die Matrix

$$\mathbf{A} = \begin{pmatrix} 1 & 2 \\ 2 & 3 \end{pmatrix}.$$

Teil III

Weiterführender Kurs

Kapitel 8: Das Eigenwertproblem

Die Eigenwerttheorie hat in der ökonomischen Theorie ihre große Bedeutung aufgrund der Tatsache, daß damit bei Differential- und Differenzengleichungssystemen sowohl die Lösungen sehr einfach angegeben als auch Stabilitätsüberlegungen sehr einfach durchgeführt werden können. Es gibt natürlich eine Fülle von ökonomischen Problemen, die zu Differenzen- bzw. Differentialgleichungen führen.

Ausgehend von einem ökonomischen Problem ergeben sich bei diskreter Betrachtungsweise Differenzengleichungen und bei kontinuierlicher Betrachtungsweise Differentialgleichungen.

Um den Sachverhalt zu erläutern, wählen wir zuerst als Beispiel ein Modell der Bevölkerungsentwicklung.

Wir nehmen an, daß sich die Bevölkerung proportional zum Bestand entwickelt, d. h. der Saldo aus Geburten und Sterbefällen ist proportional zum Bestand.

Zum Zeitpunkt 0 sei ein Anfangswert B_0 vorgegeben.

Bei diskreter Betrachtungsweise bezeichnen wir den Bestand zum Zeitpunkt m ($m = 0, 1, 2, \ldots$) mit B_m.

Es ergibt sich dann annahmegemäß

$$B_{m+1} - B_m = \alpha_d B_m$$

bzw.

$$B_{m+1} = (1 + \alpha_d) B_m$$

Dabei ist α_d die Wachstumsrate z. B. Geburtsrate–Sterberate.

Daraus ergibt sich rekursiv $B_1 = (1 + \alpha_d) B_0$, $B_2 = (1 + \alpha_d) B_1 = (1 + \alpha_d)^2 B_0$ und allgemein

$$(1) \qquad B_m = (1 + \alpha_d)^m B_0$$

Für $\alpha_d > 0$ wächst also die Bevölkerung exponentiell, für $\alpha_d < 0$ nimmt die Bevölkerung exponentiell ab und für $\alpha_d = 0$ bleibt sie konstant.

Bei kontinuierlicher Betrachtungsweise bezeichnen wir den Bestand zum Zeitpunkt t mit B(t), wobei t eine reelle Zahl größer gleich Null sei.

Es wird dann angenommen, daß die infinitesimale Änderung proportional zum momentanen Bestand erfolgt, d. h.

$$(2) \qquad \frac{dB(t)}{dt} = \alpha_i B(t)$$

Mit dem Anfangswert $B(0) = B_0$ ergibt sich bekanntlich als Lösung dieser Differentialgleichung

(3) $B(t) = e^{\alpha_i t} B_0$

Beide Lösungen sind identisch, wenn wir $(1 + \alpha_d) = e^{\alpha_i}$ setzen. Daher kommt es nicht so sehr auf die Betrachtungsweise an. Die diskrete Betrachtungsweise, die in der Ökonometrie vorherrscht, berücksichtigt die Tatsache, daß Daten oft nur in diskreter Folge anfallen. Andererseits sind Differentialgleichungen technisch besser zu lösen. In der Ökonomie liegen üblicherweise Systeme und nicht Einzelgleichungen vor. Durch Verallgemeinerung des obigen Sachverhalts erhalten wir ein solches System. Dabei verwenden wir im folgenden nur die diskrete Betrachtungsweise. Bezeichnen wir mit M_m bzw. F_m den Bestand an Männern bzw. Frauen zum Zeitpunkt m, so unterstellen wir, daß vom Zeitpunkt m bis zum Zeitpunkt m + 1 insgesamt $\alpha_1 F_m$ Knaben und $\alpha_2 F_m$ Mädchen geboren werden: Weiter sei β_1 die Sterberate der Männer und β_2 die Sterberate der Frauen. Damit ergibt sich

(4) $$\begin{aligned} M_{m+1} - M_m &= \alpha_1 F_m - \beta_1 M_m \\ F_{m+1} - F_m &= \alpha_2 F_m - \beta_2 F_m \end{aligned}$$

Führen wir die folgenden Abkürzungen ein

$$\mathbf{b}_m = \begin{pmatrix} M_m \\ F_m \end{pmatrix} \qquad \mathbf{A} = \begin{pmatrix} 1 - \beta_1, & \alpha_1 \\ 0, & 1 + \alpha_2 - \beta_2 \end{pmatrix},$$

so schreibt sich (4) folgendermaßen

$$\mathbf{b}_{m+1} = \mathbf{A}\,\mathbf{b}_m$$

Als Lösung dieser Gleichung erhalten wir wieder rekursiv

(5) $$\mathbf{b}_m = \mathbf{A}^m \mathbf{b}_0 .$$

Wir lösen uns nun von dem konkreten Beispiel und betrachten in Verallgemeinerung von (5) die Gleichung

$$\mathbf{b}_m = \mathbf{A}^m \mathbf{b}_0 ,$$

wobei **A** eine (n, n)-Matrix ist.

Aus (1) ergab sich das asymptotische Verhalten der Lösung, d. h. das Verhalten der Lösung für großes m, direkt: für $\alpha_d > 0$ explodiert der Bestand, für $\alpha_d = 0$ bleibt er konstant und für $\alpha_d < 0$ geht er gegen Null. Aus (4) können wir nicht so einfach bei gegebenem **A** das asymptotische Verhalten von $\mathbf{b}_m$ diskutieren.

Dies liegt daran, daß die Multiplikation eines Vektors mit einer Matrix im allgemeinen nicht einer Skalarmultiplikation entspricht.

Wenn dies für den Vektor $\mathbf{b}_0$ und die Matrix **A** der Fall wäre, d. h. wenn gelten würde

(6) $$\mathbf{A}\mathbf{b}_0 = \lambda \mathbf{b}_0 \quad \text{mit } \lambda \in \mathbb{R},$$

so ergäbe sich aus (5) rekursiv

$$\mathbf{b}_1 = \lambda \mathbf{b}_0$$
$$\mathbf{b}_2 = \lambda \mathbf{b}_1 = \lambda^2 \mathbf{b}_0$$

und allgemein

$$\mathbf{b}_m = \lambda^m \mathbf{b}_0$$

Wenn wir $\mathbf{A} = \lambda \mathbf{I}_n$ wählen, so ist (6) für jedes $\mathbf{b}_0$ erfüllt.

Nun hängt das asymptotische Verhalten von $\mathbf{b}_m$ nur mehr davon ab, ob $|\lambda| > 1$, oder $|\lambda| < 1$ ist.

Es ist aber nicht zu erwarten, daß zu einer beliebigen Matrix **A** und einem beliebigen Anfangswert $\mathbf{b}_0$ Gleichung (6) erfüllt ist.

Die Diskussion der Lösung würde aber auch sehr einfach sein, wenn folgendes gelten würde: es gibt n linear unabhängige Vektoren $\mathbf{x}_1, \ldots, \mathbf{x}_n$ und reelle Zahlen $\lambda_1, \ldots, \lambda_n$, so daß

$$(7) \qquad \mathbf{A}\mathbf{x}_i = \lambda_i \mathbf{x}_i \quad \text{für} \quad 1 \leqq i \leqq n\,.$$

Wäre dies der Fall, so könnte man einen beliebigen Vektor $\mathbf{b}_0$ darstellen als Linearkombination der $\mathbf{x}_i$:

$$(8) \qquad \mathbf{b}_0 = \sum_{i=1}^{n} \alpha_i \mathbf{x}_i$$

Damit ergibt sich aus (5) rekursiv

$$\mathbf{b}_1 = \mathbf{A}\,\mathbf{b}_0 = \mathbf{A}\left(\sum_{i=1}^{n} \alpha_i \mathbf{x}_i\right) = \sum_{i=1}^{n} \alpha_i \mathbf{A}\,\mathbf{x}_i = \sum_{i=1}^{n} \alpha_i \lambda_i \mathbf{x}_i$$
$$\mathbf{b}_2 = \mathbf{A}\,\mathbf{b}_1 = \mathbf{A}\left(\sum_{i=1}^{n} \alpha_i \lambda_i \mathbf{x}_i\right) = \sum_{i=1}^{n} \alpha_i \lambda_i \mathbf{A}\,\mathbf{x}_i = \sum_{i=1}^{n} \alpha_i \lambda_i^2 \mathbf{x}_i$$

und allgemein

$$(9) \qquad \mathbf{b}_m = \sum_{i=1}^{n} \alpha_i \lambda_i^m \mathbf{x}_i\,.$$

Gemäß (9) hängt das asymptotische Verhalten der Lösung $\mathbf{b}_m$ nur mehr von den n Zahlen λ_i ab. Wenn z. B. alle λ_i größer Null und kleiner 1 sind, so wird $\mathbf{b}_m$ asymptotisch Null. Die Frage ist nun, ob es zu einer gegebenen Matrix **A** solche Vektoren $\mathbf{x}_i$ und reelle Zahlen λ_i gibt, und wie man sie berechnet. Mit diesen und ähnlichen Fragen beschäftigt sich die Eigenwerttheorie.

8.1. Grundbegriffe

Im folgenden entwickeln wir die Grundbegriffe der Eigenwerttheorie.

Definition 1:

Es sei **A** eine (n,n)-Matrix. Gesucht sind ein Vektor **x** und eine reelle Zahl λ, so daß

(1) $\mathbf{A}\mathbf{x} = \lambda\mathbf{x}$

Wenn es ein λ und ein **x** gibt, die die Gleichung (1) erfüllen, so bezeichnen wir λ als einen **Eigenwert** von **A** und **x** als den dazugehörenden **Eigenvektor**. Dabei schließen wir triviale Lösungen von (1) nämlich λ beliebig und $\mathbf{x} = \mathbf{0}$ aus.

△

Gleichung (1) schreiben wir nun in der Form

(2) $(\mathbf{A} - \lambda\mathbf{I}_n)\,\mathbf{x} = \mathbf{0}$

Wenn λ gegeben ist, so stellt (2) ein homogenes lineares Gleichungssystem in **x** dar. Aus der Theorie der linearen Gleichungssysteme ergibt sich, daß zu (2) nur dann eine nichttriviale Lösung existiert, wenn der Rang der Koeffizientenmatrix $(\mathbf{A} - \lambda\mathbf{I}_n)$ kleiner als n ist. Dies ist gleichbedeutend mit

(3) $\det(\mathbf{A} - \lambda\mathbf{I}_n) = 0\,.$

Wir können also nur dann aus (2) einen (nichttrivialen) Eigenvektor **x** erhalten, wenn der entsprechende Eigenwert λ Gleichung (3) erfüllt. Umgekehrt erhalten wir zu jedem λ, das Gleichung (3) erfüllt, durch Lösen des homogenen linearen Gleichungssystems (2) mindestens einen Eigenvektor **x**. Daher ist die folgende Vorgehensweise naheliegend: Zuerst bestimmen wir alle möglichen λ, die Gleichung (3) erfüllen. Dadurch erhalten wir alle möglichen Eigenwerte. Zu jedem möglichen Eigenwert λ lösen wir dann das homogene lineare Gleichungssystem (2), und wir erhalten zu einem Eigenwert alle möglichen Eigenvektoren **x**.

Gleichung (2) heißt die **charakteristische Gleichung**, die zur Matrix **A** gehört, und jede Lösung **charakteristische Wurzel**. Damit ist jede charakteristische Wurzel ein Eigenwert.

Nun hat die Matrix $\mathbf{A} - \lambda\mathbf{I}_n$ die Eigenschaft, daß in jeder Spalte genau ein Element linear von λ abhängt, während alle anderen Elemente nicht von λ abhängen.

Damit folgt durch Entwickeln nach den Zeilen, daß durch Zeile i der Faktor $(a_{ii} - \lambda)$ hinzukommt. Daher ist die charakteristische Gleichung ein Polynom vom Grade n, und wir sprechen auch vom **charakteristischen Polynom**:

$$P(\lambda) = \det(\mathbf{A} - \lambda\mathbf{I}_n)$$

Dazu bringen wir ein Beispiel. Zu der Matrix

$$\mathbf{A} = \begin{pmatrix} 1 & 1 & 1 \\ 1 & 2 & 3 \\ 0 & 1 & 2 \end{pmatrix}$$

berechnen wir das charakteristische Polynom $P(\lambda)$

$$P(\lambda) = \det(\mathbf{A} - \lambda \mathbf{I}_3) = \det\begin{pmatrix} 1-\lambda & 1 & 1 \\ 1 & 2-\lambda & 3 \\ 0 & 1 & 2-\lambda \end{pmatrix} =$$
$$= (1-\lambda)((2-\lambda)(2-\lambda)-3) - ((2-\lambda)-1) =$$
$$= -\lambda^3 + 5\lambda^2 - 4\lambda\,.$$

Unser Problem zerfällt nun in zwei Teile:

a) Bestimmen der Wurzeln des Polynoms $P(\lambda) = 0$.
   Damit erhalten wir alle Eigenwerte λ.

b) Zu jedem Eigenwert λ lösen wir dann das lineare homogene Gleichungssystem und erhalten zu jedem Eigenwert die entsprechenden Eigenvektoren.

Im Rahmen dieser Probleme ergeben sich die folgenden Fragen:

a) Wieviele Eigenwerte gibt es, und wie bestimmen wir sie?

b) Wieviele Eigenvektoren gibt es zu jedem Eigenwert, und wie bestimmen wir sie?

c) Wann gibt es n linear unabhängige Eigenvektoren?
   Man vergleiche hierzu das einführende Beispiel.

d) Wie kann man die Größenordnung der Eigenwerte abschätzen?
   Auch hierzu vergleiche man das einführende Beispiel.

Zuerst befassen wir uns mit dem ersten Problem.

Das charakteristische Polynom habe die Gestalt

(4) $$P(\lambda) = p_0\lambda^n + p_1\lambda^{n-1} + \ldots + p_n$$

Entwickeln wir $\det(\mathbf{A} - \lambda\mathbf{I}_n)$ nach den Zeilen, so resultiert eine Summe von Termen. Der Term, aus dem sich $p_0\lambda^n$ und $p_1\lambda^{n-1}$ ergibt, lautet:

$$(a_{11} - \lambda)(a_{22} - \lambda)\ldots(a_{nn} - \lambda)$$

Daraus folgt:

(5) $$p_0 = (-1)^n$$

(6) $$p_1 = (-1)^{n-1}\sum_{i=1}^{n} a_{ii}$$

Weiter ergibt sich

(7) $$p_n = P(0) = \det(\mathbf{A} - 0\mathbf{I}_n) = \det(\mathbf{A})$$

Für das obige Beispiel ergab sich das charakteristische Polynom

$$P(\lambda) = -\lambda^3 + 5\lambda^2 - 4\lambda = p_0\lambda^3 + p_1\lambda^2 + p_2\lambda + p_3$$

Es ist

$$p_0 = (-1)^3,\ p_1 = (-1)^2(a_{11} + a_{22} + a_{33}) = +5$$

und $p_3 = \det \mathbf{A} = 0$

Aus dem Fundamentalsatz der Algebra (siehe [8] Seite 231) folgt, daß jedes Polynom $P(\lambda)$ vom Grade n sich immer folgendermaßen als Produkt schreiben läßt:

$$(8) \qquad P(\lambda) = a(\lambda - \lambda_1)(\lambda - \lambda_2)\ldots(\lambda - \lambda_n)$$

Dabei können die λ_i allerdings auch komplexe Zahlen sein, und sie müssen nicht alle verschieden sein.

Aus (8) folgt direkt, daß P (λ) dann und nur dann Null wird, wenn λ gleich ist einem der λ_i. Das bedeutet, daß $P(\lambda)$ nur die Nullstellen λ_i $(1 \leqq i \leqq n)$ haben kann. Anstatt Nullstellen sagen wir auch Wurzeln.

Man beachte, daß durch Formel (8) nur eine Existenzaussage gemacht wird. Die Berechnung der λ_i erfolgt konkret über Verfahren zur Bestimmung der Wurzeln eines Polynoms.

Beispiele:

Für unser obiges Beispiel mit

$$P(\lambda) = -\lambda^3 + 5\lambda^2 - 4\lambda$$

erhalten wir speziell

$$P(\lambda) = -(\lambda - 1)(\lambda - 4)(\lambda)$$

Also ergibt sich

$$\lambda_1 = 1,\ \lambda_2 = 4 \ \text{ und } \ \lambda_3 = 0$$

Zu der Matrix

$$\mathbf{A} = \begin{pmatrix} 0 & 1 \\ -1 & 0 \end{pmatrix}$$

ergibt sich das charakteristische Polynom

$$P(\lambda) = \lambda^2 + 1 = 0$$

Dieses Polynom besitzt bekanntlich keine relle Wurzel.

Im folgenden werden wir immer so argumentieren, als ob alle Wurzeln reell wären, da wir nur mit reellen Zahlen rechnen wollen. Die Überlegungen gelten aber auch, wenn anstatt der reellen komplexe Wurzeln vorliegen würden.

Da von den n Zahlen λ_i nicht alle verschieden sein müssen, greifen wir nur die verschiedenen heraus. Es seien dies, insgesamt $k \leqq n$ und wir bezeichnen sie mit

$$\mu_1, \mu_2, \ldots, \mu_k .$$

Wenn μ_i unter den $\lambda_1, \lambda_2, \ldots, \lambda_n$ genau r_i mal vorkommt, so sagen wir die Wurzel μ_i hat die **Vielfachheit** r_i.

Ist die Vielfachheit gleich 1, so sagen wir auch, daß die Wurzel **einfach** ist.

Beachte, daß gelten muß

$$(9) \qquad \sum_{i=1}^{k} r_i = n$$

Übertragen auf das charakteristische Polynom bedeutet dies, daß es genau $k \leqq n$ verschieden Eigenwerte $\mu_1, \mu_2, \ldots, \mu_k$ gibt, und der Eigenwert μ_i hat die Vielfachheit r_i, wobei (9) gilt.

In unserem obigen Beispiel sind alle Wurzeln einfach, d. h.

$$\mu_1 = \lambda_1 = 1, \mu_2 = \lambda_2 = 4 \quad \text{und} \quad \mu_3 = \lambda_3 = 0 .$$

Zu jedem Eigenwert μ_i erhalten wir dann die dazugehörenden Eigenvektoren aus dem linearen homogenen System

$$(10) \qquad (\mathbf{A} - \mu_i \mathbf{I}_n)\,\mathbf{x} = \mathbf{0}$$

Aus dem Abschnitt (4.5) wissen wir, daß der Rang der Matrix $\mathbf{A} - \mu_i \mathbf{I}_n$ entscheidend ist für die Anzahl der Lösungen. Falls der Rang gleich ist $n - 1$, so bildet die Lösungsmenge von (10) einen linearen Unterraum der Dimension 1, d. h. die Lösungen $\mathbf{x}$ sind alle das Vielfache eines Vektors $\mathbf{x}_0$. Da es uns letztlich (man vergleiche dazu das einführende Beispiel) auf eine Basis im $\mathbb{R}^n$ bestehend aus Eigenvektoren ankommt, greifen wir unter allen Vielfachen von $\mathbf{x}_0$ einen Vektor heraus. Man erreicht dies, indem eine Normierung vorgeschrieben wird. Üblich ist die Normierung, daß $\mathbf{x}$ die Länge 1 haben soll. Wir erhalten also in diesem Fall zu μ_i genau einen Eigenwert $\mathbf{x}_i$ mit $|\mathbf{x}_i| = 1$.

Falls der Rang gleich $n - d_i$ mit $d_i > 1$ ist, so bildet die Lösungsmenge von (10) einen linearen Unterraum der Dimension d_i, d. h. die Lösungen $\mathbf{x}$ lassen sich darstellen als Linearkombinationen von d_i linear unabhängigen Vektoren. Wir bezeichnen die Lösungsmenge auch als **Eigenraum**, der zu μ_i gehört. Uns interessiert aber letztlich nur eine Basis des Eigenraums, wobei wir die Basisvektoren genau wie für $d_i = 1$ auch so normieren können, daß sie die Länge 1 haben. Man kann nun zeigen, daß gilt

$$d_i \leqq r_i \quad \text{für } 1 \leqq i \leqq k .$$

Diese Beziehung benötigen wir nicht weiter. Für einen Beweis siehe [1].

Beispiel:

Es sei

$$\mathbf{A} = \begin{pmatrix} 1 & 2 \\ 2 & 1 \end{pmatrix}$$

Daraus ergibt sich das charakteristische Polynom:

$$P(\lambda) = (1 - \lambda)^2 - 4 = 0$$

mit den Wurzeln $\lambda_1 = \mu_1 = -1$ und $\lambda_2 = \mu_2 = 3$

Aus

$$(\mathbf{A} - \mu_1 \mathbf{I}_2)\,\mathbf{x} = \mathbf{0}$$

resultieren die beiden Gleichungen

$$\begin{aligned} 2x_1 + 2x_2 &= 0 \\ 2x_1 + 2x_2 &= 0 \end{aligned}$$

Man sieht sofort, daß eine Gleichung gleich der anderen ist. Daher können wir eine z. B. die zweite weglassen.

Aus der ersten folgt dann

$$x_1 = -x_2$$

Da $\mathbf{x}$ die Länge 1 haben soll, folgt daraus

$$\mathbf{x}_1' = (x_1, x_2) = (1/\sqrt{2}, -1/\sqrt{2})$$

Es ist der zu μ_1 gehörende normierte Eigenvektor.

Entsprechend ergeben sich aus

$$(\mathbf{A} - \mu_2 \mathbf{I}_2)\mathbf{x} = \mathbf{0}$$

die beiden Gleichungen

$$\begin{aligned} -2x_1 + 2x_2 &= 0 \\ 2x_1 - 2x_2 &= 0 \end{aligned}$$

Die Gleichungen sind äquivalent. Daher lassen wir die zweite weg. Aus der ersten ergibt sich

$$x_1 = x_2 .$$

Mit der Normierung $|\mathbf{x}| = 1$ resultiert

$$\mathbf{x}'_2 = (x_1, x_2) = (1/\sqrt{2}, 1/\sqrt{2})$$

Es ist der zu μ_2 gehörende normierte Eigenvektor. Man überlegt sich leicht, daß die beiden Eigenvektoren $\mathbf{x}_1$ und $\mathbf{x}_2$ voneinander linear unabhängig sind.

Damit haben wir die Grundbegriffe der Eigenwerttheorie entwickelt, und wir werden in den folgenden Abschnitten diese Theorie für spezielle Matrizen weiter verfolgen, die in der Anwendung immer wieder auftreten.

8.2. Matrizen einfacher Struktur

In unserem einführenden Beispiel hatten wir gesehen, daß die Klasse der (n,n)-Matrizen mit n linear unabhängigen Eigenvektoren von besonderem Interesse ist. Für diese Matrizen wollen wir eine eigene Bezeichnung einführen.

Definition 2:

Sei **A** eine (n,n)-Matrix. Sie heißt von **einfacher Struktur**, wenn es zu **A** n linear unabhängige Eigenvektoren gibt.

△

Im folgenden wollen wir einen Satz herleiten, der wichtig ist für die Charakterisierung von Matrizen einfacher Struktur.

Satz 1:

Wenn eine (n,n)-Matrix **A** n verschiedene Eigenwerte $\lambda_1, \lambda_2, \ldots, \lambda_n$ hat, so gibt es – wie wir gesehen haben – zu jedem Eigenwert λ_i mindestens einen Eigenvektor. Sei $\mathbf{x}_i$ ein Eigenvektor, der zu λ_i gehört $(1 \leqq i \leqq n)$, so sind die n Vektoren $\mathbf{x}_1, \mathbf{x}_2, \ldots \mathbf{x}_n$ linear unabhängig.

Beweis:

Zu jedem λ_i gibt es mindestens einen Eigenvektor $\mathbf{x}_i$. Wir nehmen diese n Eigenvektoren $\mathbf{x}_1, \ldots, \mathbf{x}_n$ und betrachten die Beziehung

$$(11) \qquad \sum_{k=1}^{n} \alpha_k \mathbf{x}_k = \mathbf{0}$$

Multiplizieren wir den Vektor $\mathbf{x}_k$ von links mit $(\mathbf{A} - \lambda_i \mathbf{I}_n)$, so ergibt sich

$$(\mathbf{A} - \lambda_i \mathbf{I}_n)\mathbf{x}_k = \mathbf{A}\mathbf{x}_k - \lambda_i \mathbf{x}_k = \lambda_k \mathbf{x}_k - \lambda_i \mathbf{x}_k = (\lambda_k - \lambda_i)\mathbf{x}_k$$

Multiplizieren wir also (11) von links mit $(\mathbf{A} - \lambda_1 \mathbf{I}_n)$, so resultiert

$$(12) \qquad \sum_{k=1}^{n} \alpha_k(\lambda_k - \lambda_1)\mathbf{x}_k = \sum_{k=2}^{n} \alpha_k(\lambda_k - \lambda_1)\mathbf{x}_k = \mathbf{0}$$

Multiplizieren wir weiter (12) von links mit $(\mathbf{A} - \lambda_2 \mathbf{I}_n)$ so resultiert

$$\sum_{k=2}^{n} \alpha_k (\lambda_k - \lambda_1)(\lambda_k - \lambda_2)\mathbf{x}_k = \sum_{k=3}^{n} \alpha_k (\lambda_k - \lambda_1)(\lambda_k - \lambda_2)\mathbf{x}_k = \mathbf{0}$$

Fahren wir auf diese Weise fort von links mit allen $(\mathbf{A} - \lambda_k \mathbf{I}_n)$ außer mit $(\mathbf{A} - \lambda_i \mathbf{I}_n)$ zu multiplizieren, so resultiert schließlich

$$(13) \qquad \alpha_i (\lambda_i - \lambda_1) \ldots (\lambda_i - \lambda_{i-1})(\lambda_i - \lambda_{i+1}) \ldots (\lambda_i - \lambda_n)\mathbf{x}_i = \mathbf{0}$$

Aus (13) folgt, da alle λ_i verschieden sind und $\mathbf{x}_i \neq \mathbf{0}$, daß α_i Null sein muß. Da dies für alle i gilt, folgt aus (11), daß alle $\mathbf{x}_k$ linear unabhängig sind.

△

Satz 1 gibt eine Bedingung dafür an, daß eine Matrix von einfacher Struktur ist. Diese Bedingung ist im Prinzip nachprüfbar durch Berechnen der Eigenwerte. Diese Nachprüfung ist aber bei größeren Matrizen relativ rechenaufwendig. In der ökonomischen Anwendung wird oft argumentiert, daß es praktisch sicher ist, daß eine Matrix $\mathbf{A}$ lauter verschiedene Eigenwerte besitzt, sofern die Elemente a_{ij} statistisch erhoben wurden und zwischen den Elementen keine funktionalen Beziehungen bestehen. Ändert sich nämlich ein Element a_{ij} z. B. wegen eines Meßfehlers zufällig etwas, so ändern sich alle Eigenwerte auch etwas, und es ist unwahrscheinlich, daß sie sich gerade so ändern, daß zwei Eigenwerte gleich werden oder bleiben. Diese Überlegung gilt sofern nicht zwischen den Elementen der Matrix $\mathbf{A}$ funktionale Beziehungen bestehen (Bilanzgleichungen oder Definitionsgleichungen), die sich in Beziehungen zwischen den Eigenwerten auswirken könnten, insbesondere in einer Gleichheit zwischen zwei Eigenwerten.

Beispiel:

Die Matrix

$$\mathbf{A} = \begin{pmatrix} a & a & a \\ a & a & a \\ a & a & a \end{pmatrix}$$

hat, wie man leicht nachrechnen kann, die drei Eigenwerte: $\lambda_1 = 0, \lambda_2 = 0$ und $\lambda_3 = -3a$ d.h. $\mu_1 = 0$ und $\mu_2 = -3a$.

Aus

$$(\mathbf{A} - 0\mathbf{I}_3)\mathbf{x} = \mathbf{0}$$

resultieren drei identische Gleichungen. Eine davon lautet:

$$ax_1 + ax_2 + ax_3 = 0$$

Daraus folgt für $a \neq 0$

$$x_1 + x_2 + x_3 = 0$$

Wir können x_2 und x_3 beliebig vorgeben, und dann ergibt sich:

$$x_1 = -x_2 - x_3 .$$

Der Eigenraum, der zum Eigenwert $\mu_1 = 0$ gehört, besteht also aus der Menge aller Vektoren $\mathbf{x}$ mit x_2, x_3 beliebig und $x_1 = -x_2 - x_3$. Wählen wir $x_2 = 1$ und $x_3 = 0$, so ergibt sich der Eigenvektor

$$\mathbf{x}' = (-1, 1, 0)$$

bzw. nach Normierung

$$\mathbf{x}_1' = (-1/\sqrt{2},\ 1/\sqrt{2}, 0)$$

Wählen wir aber $x_2 = 0$ und $x_3 = 1$, so ergibt sich der Eigenvektor

$$\mathbf{x}' = (-1, 0, 1)$$

bzw. nach Normierung

$$\mathbf{x}_2' = (-1/\sqrt{2}, 0, 1/\sqrt{2})$$

Weiter ergibt sich aus

$$(\mathbf{A} - (-3a)\mathbf{I}_3)\mathbf{x} = 0$$

die Lösung $\mathbf{x}' = (1, 1, 1)$
bzw. nach Normierung der zu $-3a$ gehörende Eigenvektor

$$\mathbf{x}_3' = (1/\sqrt{3}, 1/\sqrt{3}, 1/\sqrt{3})$$

Die drei Eigenvektoren $\mathbf{x}_1$, $\mathbf{x}_2$ und $\mathbf{x}_3$ sind linear unabhängig. Also ist $\mathbf{A}$ von einfacher Struktur. Andererseits hat $\mathbf{A}$ nur zwei verschiedene Eigenwerte. Daraus resultiert, daß die Aussage des Satzes 1 nicht in umgekehrter Richtung gilt.

Für Matrizen einfacher Struktur ergibt sich noch eine besonders wichtige Darstellung.

Wir nehmen an, daß $\mathbf{A}$ von einfacher Struktur ist. Dann gibt es n linear unabhängige Eigenvektoren $\mathbf{x}_1, \mathbf{x}_2, \ldots, \mathbf{x}_n$ und es gilt

(14) $\mathbf{A}\mathbf{x}_i = \lambda_i \mathbf{x}_i$ für $1 \leqq i \leqq n$

Die Gleichungen (14) können wir in Matrizenform schreiben, wenn wir eine Matrix $\mathbf{X}$

mit dem i-ten Spaltenvektor $\mathbf{x}_i$ definieren

(15) $\mathbf{A}\mathbf{X} = \mathbf{X}\Lambda$,

wobei Λ eine Diagonalmatrix ist mit dem i-ten Diagonalelement λ_i

$$\Lambda = \begin{bmatrix} \lambda_1 & 0 & 0 & \dots & 0 \\ 0 & \lambda_2 & 0 & \dots & 0 \\ 0 & 0 & \lambda_3 & \dots & \\ \vdots & \vdots & & & \vdots \\ 0 & 0 & . & . & \lambda_n \end{bmatrix}$$

Da die $\mathbf{x}_i$ linear unabhängig sind, ist $\mathbf{X}$ nichtsingulär, und damit folgt aus (15)

(16) $\mathbf{X}^{-1}\mathbf{A}\mathbf{X} = \Lambda$

oder auch

(17) $\mathbf{A} = \mathbf{X}\Lambda\mathbf{X}^{-1}$

Wir fassen das Ergebnis zusammen im

Satz 2:

Sei $\mathbf{A}$ eine (n, n)-Matrix einfacher Struktur.
Dann besitzt $\mathbf{A}$ die Darstellung

$$\mathbf{A} = \mathbf{X}\Lambda\mathbf{X}^{-1}$$

Dabei ist Λ Diagonalmatrix mit dem i-ten Diagonalelement λ_i, das Eigenwert von $\mathbf{A}$ ist, und der i-te Spaltenvektor von $\mathbf{X}$ ist der Eigenvektor zu λ_i.

△

Man bezeichnet eine Matrix **C** als **ähnlich** zu **B**, wenn es-eine reguläre Matrix **X** gibt mit

$$\mathbf{C} = \mathbf{X}^{-1}\mathbf{B}\mathbf{X}$$

Ist speziell **B** eine Diagonalmatrix, so heißt **C** **diagonalähnlich**.
Aus (17) folgt, daß eine Matrix einfacher Struktur diagonalähnlich ist.
Wenn umgekehrt eine Matrix diagonalähnlich ist, so ergibt sich

$$\mathbf{A} = \mathbf{X}\Lambda\mathbf{X}^{-1}$$

oder

(18) $\mathbf{A}\mathbf{X} = \mathbf{X}\Lambda$

Aus (18) ergibt sich direkt, daß das i-te Diagonalelement von Λ ein Eigenwert und die i-te Spalte von $\mathbf{X}$ der entsprechende Eigenvektor ist. Da aber $\mathbf{X}$ invertierbar ist, sind n linear unabhängige Eigenvektoren vorhanden, d. h. $\mathbf{A}$ ist von einfacher Struktur.

Insbesondere ist eine (n, n)-Matrix $\mathbf{A}$ diagonalähnlich, wenn sie diagonal ist. Die Matrix $\mathbf{X}$ lautet dann $\mathbf{X} = \mathbf{I}_n$. Man überlege sich, daß eine Diagonalmatrix $\mathbf{A}$ als Eigenwerte die Diagonalelemente hat, und daß die Einheitsvektoren $\mathbf{e}_i$ die entsprechenden Eigenvektoren sind.

Jede Potenz einer diagonalähnlichen Matrix ist auch diagonalähnlich. Es gilt nämlich:

$$(19) \quad \mathbf{A}^2 = \mathbf{A} \cdot \mathbf{A} = (\mathbf{X}\Lambda\mathbf{X}^{-1})(\mathbf{X}\Lambda\mathbf{X}^{-1}) = \mathbf{X}\Lambda^2\mathbf{X}^{-1}$$

Man überlege sich, daß Λ^2 auch diagonal ist, mit den Diagonalelementen λ_i^2.

Aus (19) folgt direkt: Falls $\mathbf{A}$ diagonalähnlich ist, λ Eigenwert und $\mathbf{x}$ der zugehörige Eigenvektor, dann ist λ^n Eigenwert von $\mathbf{A}^n$ und $\mathbf{x}$ der zugehörige Eigenvektor.

Wir fassen die Überlegungen zusammen im

Satz 3:

Eine Matrix ist von einfacher Struktur genau dann, wenn sie diagonalähnlich ist. Falls $\mathbf{A}$ diagonalähnlich ist, so ist es auch jede Potenz. Die n-te Potenz einer diagonalähnlichen Matrix $\mathbf{A}$ hat als Eigenwerte die n-ten Potenzen λ_i^n der Eigenwerte λ_i von $\mathbf{A}$ und zu λ_i^n gehört derselben Eigenvektor wie zu λ_i.

△

Wir überlegen uns noch, daß ähnliche Matrizen die gleichen Eigenwerte haben. Seien $\mathbf{A}$ und $\mathbf{B}$ ähnlich, d. h. es gibt ein $\mathbf{X}$ mit

$$\mathbf{A} = \mathbf{X}\mathbf{B}\mathbf{X}^{-1}$$

Dann ergibt sich

$$\begin{aligned} \det(\mathbf{B} - \lambda\mathbf{I}_n) &= \det\mathbf{X} \det(\mathbf{B} - \lambda\mathbf{I}_n) \det\mathbf{X}^{-1} = \\ &= \det(\mathbf{X}\mathbf{B}\mathbf{X}^{-1} - \lambda\mathbf{X}\mathbf{X}^{-1}) = \det(\mathbf{A} - \lambda\mathbf{I}_n) \end{aligned}$$

Beispiel:

Wir betrachten die Matrix

$$\mathbf{A} = \begin{pmatrix} 1 & 0 & 3 \\ 0 & 1 & 1 \\ 1 & 1 & 1 \end{pmatrix}$$

Sie hat das charakteristische Polynom

$$P(\lambda) = (1-\lambda)\,[(1-\lambda)^2 - 1] - 3\,(1-\lambda) = (1-\lambda)\,[\lambda^2 - 2\lambda - 3]$$

und die drei Eigenwerte $\lambda_1 = \mu_1 = -1$, $\lambda_2 = \mu_2 = 1$ und $\lambda_3 = \mu_3 = 3$.
Die Matrix ist also von einfacher Struktur.
Aus der Gleichung

$$(\mathbf{A} - \mu_1 \mathbf{I}_3)\,\mathbf{x} = \mathbf{0}$$

ergibt sich die Lösung

$$\mathbf{x}' = (1, 1/3, -2/3)$$

und nach Normierung der Eigenvektor

$$\mathbf{x}'_1 = (3/\sqrt{14},\; 1/\sqrt{14},\; -2/\sqrt{14})$$

Aus der Gleichung

$$(\mathbf{A} - \mu_2 \mathbf{I}_3)\,\mathbf{x} = \mathbf{0}$$

ergibt sich die Lösung

$$\mathbf{x}' = (1, -1, 0)$$

und nach Normierung der Eigenvektor $\mathbf{x}'_2 = (1/\sqrt{2}, -1/\sqrt{2}, 0)$

Schließlich ergibt sich aus

$$(\mathbf{A} - \mu_3 \mathbf{I}_3)\,\mathbf{x} = \mathbf{0}$$

die Lösung

$$\mathbf{x}' = (1, 1/3, 2/3)$$

und nach Normierung der Eigenvektor

$$\mathbf{x}'_3 = (3/\sqrt{14}, 1/\sqrt{14}, 2/\sqrt{14}).$$

Also lautet die Matrix $\mathbf{X}$

$$\mathbf{X} = \begin{pmatrix} 3/\sqrt{14} & 1/\sqrt{2} & 3/\sqrt{14} \\ 1/\sqrt{14} & -1/\sqrt{2} & 1/\sqrt{14} \\ -2/\sqrt{14} & 0 & 2/\sqrt{14} \end{pmatrix}$$

Man prüfe, ob die folgende Gleichung stimmt

$$\mathbf{A}\mathbf{X} = \mathbf{X} \begin{pmatrix} -1 & 0 & 0 \\ 0 & 1 & 0 \\ 0 & 0 & 3 \end{pmatrix}$$

Weiterhin ergibt sich

$$\mathbf{A}^2 = \begin{pmatrix} 4 & 3 & 6 \\ 1 & 2 & 2 \\ 2 & 2 & 5 \end{pmatrix}$$

$\mathbf{A}^2$ muß nach Satz 3 die beiden Eigenwerte $\mu_1 = 1$ und $\mu_2 = 9$ haben und zu μ_1 die beiden Eigenvektoren $\mathbf{x}_1$ und $\mathbf{x}_2$, sowie zu $\mu_2 = 9$ den Eigenvektor $\mathbf{x}_3$. Man prüfe dies nach.

8.3. Nichtdiagonalähnliche Matrizen

In dem einführenden Beispiel hatten wir gesehen, daß viele Fragestellungen sehr leicht zu behandeln sind, wenn eine Matrix von einfacher Struktur, also diagonalähnlich ist. Im vorigen Abschnitt haben wir abgeleitet, daß eine Matrix diagonalähnlich ist, wenn alle Eigenwerte verschieden sind. Nun behandeln wir den allgemeinen Fall.

Dazu benötigen wir den folgenden

Satz 4:

Sei $\mathbf{A}$ eine (n, n)-Matrix. Dann gibt es eine nichtsinguläre Matrix $\mathbf{X}$ und eine Matrix $\boldsymbol{\Lambda}$, so daß

$$\mathbf{A} = \mathbf{X}\boldsymbol{\Lambda}\mathbf{X}^{-1}. \tag{20}$$

Dabei stehen in der Hauptdiagonalen von $\boldsymbol{\Lambda}$ alle Eigenwerte λ_i von $\mathbf{A}$, und $\boldsymbol{\Lambda}$ ist von folgender Form

$$\boldsymbol{\Lambda} = \begin{bmatrix} \boldsymbol{\Lambda}_1 & \mathbf{0} & \dots & \mathbf{0} \\ \mathbf{0} & \boldsymbol{\Lambda}_2 & & \vdots \\ \vdots & & & \\ \mathbf{0} & . & . & . & \boldsymbol{\Lambda}_p \end{bmatrix} \tag{21}$$

Die $\boldsymbol{\Lambda}_\nu$ sind quadratische obere Dreiecksmatrizen von der folgenden Form

$$\begin{bmatrix} \lambda_i & 1 & 0 & \dots & 0 \\ 0 & \lambda_i & 1 & & \vdots \\ 0 & 0 & & & \\ \vdots & & & & 0 \\ \vdots & & & & 1 \\ 0 & . & . & . & 0 & \lambda_i \end{bmatrix} \tag{22}$$

Speziell kann $\boldsymbol{\Lambda}_\nu$ eine (1, 1)-Matrix sein und dann ist $\boldsymbol{\Lambda}_\nu = (\lambda_i)$.

△

Die Darstellung (20), (21) und (22) heißt **Jordan-Normalform**. Für einen Beweis sei auf [1] Band I, S. 141 verwiesen.

Ist die Matrix von einfacher Struktur, so sind alle $\boldsymbol{\Lambda}_\nu$ (1, 1)-Matrizen, d. h. $\boldsymbol{\Lambda}$ ist diagonal. Dann ist (20) identisch mit der Darstellung (17).

Beispiel:

Gegeben sei die Matrix

$$\mathbf{A} = \begin{pmatrix} 2 & 1 & 0 \\ 0 & 2 & 0 \\ 0 & 0 & 4 \end{pmatrix}$$

Wir prüfen leicht nach, daß $\mu_1 = 2$ und $\mu_2 = 4$ Eigenwerte sind und daß μ_1 die Vielfachheit 2 hat ($r_1 = 2$) während μ_2 einfach ist.

Die Jordan-Normalform lautet dann

$$\mathbf{A} = \mathbf{I}_3 \begin{pmatrix} 2 & 1 & 0 \\ 0 & 2 & 0 \\ 0 & 0 & 4 \end{pmatrix} \mathbf{I}_3$$

Weiter ist

$$\boldsymbol{\Lambda}_1 = \begin{pmatrix} 2 & 1 \\ 0 & 2 \end{pmatrix}, \boldsymbol{\Lambda}_2 = (4)$$

und der Rang von

$$(\mathbf{A} - \mu_1 \mathbf{I}_3) = \begin{pmatrix} 0 & 1 & 0 \\ 0 & 0 & 0 \\ 0 & 0 & 2 \end{pmatrix}$$

ist zwei. Daher ist $d_1 = 1$, d. h. zu μ_1 gibt es nur einen Eigenvektor $\mathbf{x}_1$.

Der Rang von

$$(\mathbf{A} - \mu_2 \mathbf{I}_3) = \begin{pmatrix} -2 & 1 & 0 \\ 0 & -2 & 0 \\ 0 & 0 & 0 \end{pmatrix}$$

ist auch zwei. Daher ist $d_2 = 1$, d. h. zu μ_2 gibt es auch nur einen Eigenvektor $\mathbf{x}_2$. Es gibt also insgesamt nur zwei linear unabhängige Eigenvektoren. Also ist die Matrix nicht von einfacher Struktur.

Die Bedeutung von Satz 4 liegt hauptsächlich darin, daß damit die Potenz einer Matrix durch die Eigenwerte abgeschätzt werden kann.

Aus (20) ergibt sich nämlich

$$\mathbf{A}^2 = \mathbf{X}\Lambda\mathbf{X}^{-1}\mathbf{X}\Lambda\mathbf{X}^{-1} = \mathbf{X}\Lambda^2\mathbf{X}^{-1}$$
$$\mathbf{A}^3 = \mathbf{A}^2\mathbf{A} = \mathbf{X}\Lambda^2\mathbf{X}^{-1}\mathbf{X}\Lambda\mathbf{X}^{-1} = \mathbf{X}\Lambda^3\mathbf{X}^{-1}$$

und allgemein

(23) $$\mathbf{A}^m = \mathbf{X}\Lambda^m\mathbf{X}^{-1}$$

Nun untersuchen wir die Struktur von Λ^m.
Aus (21) ergibt sich

$$\Lambda^2 = \begin{pmatrix} \Lambda_1^2 & \dots & \mathbf{0} \\ \vdots & & \vdots \\ \mathbf{0} & \dots & \Lambda_p^2 \end{pmatrix}$$

und allgemein

$$\Lambda^m = \begin{pmatrix} \Lambda_1^m & \dots & \mathbf{0} \\ \vdots & & \vdots \\ \mathbf{0} & \dots & \Lambda_p^m \end{pmatrix}$$

Die Struktur von Λ^m hängt also von der Struktur von Λ_ν^m ab. Wir untersuchen jetzt letztere. Es ergibt sich direkt

$$\Lambda_\nu^2 = \begin{pmatrix} \lambda_i & 1 & 0 & \dots & 0 \\ 0 & \lambda_i & 1 & \dots & 0 \\ \vdots & & & & \vdots \\ \vdots & & & & 1 \\ 0 & 0 & 0 & \dots 0 & \lambda_i \end{pmatrix}^2 = \begin{pmatrix} \lambda_i^2 & 2\lambda_i & 1 & 0 \dots & 0 \\ 0 & \lambda_i^2 & 2\lambda_i & 1 & \vdots \\ \vdots & & & & 1 \\ \vdots & & & & 2\lambda_i \\ 0 & \dots & \dots & 0 & \lambda_i^2 \end{pmatrix}$$

Also sind die Elemente in Λ_ν^2 in der Hauptdiagonalen gleich λ_i^2, in der ersten oberen Nebendiagonalen gleich $2\lambda_i$, in der zweiten oberen Nebendiagonalen gleich 1 und sonst gleich Null.

Allgemein gilt, daß in Λ^m in der Hauptdiagonalen λ_i^m steht, in der ersten oberen Nebendiagonalen steht $m\lambda_i^{m-1}$, in der zweiten oberen Nebendiagonalen $m(m-1)\lambda_i^{m-2}/2$ und in der j-ten oberen Nebendiagonalen für $j \leqq m$: $m(m-1)\dots(m-j+1)\lambda_i^{m-j}/j!$ bzw. 0 für $j > m$.

Wenn nun alle λ_i absolut kleiner als 1 sind, so geht λ_i^m für m gegen ∞ gegen Null. Entsprechendes gilt für $m\lambda_i^{m-1}$, da λ_i^{m-1} geometrisch gegen Null geht und m nur arithmetisch wächst. Allgemein geht auch $m(m-1)\dots(m-j+1)\lambda_i^{m-j}/j!$ für m gegen ∞ gegen Null.

Daraus ergibt sich, daß in diesem Falle alle Λ_ν^m und daher auch Λ^m gegen die Nullmatrix gehen. Aus (23) folgt dann, daß auch die Matrix $\mathbf{A}^m$ gegen eine Nullmatrix geht. Ist mindestens ein Eigenwert absolut größer 1, so gehen Elemente von $\mathbf{A}^m$ gegen ∞.

Wir erhalten den wichtigen

Satz 5:

Sind alle Eigenwerte einer Matrix **A** absolut kleiner als 1, so konvergiert die Matrix $\mathbf{A}^m$ für m gegen ∞ gegen die Nullmatrix. Ist mindestens ein Eigenwert absolut größer 1, so gehen Elemente von $\mathbf{A}^m$ gegen ∞.

△

Aus Satz 4 folgt auch, wenn **A** eine (n, n)-Matrix ist mit den Eigenwerten $\lambda_1, \lambda_2, \ldots, \lambda_n$, so hat die Matrix $\mathbf{A}^m$ die Eigenwerte λ_i^m. Wegen (23) ergibt sich nämlich

$$\det(\mathbf{A}^m - \lambda \mathbf{I}_n) = \det(\mathbf{X}(\boldsymbol{\Lambda}^m - \lambda \mathbf{I}_n)\mathbf{X}^{-1}) = \det(\boldsymbol{\Lambda}^m - \lambda \mathbf{I}_n).$$

Da aber $\boldsymbol{\Lambda}^m - \lambda \mathbf{I}_n$ obere Dreiecksmatrix ist und in der Hauptdiagonalen von $\boldsymbol{\Lambda}^m$ die Werte λ_i^m stehen, ergibt sich

$$\det(\mathbf{A}^m - \lambda \mathbf{I}_n) = (\lambda_1^m - \lambda)(\lambda_2^m - \lambda) \ldots (\lambda_n^m - \lambda)$$

8.4. Symmetrische Matrizen

In der ökonomischen Anwendung treten manchmal (n, n)-Matrizen auf mit der Eigenschaft

$$a_{ik} = a_{ki} \quad \text{für } 1 \leqq i, k \leqq n$$

Siehe Übung 1.

Definition 3:

Eine (n, n)-Matrix **A** heißt **symmetrisch**, wenn gilt

$$a_{ik} = a_{ki} \quad \text{für } 1 \leqq i, k \leqq n$$

△

Eine symmetrische Matrix **A** kann auch dadurch gekennzeichnet werden, daß sie gleich ist ihrer Transponierten.

$$\mathbf{A} = \mathbf{A}'$$

Beispiel einer symmetrischen (3, 3)-Matrix

$$\begin{pmatrix} 1 & 4 & 5 \\ 4 & 2 & 6 \\ 5 & 6 & 3 \end{pmatrix}$$

Da für symmetrische Matrizen die Eigenwerttheorie besonders einfach ist, gehen wir kurz darauf ein.

Der folgende Satz enthält die wichtigsten Aussagen über Eigenwerte und Eigenvektoren symmetrischer Matrizen.

Satz 6:

Wenn eine (n, n)-Matrix **A** symmetrisch ist, so gilt

1) alle Eigenwerte sind reell
2) **A** ist diagonalähnlich
3) die Eigenvektoren sind paarweise orthogonal.

Beweis:

Wir betrachten zuerst den Fall, daß **A** diagonal ist. Dann ist **A** auch diagonalähnlich, in der Diagonalen stehen die Eigenwerte und die Einheitsvektoren $\mathbf{e}_i$ sind die Eigenvektoren. Daraus folgen die Behauptungen.

Im folgenden wird nun angenommen, daß **A** nicht diagonal ist. Zuerst betrachten wir den Fall $n = 2$.

Es ergibt sich hier wegen $a_{21} = a_{12}$:

$$\text{(24)} \qquad \det(\mathbf{A} - \lambda\mathbf{I}_n) = \lambda^2 - (a_{11} + a_{22})\lambda + (a_{11}a_{22} - a_{12}^2) = 0$$

Aus (24) erhalten wir die Eigenwerte

$$\text{(25)} \qquad \lambda_{1,2} = \frac{a_{11} + a_{22}}{2} \pm \sqrt{\left(\frac{a_{11} + a_{22}}{2}\right)^2 - (a_{11}a_{22} - a_{12}^2)}$$

Da der Ausdruck in der Wurzel von (25) gleich ist

$$\left(\frac{a_{11} - a_{22}}{2}\right)^2 + a_{12}^2$$

und $a_{12} \neq 0$, wird der Ausdruck unter der Wurzel immer positiv sein, d. h. daß es zwei reelle und verschiedene Wurzeln gibt. Daher ist **A** nach Satz 2 diagonalähnlich.

Wir haben noch zu zeigen, daß die beiden Eigenvektoren $\mathbf{x}_1$ und $\mathbf{x}_2$ orthogonal sind.

Es gilt

$$\mathbf{A}\mathbf{x}_1 = \lambda_1\mathbf{x}_1$$

und

$$\mathbf{A}\mathbf{x}_2 = \lambda_2\mathbf{x}_2$$

Multiplizieren wir die erste Gleichung mit $\mathbf{x}_2'$ und die zweite mit $\mathbf{x}_1'$ von links, so ergibt sich

$$\mathbf{x}_2' \mathbf{A} \mathbf{x}_1 = \lambda_1 \mathbf{x}_2' \mathbf{x}_1$$

und

$$\mathbf{x}_1' \mathbf{A} \mathbf{x}_2 = \lambda_2 \mathbf{x}_1' \mathbf{x}_2$$

Transponieren wir die linke Seite der ersten Gleichung, so ergibt sich die linke Seite der zweiten Gleichung. Durch Abziehen resultiert dann

$$0 = (\lambda_1 - \lambda_2) \mathbf{x}_1' \mathbf{x}_2$$

Da aber $\lambda_1 \neq \lambda_2$, ist $\mathbf{x}_1$ orthogonal zu $\mathbf{x}_2$.

Der Beweis, daß eine symmetrische Matrix $\mathbf{A}$ für $n \geqq 3$ diagonalähnlich ist und nur reelle Eigenwerte hat, kann konstruktiv durch das sogenannte **Jacobi-Verfahren** gezeigt werden, das wir hier nur kurz skizzieren wollen. Für eine genaue Darstellung des Verfahrens sei auf [**2**] 2. Teil Seite 133ff. verwiesen.

Beim Jacobi-Verfahren wird ausgehend von $\mathbf{A}_0 = \mathbf{A}$ rekursiv eine Folge von Matrizen in folgender Weise erzeugt.

$$\mathbf{A}_{k+1} = \mathbf{X}_k \mathbf{A}_k \mathbf{X}_k^{-1} \quad \text{für } k = 0, 1, 2, \ldots$$

Dabei sind die $\mathbf{X}_k$ von ganz einfacher Bauart, und bei $\mathbf{A}_k$ nähern sich die Elemente außerhalb der Diagonalen immer mehr dem Wert Null. Für $k \to \infty$ resultiert dann eine Diagonalmatrix. Da alle $\mathbf{A}_k$ diagonalähnlich sind, ist dann auch $\mathbf{A} = \mathbf{A}_0$ diagonalähnlich. Mit diesem Verfahren werden üblicherweise auch die Eigenwerte einer symmetrischen Matrix berechnet, wobei im Rahmen der Rechengenauigkeit bei einem bestimmten Index k das Verfahren abgebrochen wird.

Der Beweis, daß die Eigenvektoren, die zu **verschiedenen** Eigenwerten gehören, paarweise orthogonal sind, kann wortwörtlich vom Fall $n = 2$ auf den allgemeinen Fall übertragen werden.

Falls ein Eigenwert λ_i die Vielfachheit r_i hat, so gibt es dazu einen Eigenraum der Dimension r_i. In diesem Eigenraum gibt es r_i orthogonale Vektoren. Wählen wir diese als Eigenvektoren, so sind die zu λ_i gehörenden Eigenvektoren auch paarweise orthogonal, und daher sind alle Eigenvektoren paarweise orthogonal.

△

Die Matrix $\mathbf{X}$ der Eigenvektoren einer symmetrischen Matrix $\mathbf{A}$ hat also die Eigenschaft, daß die Spaltenvektoren paarweise orthogonal sind. Normieren wir die Eigenvektoren so, daß sie die Länge 1 haben, so ergibt sich daraus

$$\mathbf{X}'\mathbf{X} = \mathbf{I}_n$$

Daraus folgt, daß $\mathbf{X}'$ die Inverse von $\mathbf{X}$ ist. Solche Matrizen heißen **orthogonal**.

8.5. Nichtnegative Matrizen

In der ökonomischen Anwendung und insbesondere in der Input-Output-Analyse kommen Matrizen vor, deren Elemente alle positiv sind; siehe Übung 1. Für solche Matrizen ergeben sich im Rahmen der Eigenwerttheorie einige besonders wichtige Resultate, die wir im folgenden behandeln werden. Diese Ergebnisse gelten auch noch für Matrizen, die nichtnegative Elemente enthalten, wenn die verschwindenden Elemente in einer bestimmten Weise in der Matrix verteilt sind.

Definition 4:

Eine (n, m)-Matrix **A** heißt **positiv**, falls alle Elemente positiv sind, und sie heißt **nichtnegativ**, falls alle Elemente nicht negativ sind.

△

Diese Definition gilt auch für Vektoren, da diese spezielle Matrizen sind.

Falls eine Matrix nichtnegativ ist, so kann sie Nullen enthalten. Für die folgenden Überlegungen müssen wir aber ausschließen, daß die Nullen in der Matrix **A** so verteilt sind, daß **A** geschrieben werden kann in der Form

$$(26) \qquad \mathbf{A} = \begin{pmatrix} \mathbf{B} & \mathbf{0} \\ \mathbf{C} & \mathbf{D} \end{pmatrix},$$

wobei **B** und **D** quadratische Matrizen sind. In der ökonomischen Anwendung hat diese Bedingung auch eine ökonomische Bedeutung. Siehe dazu Übung 1.

Letztlich betrachten wir die Eigenwertgleichung

$$(27) \qquad \mathbf{A}\mathbf{x} = \lambda\mathbf{x}$$

Wenn wir in (27) die Zeilen von **A** und **x** in einer bestimmten Weise umnumerieren und die Spalten in derselben Weise, so daß aus **A** die Matrix **E** und aus **x** der Vektor **y** wird, so schreibt sich (27) auch in der Form

$$\mathbf{E}\mathbf{y} = \lambda\mathbf{y}$$

Da beide Gleichungen sich nur in der Schreibweise unterscheiden und die Forderung (26) von der Schreibweise unabhängig sein soll, fordern wir, daß auch jede auf diese Weise resultierende Matrix **E** nicht von der Form (26) ist.

Dies führt zu der

Definition 5:

Eine quadratische Matrix **A** heißt **unzerlegbar**, wenn sie durch beliebige Zeilenvertauschungen und **entsprechende** Spaltenvertauschungen nicht in folgender Form geschrieben werden kann

$$\begin{pmatrix} \mathbf{B} & \mathbf{0} \\ \mathbf{C} & \mathbf{D} \end{pmatrix},$$

wobei **B** und **D** quadratische Matrizen sind.

Falls **A** in dieser Form geschrieben werden kann, heißt **A zerlegbar**.

△

Insbesondere ist eine positive Matrix immer unzerlegbar.

Beispiel:

Es sei

$$\mathbf{A} = \begin{bmatrix} 3 & 2 & 3 & 2 & 3 \\ 0 & 1 & 0 & 1 & 0 \\ 3 & 2 & 3 & 2 & 3 \\ 0 & 1 & 0 & 1 & 0 \\ 3 & 2 & 3 & 2 & 3 \end{bmatrix}$$

Wir vertauschen zuerst die Zeilen bzw. Spalten 1 und 2 und dann die (neuen) Zeilen bzw. Spalten 2 und 4.

Dann resultiert die Matrix

$$\begin{bmatrix} 1 & 1 & 0 & 0 & 0 \\ 1 & 1 & 0 & 0 & 0 \\ 2 & 2 & 3 & 3 & 3 \\ 2 & 2 & 3 & 3 & 3 \\ 2 & 2 & 3 & 3 & 3 \end{bmatrix}$$

Also ist **A** zerlegbar.

Bei größeren Matrizen, die Nullen enthalten, kann man nicht mit „freiem Auge" erkennen, ob sie zerlegbar sind oder nicht. In der Graphentheorie sind Verfahren entwickelt worden, die gestatten, diese Eigenschaft einer Matrix relativ einfach nachzuprüfen. Siehe hierzu [9] Seite 68.

Mit obigen Definitionen können wir den zentralen Satz formulieren, der als Satz von **Frobenius** bezeichnet wird.

Satz 7:

Eine nichtnegative, unzerlegbare (n, n)-Matrix **A** hat einen reellen positiven Eigenwert λ_1, der einfach ist. Dieser Eigenwert ist maximal, d. h.,

$$|\lambda_i| \leqq \lambda_1 \quad \text{für } 1 \leqq i \leqq n$$

Zu λ_1 gehört ein positiver Eigenvektor $\mathbf{x}_1$.

Der Beweis zu diesem Satz ist sehr aufwendig. Daher führen wir ihn nicht durch. Es wird auf [1] Teil II Seite 47 verwiesen.

△

Die Bedingung der Unzerlegbarkeit in Satz 7 ist nötig. Die Nullmatrix ist nämlich nichtnegativ, hat aber keinen positiven Eigenwert sondern nur die Eigenwerte Null.

Beispiel:

Die Matrix $\mathbf{A}^2$, die sich im Beispiel zu Satz 3 ergibt,

$$\mathbf{A}^2 = \begin{pmatrix} 4 & 3 & 6 \\ 1 & 2 & 2 \\ 2 & 2 & 5 \end{pmatrix}$$

ist positiv und daher unzerlegbar.
Sie hat die Eigenwerte 1 und 9. Der Eigenwert 9 ist positiv und maximal; der entsprechende Eigenvektor

$$\mathbf{x}_3' = (3/\sqrt{14}, 1/\sqrt{14}, 2/\sqrt{14})$$

ist auch positiv.
Im folgenden bringen wir noch eine Abschätzung der Maximalwurzel einer unzerlegbaren nichtnegativen Matrix.

Satz 8:

Es sei $\mathbf{A}$ eine (n, n)-Matrix, die nichtnegativ und unzerlegbar ist. Sei z_i die i-te Zeilensumme und s_i die i-te Spaltensumme, so gilt für den maximalen Eigenwert λ_1

(28) $\min_i z_i \leqq \lambda_1 \leqq \max_i z_i$

und

(29) $\min_i s_i \leqq \lambda_1 \leqq \max_i s_i$

Falls $\min_i z_i < \max_i z_i$, so kann in (28) anstelle von kleinergleich auch kleiner gesetzt werden. Entsprechendes gilt für (29).

Beweis:

Wir beweisen zuerst (29). Dazu definieren wir den Vektor $\mathbf{e}$, dessen Komponenten alle gleich 1 sind.
Dann definieren wir den Vektor der Spaltensummen

$$\mathbf{e}'\mathbf{A} = \mathbf{s}'$$

Multiplizieren wir diese Gleichung von rechts mit dem zu λ_1 gehörenden Eigenvektor $\mathbf{x}_1$, so ergibt sich

$$\mathbf{e}'\mathbf{A}\mathbf{x}_1 = \mathbf{s}'\mathbf{x}_1$$

Daraus folgt, da $\mathbf{x}_1$ Eigenvektor ist,

$$\lambda_1 \mathbf{e}'\mathbf{x}_1 = \mathbf{s}'\mathbf{x}_1$$

oder

$$(30) \qquad (\lambda_1 \mathbf{e} - \mathbf{s})'\mathbf{x}_1 = 0$$

Da $\mathbf{x}_1$ nach Satz 7 positiv ist, kann wegen (30) der Vektor

$$\lambda_1 \mathbf{e} - \mathbf{s}$$

weder lauter positive noch lauter negative Komponenten enthalten.

Daher sind zwei Fälle denkbar

1) Entweder sind alle Komponenten von $\lambda_1 \mathbf{e} - \mathbf{s}$ Null, d. h. $\lambda_1 = \min_i s_i = \max_i s_i$.
2) Oder mindestens eine Komponente von $\lambda_1 \mathbf{e} - \mathbf{s}$ ist negativ und eine positiv. Da aber die kleinste Komponente von s gleich ist $\min_i s_i$ und die größte $\max_i s_i$, ergibt sich $\lambda_1 1 - \min_i s_i > 0$

   und

   $\lambda_1 1 - \max_i s_i < 0.$

Diese Ungleichungen sind aber gleichbedeutend mit (29). Um (28) zu beweisen beachten wir nur, daß $\mathbf{A}'$ auch unzerlegbar und nichtnegativ ist, daß die Zeilen von $\mathbf{A}'$ gleich sind den Spalten von $\mathbf{A}$ und daß $\mathbf{A}'$ und $\mathbf{A}$ die gleichen Eigenwerte haben.

△

Der Satz 8 findet die folgende konkrete Anwendung. Es liege eine nichtnegative, unzerlegbare (n, n)-Matrix $\mathbf{A}$ vor. Die Zeilensummen (oder Spaltensummen) von $\mathbf{A}$ sind alle kleiner gleich 1 und eine ist kleiner 1. Dann ist der maximale Eigenwert kleiner als 1.

Hat die Matrix $\mathbf{A}$ die Eigenwerte λ_i, so hat $\mathbf{A} - \mathbf{I}_n$ die Eigenwerte $\lambda_i - 1$, da $\det(\mathbf{A} - \lambda \mathbf{I}_n) = 0$ dann und nur dann, wenn $\det(\mathbf{A} - \mathbf{I}_n - (\lambda - 1)\mathbf{I}_n) = 0$.

Weil aber alle λ_i kleiner 1 sind, sind alle Eigenwerte von $\mathbf{A} - \mathbf{I}_n$ ungleich Null.

Aus der Jordan Normalform folgt weiter, daß die Determinante gleich ist dem Produkt der Eigenwerte, d. h.

$$\det(\mathbf{A} - \mathbf{I}_n) = (\lambda_1 - 1)\ldots(\lambda_n - 1)$$

Also muß $\mathbf{A} - \mathbf{I}_n$ eine nichtverschwindende Determinante haben, d. h. $\mathbf{A} - \mathbf{I}_n$ ist nichtsingulär.

Wir können also durch Berechnung der Zeilensummen von $\mathbf{A}$ eventuell die Regularität von $\mathbf{A} - \mathbf{I}_n$ nachprüfen.

8.6. Die Neumann'sche Reihe

Im Rahmen der Input-Output-Analyse wird eine (n,n)-Matrix $\mathbf{A}$ betrachtet und dazu die Matrix

$$(\mathbf{I}_n - \mathbf{A})^{-1}$$

berechnet. Siehe Übung 1.

Aus ökonomischen Überlegungen ergibt sich, daß diese inverse Matrix unter bestimmten Voraussetzungen als Grenzwert der folgenden Reihe resultiert:

$$\mathbf{I}_n + \mathbf{A} + \mathbf{A}^2 + \mathbf{A}^3 + \ldots = \sum_{\nu=0}^{\infty} \mathbf{A}^\nu$$

Diesen Sachverhalt wollen wir uns mathematisch etwas klarer machen.

Es ist bekannt, daß für $|q| < 1$ die geometrische Reihe

$$1 + q + q^2 + q^3 + \ldots = \sum_{\nu=0}^{\infty} q^\nu$$

den Wert $(1-q)^{-1}$ ergibt. Dies beweist man, indem man die Reihe

$$b_k = \sum_{\nu=0}^{k} q^\nu$$

mit $(1-q)$ multipliziert. Das Ergebnis ist, wie man leicht nachrechnet: $1 - q^{k+1}$. Falls also $|q| < 1$ ist, so ist $b_k(1-q)$ um so genauer gleich 1, je größer k ist, und für $k \to \infty$ wird das Produkt gleich 1. Daher muß b_k gegen $(1-q)^{-1}$ konvergieren, d. h.

$$(1-q)^{-1} = \sum_{\nu=0}^{\infty} q^\nu.$$

Analog multiplizieren wir die Matrix

$$\mathbf{B}_k = \sum_{\nu=0}^{k} \mathbf{A}^\nu$$

mit $(\mathbf{I}_n - \mathbf{A})$ von rechts mit dem Ergebnis

$$\mathbf{I}_n - \mathbf{A}^{k+1}.$$

Wenn also die Elemente von $\mathbf{A}^k$ mit wachsendem k gegen Null gehen, so approximiert $\mathbf{B}_k$ immer genauer die Inverse von $(\mathbf{I}_n - \mathbf{A})$.

Daher gilt im Grenzübergang

$$(31) \qquad (\mathbf{I}_n - \mathbf{A})^{-1} = \sum_{\nu=0}^{\infty} \mathbf{A}^\nu.$$

Die Reihe

$$\sum_{\nu=0}^{\infty} \mathbf{A}^{\nu} = \mathbf{I}_n + \mathbf{A} + \mathbf{A}^2 + \ldots$$

heißt **Neumann'sche Reihe**.

Aus Satz 5 folgt, daß $\mathbf{A}^{\nu}$ geometrisch gegen die Nullmatrix geht, sofern alle Eigenwerte von $\mathbf{A}$ absolut kleiner als 1 sind. In diesem Falle besteht also Gleichung (31).

Aus diesen Überlegungen ergibt sich auch:

Falls $\mathbf{A}$ unzerlegbar und nichtnegativ ist und alle Eigenwerte absolut kleiner 1 sind, so ist die Matrix

$$(\mathbf{I}_n - \mathbf{A})^{-1}$$

nichtnegativ.

Dies folgt unmittelbar aus der Tatsache, daß in der Neumann'schen Reihe in diesem Falle nur nichtnegative Matrizen vorkommen.

Weiter ergibt sich aus der Jordan-Normalform

$$\mathbf{A} = \mathbf{X}\boldsymbol{\Lambda}\mathbf{X}^{-1}$$

die Gleichung

$$\boldsymbol{\Lambda} = \mathbf{X}^{-1}\mathbf{A}\mathbf{X}$$

und allgemein

$$\boldsymbol{\Lambda}^m = \mathbf{X}\mathbf{A}^m\mathbf{X}^{-1}.$$

Multiplizieren wir also (31) von links mit $\mathbf{X}$ und von rechts mit $\mathbf{X}^{-1}$, so folgt

$$\mathbf{X}(\mathbf{I}_n - \mathbf{A})^{-1}\mathbf{X}^{-1} = \sum_{\nu=0}^{\infty} \mathbf{X}\mathbf{A}^{\nu}\mathbf{X}^{-1} = \mathbf{X}\left(\sum_{\nu=0}^{\infty} \boldsymbol{\Lambda}^{\nu}\right)\mathbf{X}^{-1}.$$

Die Matrix

$$\sum_{\nu=0}^{\infty} \boldsymbol{\Lambda}^{\nu}$$

ist obere Dreiecksmatrix und hat in der Hauptdiagonalen an der Stelle i das folgende Element stehen

$$\sum_{\nu=0}^{\infty} \lambda_i^{\nu} = \frac{1}{1 - \lambda_i}$$

Daraus folgt, daß $(1 - \lambda_i)^{-1}$ die Eigenwerte von $(\mathbf{I}_n - \mathbf{A})^{-1}$ sind.

8.7. Zusammenfassung

Wir haben die Eigenwerttheorie primär deswegen entwickelt, um für eine Matrix **A** die Potenzen $\mathbf{A}^m$ für wachsendes m abschätzen zu können.

Für allgemeine Matrizen erhielten wir das Ergebnis, daß die Elemente von $\mathbf{A}^m$ gegen Null gehen, falls alle Eigenwerte absolut kleiner 1 sind und daß Elemente von $\mathbf{A}^m$ gegen Unendlich konvergieren, falls mindestens ein Eigenwert absolut größer 1 ist. Dies ist das zentrale Ergebnis für Stabilitätsüberlegungen bei linearen Systemen.

Speziell können wir die Lösung eines rekursiven Systems

$$\mathbf{x}_{m+1} = \mathbf{A}\mathbf{x}_m \quad \text{für } m = 0, 1, 2, \ldots$$

durch die Eigenwerte und Eigenvektoren einfach angeben, wenn **A** diagonähnlich ist.

Dabei haben wir gezeigt, daß **A** diagonalähnlich ist, falls alle Eigenwerte von **A** verschieden sind.

Symmetrische Matrizen sind immer diagonähnlich und haben nur reelle Eigenwerte.

Für nichtnegative unzerlegbare Matrizen gestattet der Satz von Frobenius die Aussage, daß die maximale Wurzel positiv ist. Für solche Matrizen konnten wir auch durch die Zeilen- bzw. Spaltensummen den maximalen Eigenwert abschätzen.

Schließlich zeigten wir, daß die Inverse von $(\mathbf{I}_n - \mathbf{A})$ gleich ist einer Reihe von Potenzen von **A**, wenn alle Eigenwerte von **A** absolut kleiner als 1 sind.

Die Überlegungen in diesem Kapitel 8 sprengen bereits den Rahmen einer Einführung in die Lineare Algebra. Wir konnten dies konkret dadurch feststellen, daß wir bei Beweisen mehrmals auf weiterführende Literatur verweisen mußten. Da aber Anwendungen der Eigenwerttheorie in der ökonomischen Literatur recht häufig vorkommen, erscheint es doch wichtig, auf die Eigenwerttheorie so weit als nur möglich einzugehen.

Übungen und Aufgaben zu Kapitel 8 (Das Eigenwertproblem)

Abschnitt 8.1. und 8.2. (Grundbegriffe und Matrizen einfacher Struktur)

1. Man berechne die Eigenwerte und Eigenvektoren der Matrix

$$\mathbf{A} = \begin{pmatrix} 1 & 3 \\ 3 & 1 \end{pmatrix}$$

2. Man berechne die Eigenwerte und Eigenvektoren der (m, m)-Matrix für $m > 2$

$$\mathbf{A} = \begin{bmatrix} 0 & p & p & \cdots & p \\ p & 0 & p & \cdots & p \\ \vdots & & & & \vdots \\ & & & & p \\ p & \cdot & \cdot & p & 0 \end{bmatrix}$$

3. Man zeige, für eine reguläre (n, n)-Matrix **A** von einfacher Struktur gilt, daß $\mathbf{A}^{-1}$ die reziproken Eigenwerte von **A** hat und dieselben Eigenvektoren.

Abschnitt 8.4. (Symmetrische Matrizen)

1. Das Modell von Theocharis (Oligopolmodell).

m Oligopolisten produzieren dasselbe Gut und bringen die gesamte Produktion auf den Markt. Es wird die folgende Preisfunktion unterstellt

$$(1) \qquad p = \alpha - \beta x$$

mit $\beta > 0$ und x der Menge des Gutes, die auf dem Markt insgesamt angeboten wird. Die Produktionskosten K_i für den i-ten Oligopolisten seien

$$(2) \qquad K_i = \gamma_i + \beta_i x_i$$

mit $\beta_i > 0$ und x_i der Menge des Gutes, die er produziert. Die Gewinnfunktion für den i-ten Oligopolisten sei

$$(3) \qquad G_i = p x_i - K_i$$

Die Oligopolisten produzieren in der Planperiode so viel, daß ihr Gewinn maximal wird. Dabei weiß der einzelne Oligopolist aber nicht, wieviel die anderen produzieren werden; aber jeder hat die Information, wieviel die anderen Oligopolisten in der Vorperiode produziert haben. Jeder erwartet nun, daß die anderen in der Planperiode genauso viel auf den Markt bringen, wie in der Vorperiode.

Bezeichnen wir nun mit x_{in} die Menge, die der Oligopolist i in der Periode n (der Planperiode) auf den Markt bringt, so erwartet er wegen (1)–(3) folgenden Gewinn

$$G_{in} = [\alpha - \beta (\sum_{\substack{\nu=1 \\ \nu \neq i}}^{m} x_{\nu n-1} + x_{in})]\, x_{in} - \gamma_i - \beta_i x_{in}$$

Diese Funktion maximiert Oligopolist i in Abhängigkeit von x_{in}.

Durch Differenzieren und Nullsetzen der Ableitung resultiert die optimale Menge

$$(4) \qquad x_{in} = \frac{\alpha - \beta_i}{2\beta} - \frac{1}{2} \sum_{\substack{\nu=1 \\ \nu \neq i}}^{m} x_{\nu n-1} \quad \text{für } 1 \leqq i \leqq m$$

Daraus ergibt sich in Vektorschreibweise

$$(5) \qquad \mathbf{x}_n = \mathbf{B}\mathbf{X}_{n-1} + \mathbf{a},$$

wobei

$$\mathbf{B} = \begin{pmatrix} 0 & -\frac{1}{2} & \dots & -\frac{1}{2} \\ -\frac{1}{2} & 0 & & \vdots \\ \vdots & & & -\frac{1}{2} \\ -\frac{1}{2} & \dots & -\frac{1}{2} & 0 \end{pmatrix} \quad \mathbf{a} = \begin{pmatrix} \dfrac{\alpha - \beta_1}{2\beta} \\ \vdots \\ \dfrac{\alpha - \beta_m}{2\beta} \end{pmatrix}$$

Die Frage ist, wie sich aufgrund der Erwartungshaltung der Oligopolisten die auf den Markt gebrachten Mengen für wachsendes n entwickeln. Das heißt, wie entwickelt sich $\mathbf{x}_n$?

Zuerst überlegen wir uns, welche Eigenwerte die Matrix **B** hat.

Die Matrix **B** hat eine analoge Struktur wie die Matrix **A** in Übung 2 zum Abschnitt 8.1. und 8.2. Auf dieselbe Weise bringen wir $\mathbf{B} - \lambda \mathbf{I}_m$ auf die folgende Form

$$\begin{bmatrix} -\lambda-(m-1)/2, & 0, & 0, & \ldots, & 0 \\ \lambda-\frac{1}{2}, & -\lambda+\frac{1}{2}, & 0, & \ldots, & 0 \\ & & & & \vdots \\ & & & & 0 \\ \lambda-\frac{1}{2}, & 0, & \cdot & \cdot & \cdot\, 0, \; -\lambda+\frac{1}{2} \end{bmatrix}$$

Also lautet das charakteristische Polynom von **B**

$$\det(\mathbf{B} - \lambda \mathbf{I}_m) = \left(-\lambda - \frac{(m-1)}{2}\right)\left(\frac{1}{2} - \lambda\right)^{m-1}$$

Die Matrix hat den einfachen Eigenwert $\mu_1 = -\left(\frac{m-1}{2}\right)$ und den $(m-1)$-fachen Eigenwert $\mu_1 = 1/2$.

Da 1 nicht Eigenwert von **B** ist, ist $(\mathbf{I}_m - \mathbf{B})$ regulär.

Damit ergibt sich aus (5) für die Gleichgewichtslösung **x**

(6) $\quad \mathbf{x} = \mathbf{B}\mathbf{x} + \mathbf{a}$

bzw.

$$\mathbf{x} = (\mathbf{I}_m - \mathbf{B})^{-1}\mathbf{a}$$

Wenn also die Oligopolisten (zufällig) die Gleichgewichtsmengen $x_1, \ldots, x_m$ produzieren, so werden sie auch in den folgenden Perioden wieder dieselben Mengen produzieren. Es liegt also ein Gleichgewicht vor, und die Oligopolisten haben Erwartungen über das Verhalten der anderen, die sich erfüllen.

Im allgemeinen haben wir aber Abweichungen von der Gleichgewichtslösung. Um diese zu erhalten, ziehen wir (5) von (6) ab und bezeichnen die Abweichungen mit

$$\mathbf{y}_n = \mathbf{x} - \mathbf{x}_n .$$

Damit resultiert

(7) $\quad \mathbf{y}_n = \mathbf{B}\mathbf{y}_{n-1}$

Da für $m > 3$ die Matrix **B** einen Eigenwert größer als 1 hat, ergibt sich, daß $\mathbf{y}_n$ explodiert, d. h. das Verhalten der Oligopolisten ist instabil. Der Vektor $\mathbf{x}_n$ nähert sich nicht dem Gleichgewichtsvektor **x**, sondern entfernt sich von ihm. Die falschen Erwartungen schaukeln sich auf und führen zu einer instabilen Entwicklung.

Abschnitt 8.5. und 8.6.

1. Input-Output-Modell. (Siehe hierzu [10]).
   Betrachtet wird ein Produktionsprozeß, bei dem aus n Inputs (Faktoren) ein Output hergestellt wird.
   Die Produktionsfunktion beschreibt die Beziehung zwischen den Einsatzmengen an Inputs und der Ausbringungsmenge an Output.

Es wird unterstellt, daß diese Beziehung eindeutig ist:

$$y = f(x_1, x_2, \ldots, x_n),$$

wobei y die Ausbringungsmenge des Outputs und x_i die Einsatzmenge des Inputs i angibt.

Die Produktionsfunktion ist **limitational**, wenn durch Vorgabe der Outputmenge y bereits eindeutig folgt, welche Mengen an Inputs nötig sind, d. h. die x_i sind Funktionen von y: $x_i = g_i(y)$.

Es besteht also keine **Substitutierbarkeit** zwischen den Faktoren.

Die Produktionsfunktion heißt **linear limitational**, wenn die Funktionen g_i alle linear homogen sind, d. h.

$$(1) \qquad x_i = a_i y \qquad .$$

Diese mikroökonomischen Überlegungen werden übertragen auf die gesamte Volkswirtschaft.

Dabei wird davon ausgegangen, daß es n **Industriesektoren** gibt, wovon jeder **ein** Produkt herstellt.

Als Input eines Sektors dienen die Outputs der anderen Sektoren, sowie der des eigenen Sektors (intermediäre Inputs). Der Output eines Sektors wird also verwendet von allen anderen Sektoren (einschließlich des diesen Output produzierenden Sektors) und zusätzlich von der **Endnachfrage** (Endverbraucher).

Die Produktionsfunktion eines jeden Sektors sei linear limitational (Leontieff Typ). Nun führen wir die folgenden Bezeichnungen ein. Es sei x_i die Menge des Outputs von Sektor i und y_i die Menge der Endnachfrage im Sektor i. Schließlich sei x_{ij} die Menge des Inputs in Sektor j, der von Sektor i kommt. Nach den obigen Überlegungen ergibt sich dann aus der Art der Produktionsfunktion

$$(2) \qquad x_{ij} = a_{ij} x_j \quad \text{für } 1 \leqq i, j \leqq n$$

Weiter produziere jeder Sektor nur für den Verbrauch und nicht auf Lager, d. h.

$$(3) \qquad \sum_{j=1}^{n} x_{ij} + y_i = x_i \quad \text{für } 1 \leqq i \leqq n$$

Die Gleichungen (2) und (3) stellen die fundamentalen Beziehungen der Input-Output-Analyse dar. Ersetzen wir x_{ij} gemäß (2) in (3), so resultiert

$$\sum_{j=1}^{n} a_{ij} x_j + y_i = x_i \quad \text{für } 1 \leqq i \leqq n$$

oder in Matrizenform

$$(4) \qquad \mathbf{A}\mathbf{x} + \mathbf{y} = \mathbf{x}$$

Dabei ist **A** die **Technologiematrix**.

Eine zentrale Frage der Input-Output-Analyse lautet nun, welcher Produktionsvektor **x** nötig ist, um einen gegebenen Endnachfragevektor **y** zu befriedigen.

Wir fassen also (4) als ein lineares System in dem unbekannten Vektor **x** auf und schreiben dafür

$$(5) \qquad (\mathbf{I}_n - \mathbf{A})\mathbf{x} = \mathbf{y}\,.$$

Wir wissen, daß das System (5) endeutig lösbar ist, sofern $(\mathbf{I}_n - \mathbf{A})$ regulär ist. Ferner müßte aus ökonomischen Gründen **x** nichtnegativ sein.

Nach Definition der a_{ij} folgt, daß **A** nichtnegativ ist. Weiter überlegen wir uns die ökonomische Bedeutung der Bedingung, daß **A** unzerlegbar ist.

Die Zeilenkategorie von **A** ist der liefernde Sektor und die Spaltenkategorie der empfangende. Wir nehmen an, daß wir die Nummerierung der Sektoren so vertauschen können, daß die Technologiematrix von der folgenden Form ist

$$\mathbf{A} = \begin{pmatrix} \mathbf{B} & \mathbf{0} \\ \mathbf{C} & \mathbf{D} \end{pmatrix},$$

wobei **B** eine (n_1, n_1)- und **D** eine (n_2, n_2)-Matrix ist. Dann gibt es zwei Gruppen von Industriesektoren, nämlich die ersten n_1 und die restlichen $n - n_1 = n_2$, so daß die zweite Gruppe keinerlei Input von der ersten Gruppe benötigt. Diesen Fall wollen wir ausschließen, d. h. **A** ist unzerlegbar. Damit ist auf **A** der Satz von Frobenius anwendbar.

Nun überlegen wir uns eine Abschätzung des maximalen Eigenwertes von **A**.

Wir gehen davon aus, daß die x_{ij} und x_j **wertmäßig** in Geldeinheiten erfaßt sind. Dann folgt aus (2) durch Summation über i

$$(6) \qquad \sum_{i=1}^{n} x_{ij} = \left(\sum_{i=1}^{n} a_{ij}\right) x_j \quad \text{für } 1 \leqq j \leqq n$$

Auf der linken Seite von (6) steht der wertmäßige intermediäre Input des Sektors j. Andererseits ist x_j der wertmäßige Output des Sektors j. Da aber sinnvoll ist anzunehmen, daß gilt

$$\sum_{i=1}^{n} x_{ij} < x_j$$

folgt wegen (6), daß die Spaltensummen von **A** alle kleiner als 1 sind.

Daher folgt, daß der maximale Eigenwert von $\mathbf{A}$ kleiner 1 ist und damit auch, daß $(\mathbf{I}_n - \mathbf{A})$ keinen Eigenwert hat, der Null wird, d. h. $(\mathbf{I}_n - \mathbf{A})$ ist regulär.

Also gibt es gemäß (5) zu jedem Endnachfragevektor $\mathbf{y}$ genau einen Produktionsvektor $\mathbf{x}$ und es gilt

(7) $$\mathbf{x} = (\mathbf{I}_n - \mathbf{A})^{-1}\mathbf{y}$$

Aus den Überlegungen zur Neumann'schen Reihe wissen wir auch, daß die Matrix

$$(\mathbf{I}_n - \mathbf{A})^{-1}$$

nichtnegativ ist, d. h. zu einem nichtnegativen Endnachfragevektor $\mathbf{y}$ gibt es immer einen nichtnegativen Produktionsvektor $\mathbf{x}$.

Nun wollen wir uns noch die produktionstechnische Bedeutung der Neumannschen Reihe überlegen. Es liege der Endnachfragevektor $\mathbf{y}$ vor. Dann muß auf jeden Fall der Vektor $\mathbf{y}$ produziert werden, um damit nur die Endnachfrage befriedigen zu können. Um aber $\mathbf{y}$ zu produzieren, wird als intermediärer Input der Vektor $\mathbf{A}\mathbf{y}$ benötigt, der aber auch produziert werden muß. Also muß zumindestens der Vektor $\mathbf{y} + \mathbf{A}\mathbf{y}$ produziert werden. Um aber $\mathbf{A}\mathbf{y}$ zu erzeugen, muß als Input der Vektor $\mathbf{A}(\mathbf{A}\mathbf{y})$ zusätzlich erzeugt werden. Also muß zumindestens der Vektor

$$\mathbf{y} + \mathbf{A}\mathbf{y} + \mathbf{A}^2\mathbf{y}$$

produziert werden. Fahren wir auf diese Weise fort, so erhalten wir gerade die Neumann'sche Reihe mal dem Endnachfragevektor

$$\mathbf{x} = (\mathbf{I}_n + \mathbf{A} + \mathbf{A}^2 + \ldots)\mathbf{y}$$

Kapitel 9:
Quadratische Formen

Alle bisherigen Überlegungen erfolgten im Rahmen einer linearen Theorie. Dieser Rahmen ist bereits durch den Titel des Buches abgesteckt. Es ist aber noch möglich quadratische Formen, die nicht mehr der linearen Theorie zugerechnet werden können, mit Hilfe der Eigenwerttheorie zu behandeln. Solche quadratische Formen ergeben sich bei der Bestimmung der Extremwerte von Funktionen und insbesondere in der Ökonometrie bei der Schätzung von Parametern.

Wir beginnen mit einigen Definitionen.

Definition 1:

Der Ausdruck

(1) $$Q = \sum_{i,j=1}^{n} a_{ij}x_i x_j = a_{11}x_1x_1 + a_{12}x_1x_2 + \ldots + \\ + a_{1n}x_1x_n + a_{21}x_1x_2 + \ldots + a_{nn}x_nx_n$$

in den n Variablen $x_1, x_2, \ldots, x_n$ heißt eine **quadratische Form** in den Variablen $x_1, x_2, \ldots, x_n$. Dabei sind die a_{ij} fest vorgegebene reelle Zahlen.

△

Eine quadratische Form entspricht also einer Funktion, die den n Variablen $x_1, x_2, \ldots, x_n$ einen Wert zuordnet, wobei diese Funktion quadratisch in den Variablen ist, da Terme der Art x_i^2 und $x_i x_j$ auftreten.

In der quadratischen Form Q kommt der Term $x_i x_j$ für $i \neq j$ zweimal vor und zwar in der Form $a_{ij} x_i x_j + a_{ji} x_j x_i$. Dafür können wir auch schreiben

$$\frac{a_{ij} + a_{ji}}{2} x_i x_j + \frac{a_{ij} + a_{ji}}{2} x_i x_j = a_{ij}^* x_i x_j + a_{ji}^* x_j x_i$$

Führen wir diese Transformation für alle $i \neq j$ durch und setzen wir zusätzlich $a_{ii}^* = a_{ii}$, so schreibt sich Q folgendermaßen

(2) $$Q = \sum_{i,j=1}^{n} a_{ij}^* x_i x_j ,$$

wobei $a_{ij}^* = a_{ji}^*$, d. h. die (n, n)-Matrix $\mathbf{A}^* = (a_{ij}^*)$ ist symmetrisch. Da es uns nur auf die quadratische Form (und nicht auf die a_{ij}) ankommt, schreiben wir im folgenden Q immer in der symmetrischen Form (2) wobei wir anstattt a_{ij}^* einfach a_{ij} schreiben werden.

Beispiel:

Gegeben sei die quadratische Form

$$\begin{aligned} Q = {} & x_1^2 + 2x_1x_2 + 3x_1x_3 \\ & + 4x_2x_1 + 5x_2^2 + 6x_2x_3 \\ & + 7x_3x_1 + 8x_3x_2 + 9x_3^2 \end{aligned}$$

Sie schreibt sich folgendermaßen in symmetrischer Form

$$\begin{aligned} Q = {} & x_1^2 + 3x_1x_2 + 5x_1x_3 \\ & + 3x_1x_2 + 5x_2^2 + 7x_2x_3 \\ & + 5x_3x_1 + 7x_3x_2 + 9x_3^2 \end{aligned}$$

Definieren wir den Vektor $\mathbf{x}$ mit der i-ten Komponente x_i, so schreibt sich Q folgendermaßen

(3) $$Q = \mathbf{x}'\mathbf{A}\mathbf{x} ,$$

wobei $\mathbf{A}$ eine symmetrische Matrix ist.

Für den Fall n = 1 ergibt sich

$$Q = a_{11} x_1^2$$

also ein Quadrat, das für $a_{11} > 0$ außer für $x_1 = 0$ immer positiv und für $a_{11} < 0$ außer für $x_1 = 0$ immer negativ ist. Für $n > 1$ ergibt sich nun die Frage, wann Q für $\mathbf{x} \neq \mathbf{0}$ nur positiv bzw. negativ wird.
Dazu zuerst einige Definitionen.

Definition 2:

Gegeben sei eine symmetrische Matrix **A** und dazu die quadratische Form

$$Q = \mathbf{x}' \mathbf{A} \mathbf{x}$$

Die quadratische Form heißt

positiv definit, falls $Q > 0$ außer für $\mathbf{x} = \mathbf{0}$
positiv semidefinit, falls $Q \geqq 0$
negativ definit, falls $Q < 0$ außer für $\mathbf{x} = \mathbf{0}$
negativ semidefinit, falls $Q \leqq 0$.

In allen anderen Fällen heißt die quadratische Form indefinit.

Beispiele:

$$Q_1 = 1 x_1^2 + 2 x_2^2 + 3 x_3^2$$

ist positiv definit, weil Q_1 eine Summe von Vielfachen von Quadraten ist.

$$Q_2 = x_1^2 - 2 x_1 x_2 + x_2^2$$

ist positiv semidefinit, weil $Q = (x_1 - x_2)^2$ ein Quadrat ist, das nie negativ wird aber für $x_1 = x_2$ verschwindet.

$$Q_3 = x_1^2 - x_2^2$$

ist indefinit, da Q_3 negative und positive Werte annimmt.

$$Q_4 = -Q_2$$

ist negativ semidefinit, da Q_2 positiv semidefinit ist.
Mit Hilfe der Eigenwerte von **A** können wir direkt angeben, von welcher Art die quadratische Form Q ist.

Satz 1:

Sei **A** eine symmetrische (n, n)-Matrix mit den Eigenwerten λ_i und Q die entsprechende quadratische Form. Diese ist genau dann

positiv definit, falls $\lambda_i > 0$ für $1 \leqq i \leqq n$
positiv semidefinit, falls $\lambda_i \geqq 0$ für $1 \leqq i \leqq n$
negativ definit, falls $\lambda_i < 0$ für $1 \leqq i \leqq n$
negativ semidefinit, falls $\lambda_i \leqq 0$ für $1 \leqq i \leqq n$.

Beweis:

Da **A** symmetrisch ist, gibt es nach der Eigenwerttheorie für symmetrische Matrizen die folgende Darstellung

(4) $\mathbf{A} = \mathbf{X}\Lambda\mathbf{X}'$,

wobei Λ Diagonalmatrix ist, die in der Diagonalen alle Eigenwerte enthält und in den Spalten von **X** die entsprechenden Eigenvektoren stehen. Weiter gilt $\mathbf{X}'\mathbf{X} = \mathbf{I}_n$. Wir gehen aus von

$$Q = \mathbf{x}'\mathbf{A}\mathbf{x}$$

Setzen wir $\mathbf{y} = \mathbf{X}'\mathbf{x}$, so ergibt sich wegen (4)

(5) $$Q = \mathbf{y}'\Lambda\mathbf{y} = \sum_{i=1}^{n} y_i^2 \lambda_i$$

Aus (5) folgt, daß $Q > 0$ für alle $\mathbf{y} \neq \mathbf{0}$ dann und nur dann, wenn alle $\lambda_i > 0$. Ist nämlich $\lambda_{i_0} \leqq 0$, so setzen wir alle $y_i = 0$ außer $y_{i_0} = 1$. Dann wird $Q \leqq 0$ für einen Vektor $\mathbf{y} \neq \mathbf{0}$. Andererseits ist die rechte Seite von (5) für $\mathbf{y} \neq \mathbf{0}$ positiv, falls alle $\lambda_i > 0$ sind.

Weiter ergibt sich, da **X** nichtsingulär ist, daß **y** dann und nur dann **0** wird, wenn dies für **x** der Fall ist. Daher ist der erste Teil der Behauptung bewiesen. Die anderen Teile folgen ganz analog.

△

Wie bereits erwähnt, ergeben sich quadratische Formen besonders bei Problemen der Minimierung oder Maximierung. Dabei geht es um folgende Extremumsaufgabe

$$Q = \mathbf{x}'\mathbf{A}\mathbf{x}$$

soll maximiert (minimiert) werden unter der Nebenbedingung $\mathbf{x}'\mathbf{x} = 1$.

Dieses Problem kann auch mit Hilfe der Eigenwerttheorie einfach gelöst werden. Dazu der folgende

Satz 2:

Sei **A** eine symmetrische (n, n)-Matrix mit den Eigenwerten λ_i, wobei diese der Größe nach geordnet seien

$$\lambda_i \geqq \lambda_2 \geqq \cdots \geqq \lambda_n$$

(Man beachte symmetrische Matrizen haben nur relle Eigenwerte!) Wenn die folgende Extremumsaufgabe vorliegt, den Ausdruck

$$Q = \mathbf{x}'\mathbf{A}\mathbf{x}$$

zu maximieren bzw. minimieren unter der Nebenbedingung $\mathbf{x}'\mathbf{x} = 1$, so wird Q unter dieser Nebenbedingung für $\mathbf{x} = \mathbf{x}_1$ bzw. $\mathbf{x}_n$ den zu λ_1 bzw. λ_n gehörenden Eigenvektor maximal bzw. minimal. Der maximale bzw. minimale Wert für Q ist λ_1 bzw. λ_n.

Beweis:

Wir beweisen nur die Aussage für die Maximierung, für die Minimierung laufen die Überlegungen völlig analog. Wir verwenden wieder die Darstellung (4) und wir setzen wieder

$$\text{(6)} \qquad \mathbf{y} = \mathbf{X}'\mathbf{x}$$

Da **X** nichtsingulär ist, erscheint jeder Vektor $\mathbf{y} \in \mathbb{R}^n$ auch als Bild der linearen Abbildung vermittelt durch $\mathbf{X}'$.

Daraus und wegen (5) folgt, daß wir

$$\text{(7)} \qquad Q = \mathbf{y}'\boldsymbol{\Lambda}\mathbf{y} = \sum_{i=1}^{n} y_i^2 \lambda_i$$

auch als Funktion von **y** minimieren können, wobei wir die Nebenbedingung $\mathbf{x}'\mathbf{x}$ noch beachten müssen. Da aber **X** orthogonal ist (d. h. $\mathbf{X}'\mathbf{X} = \mathbf{I}_n$), folgt $\mathbf{x}'\mathbf{x} = (\mathbf{X}\mathbf{y})'(\mathbf{X}\mathbf{y}) = \mathbf{y}'\mathbf{X}'\mathbf{X}\mathbf{y} = \mathbf{y}'\mathbf{y}$. Also haben wir (7) unter der Nebenbedingung $\mathbf{y}'\mathbf{y} = 1$ zu maximieren.
Wählen wir $y_1^2 = 1$ und alle anderen $y_i = 0$, so ist $\mathbf{y}'\mathbf{y} = 1$ und $Q = \lambda_1$. Da die Summe der y_i^2 gleich ist 1, würde ein Verringern von y_1^2 und Erhöhen von y_i^2 $(i \neq 1)$ Q nicht erhöhen. Also ist der Vektor $\mathbf{y}' = (1, 0, \ldots, 0)$ der optimale und λ_1 der entsprechende Wert von Q. Aus (6) folgt dann durch Multiplikation mit **X** von links

$$\text{(8)} \qquad \mathbf{X}\mathbf{y} = \mathbf{x}$$

Aus (8) folgt, daß **x** gleich ist der ersten Spalte von **X** also gleich dem zu λ_1 gehörenden Eigenvektor.

△

Beispiel:

Die quadratische Form

$$Q = \mathbf{x}'\mathbf{A}\mathbf{x} = 2x_1^2 + 2x_1x_2 + 2x_2^2$$

mit

$$\mathbf{A} = \begin{pmatrix} 2 & 1 \\ 1 & 2 \end{pmatrix}$$

sei zu minimieren unter der Nebenbedingung $\mathbf{x}'\mathbf{x} = x_1^2 + x_2^2 = 1$.
Die Matrix **A** hat das charakteristische Polynom

$$P(\lambda) = \lambda^2 - 4\lambda + 3 = (\lambda - 1)(\lambda - 3)$$

Damit resultiert

$$\lambda_1 = 3 \quad \text{und} \quad \lambda_2 = 1\,.$$

Also nimmt Q unter der Nebenbedingung $x_1^2 + x_2^2 = 1$ den Wert 3 als Maximum und den Wert 1 als Minimum an.
Der Eigenvektor $\mathbf{x}_1$ zu λ_1 lautet

$$\mathbf{x}_1' = (1/\sqrt{2}, 1/\sqrt{2})$$

und der zu λ_2 lautet

$$\mathbf{x}_2' = (1/\sqrt{2}, -1/\sqrt{2})$$

Daher wird Q maximal für $\mathbf{x} = \mathbf{x}_1$ und minimal für $\mathbf{x} = \mathbf{x}_2$. Man berechne Q für $\mathbf{x} = \mathbf{x}_1$ und $\mathbf{x} = \mathbf{x}_2$.

Übungen und Aufgaben zu Kapitel 9 (Quadratische Formen)

1. Man schreibe die folgenden Ausdrücke als quadratische Form

$$x_1^2 - 2x_1x_2 + x_2^2$$
$$4x_1^2 + 8x_2^2 + x_1x_2$$
$$x_1^2 + x_1x_2 + x_2^2$$

2. Man zeige, daß eine quadratische Form $\mathbf{x}'\mathbf{A}\mathbf{x}$, mit $\mathbf{A} = \mathbf{B}\mathbf{B}'$ immer positiv semidefinit ist, und falls **B** regulär ist sogar positiv definit.
3. Man zeige, daß eine positiv semidefinite Matrix **A** sich immer darstellen läßt in der Form

$$\mathbf{A} = \mathbf{P}\mathbf{P}'.$$

4. Wir greifen zurück auf die Übung 1 zum Abschnitt 4.5. Nach der Minimum-Quadrat-Methode ist der folgende Ausdruck in **b** als Funktion von **b** zu minimieren

$$Q = \mathbf{u}'\mathbf{u} = (\mathbf{y} - \mathbf{X}\mathbf{b})'(\mathbf{y} - \mathbf{X}\mathbf{b}) = \mathbf{y}'\mathbf{y} - \mathbf{y}'\mathbf{X}\mathbf{b} - \mathbf{b}'\mathbf{X}'\mathbf{y} + \mathbf{b}'\mathbf{X}'\mathbf{X}\mathbf{b}$$

Durch Ableiten nach b_i resultieren die Normalgleichungen

$$\mathbf{X}'\mathbf{X}\mathbf{b} = \mathbf{X}'\mathbf{y}$$

Durch zweimaliges Ableiten nach b_i und b_j resultiert die folgende Matrix

$$\left(\frac{\partial^2 Q}{\partial b_i \partial b_j}\right) = \mathbf{X}'\mathbf{X}$$

Nach einem bekannten Ergebnis der Analysis liegt für Q ein Minimum vor, wenn die Matrix der zweiten Ableitungen positiv definit ist. Dies ist der Fall, sofern **X** vollen Spaltenrang K hat.

Kapitel 10: Exkurs über die komplexen Zahlen

10.1. Die Entwicklung des Zahlbegriffs

Ursprünglich wurden die Zahlen – wie der Name auch besagt – zum Zwecke des Zählens eingeführt und verwendet. Abstrakt formuliert ging es um das Problem, bei Mengen von Objekten die Anzahl der Elemente zu bestimmen. Dies ist letztlich ein Meßproblem, bei dem die **Mächtigkeit** (d. h. die Anzahl der Elemente) einer Menge gemessen wird. Die möglichen Meßwerte sind die **natürlichen Zahlen:** $n = 1, 2, 3, \ldots$

Im Bereich der natürlichen Zahlen ist in naheliegender Weise eine **Addition** definiert, indem man von zwei Mengen ausgeht mit der Anzahl n_1 bzw. n_2 und die Vereinigungsmenge betrachtet mit der Anzahl $n_3 = n_1 + n_2$. Man kann also im Bereich der natürlichen Zahlen zwei Zahlen addieren und das Ergebnis ist wieder eine natürliche Zahl. Dafür sagt man auch, daß die Menge der natürlichen Zahlen **abgeschlossen** ist bzgl. der Addition.

Zur Addition kann man die Umkehroperation „Differenz" betrachten. Diese ergibt sich in natürlicher Weise dadurch, daß aus einer Menge eine Teilmenge entnommen wird und die Anzahl der Elemente der Restmenge bestimmt wird. Damit ist im Bereich der natürlichen Zahlen in abstrakter Weise, d. h. losgelöst von konkreten Mengen, eine Differenz aus einer Zahl n_1 die größer ist als eine andere n_2 definiert: $n_3 = n_1 - n_2$.

Diese Operation führt aber aus dem Bereich der natürlichen Zahlen hinaus. So ist z. B. die Differenz 5 – 5 keine natürliche Zahl. In diesem Fall ergibt sich bekanntlich die Null, welche angesehen werden kann als Anzahl der Elemente der leeren Menge. Offensichtlich ist die Null keine „natürliche" Zahl mehr, da sie beim natürlichen Zählen nicht mehr auftritt, sondern nur in abstrakter Weise definiert werden kann. Es ist auch nicht verwunderlich, daß die Null erst sehr spät (im 8. Jahrhundert nach Christus) Eingang in die Mathematik fand. Andererseits ist sie von größter Bedeutung, da erst durch sie das Stellenwertsystem der Zahlen ermöglicht wurde.

Betrachten wir z. B. die Differenz 5 – 7, so ergibt sich bekanntlich eine negative Zahl, die überhaupt nicht mehr anhand eines Zählprozesses erklärbar ist. Allerdings kann man sich eine negative Zahl im Rahmen eines Tauschprozesses, in dem ein Tauschmittel (Geld) verwendet wird, veranschaulichen. Bei einem solchen Tauschprozeß gibt es Guthaben, deren Höhe in natürlichen Zahlen gemessen werden, und es gibt Schulden, deren Höhe durch negative Zahlen gemessen werden. Die Zahl Null repräsentiert dann den Tatbestand kein Guthaben und auch keine Schulden. Im Bereich der **ganzen** Zahlen (positive und negative natürliche Zahlen einschließlich der Null) ist dann wieder eine Addition und Differenz definiert, und die beiden Operationen führen nicht aus dem Bereich dieser Zahlen hinaus. Wir sagen, daß der Bereich der ganzen Zahlen abgeschlossen ist bezüglich Addition und Differenz (Subtraktion). Wir halten fest, daß wir uns mit diesem Zahlenbegriff vom „natürlichen“ Zählen schon etwas entfernt haben.

Die Operation **Multiplikation** wird eingeführt, um die mehrfache Addition in knapper Form beschreiben zu können; so schreiben wir z. B. anstatt 5 + 5 + 5 einfach 3 · 5. Nach Definition sind die ganzen Zahlen abgeschlossen bezüglich der Multiplikation. Wieder kann man die Umkehroperation zur Multiplikation betrachten; so ergibt sich z. B. 12 = 3 · 4 und daher 12/3 = 4. Bezüglich dieser Operation **Division** ist die Menge der ganzen Zahlen nicht mehr abgeschlossen, da z. B. 7/3 nicht mehr eine ganze Zahl ergibt. Es erfolgte eine zusätzliche Erweiterung der Zahlen, indem Brüche eingeführt wurden. Damit gelangte man zu den **rationalen** Zahlen. Jede rationale Zahl kann dargestellt werden als ein Zahlenpaar von ganzen Zahlen (n_1, n_2), wobei die erste Zähler ist und die zweite der Nenner $\neq 0$. Veranschaulicht werden die rationalen Zahlen durch Vielfache von Teilstücken. So kann man sich z. B. von einer Wegstrecke 1/2 oder 1/3 vorstellen und davon ausgehend die Vielfachen 3 · (1/2) = 3/2 oder 7 · (1/3) = 7/3.

Die Menge der rationalen Zahlen enthält als Teilmenge die ganzen Zahlen und sie ist abgeschlossen bzgl. der drei Grundrechenarten (Addition, Subtraktion, Mutiplikation und Division), wenn man Division durch Null vermeidet. Man beachte, daß die Dezimalzahlen spezielle rationale Zahlen sind; so ist z. B. 5,23 gleich 5 + 2 · (1/10) + 3 · (1/100).

Die Operation **Exponentiation** wird eingeführt, um die mehrfache Multiplikation in knapper Form schreiben zu können; so schreiben wir z. B. anstatt 5 · 5 · 5 einfach 5^3. Wieder kann man die Umkehroperation zur Exponentiation betrachten; so ergibt sich z. B. $125 = 5^3$ und daher ist „die dritte Wurzel“ aus 125 gleich 5. Bezüglich dieser Operation **Wurzelziehen** ist die Menge der rationalen Zahlen nicht abgeschlossen. Bereits im Altertum hat man sich mit der Frage beschäftigt, ob es eine Zahl gibt, deren Quadrat 2 ist und zwar im Zusammenhang mit der Bestimmung der Länge der Diagonalen eines Quadrats mit Seitenlänge 1. Die Frage ist also, ob die Wurzel aus 2 eine rationale Zahl ist, und die Antwort ist negativ. Man kann relativ leicht zeigen, daß die Wurzel aus 2 keine rationale Zahl sein kann.

Obwohl es auch starke Widerstände philosophischer Art gab, hat man die rationalen Zahlen erweitert durch Hinzufügen der irrationalen Zahlen, zu denen insbesondere die Zahlen gehören, die sich durch Wurzelziehen ergeben. Damit gelangte man schließlich zu den sogenannten **reellen** Zahlen, die man sich geometrisch auf der Zahlengerade veranschaulichen kann.

Die Menge der reellen Zahlen ist aber nicht abgeschlossen bezüglich der Operation Wurzelziehen, denn es gibt keine reelle Zahl, deren Produkt – 1 wäre. Mit anderen Worten: die Wurzel aus – 1 ist nicht definiert.

Der Drang der Mathematiker, einen möglichst abgeschlossenen Bereich von Zahlen zu erhalten, führte dazu, daß die imaginären bzw. komplexen Zahlen eingeführt wurden. Wie der Name sagt, sind diese Zahlen schlecht vorstellbar, also imaginär. Wenn wir aber die Entwicklung des Zahlbegriffs verfolgen, so ist der Schritt von den reellen zu den imaginären Zahlen wohl nicht weniger gerechtfertigt als der von den rationalen zu den irrationalen. Mit „Zählen“ haben diese Zahlen natürlich nichts mehr zu tun.

10.2. Die komplexen Zahlen

Wir führen nun die neue Zahl Wurzel aus –1 ein und bezeichnen sie mit i.
Es muß also gelten $i^2 = -1$.
Damit können wir jede Wurzel aus einer negativen Zahl erfassen, wenn wir die üblichen Rechenregeln der reellen Zahlen verwenden. So ist z. B. die Wurzel aus – 4 gleich

$$\sqrt{-4} = \sqrt{(-1)4} = \sqrt{-1}\sqrt{4} = i \cdot 2$$

Damit sind die **imaginären** Zahlen festgelegt: Eine imaginäre Zahl ist gleich ai = ia, wobei a eine reelle Zahl ist und i die imaginäre Einheit. Imaginäre Zahlen kann man wie gewohnt addieren und subtrahieren; z. B. $3i + \sqrt{3}i = (3 + \sqrt{3})i$.

Natürlich ist auch eine Potenz einer imaginären Zahl definiert: z. B. $i^3 = i^2\, i = -1 \cdot i = -i$.
Da der erweiterte Zahlenbereich abgeschlossen sein soll bezüglich der Addition, müssen wir auch die Addition einer reellen und einer imaginären Zahl zulassen. Wir betrachten z. B. 3 + 5i. Natürlich kann man diese Zahlengebilde nicht einfacher darstellen. Genau wie bei den rationalen Zahlen könnten wir zur Beschreibung ein Zahlenpaar verwenden, um die Zahl a + bi darzustellen, wobei a und b reelle Zahlen sein sollen: (a, b). Üblicherweise bleibt man aber bei der additiven Darstellung. Wir erhalten also die **komplexen** Zahlen in der Standarddarstellung, wenn wir Zahlengebilde der Art a + bi betrachten, wobei a und b reelle Zahlen sind. Als Spezialfälle ergeben sich die reellen (b = 0) und die imaginären (a = 0) Zahlen. Vereinfacht kann man sagen, daß man die imaginäre Einheit wie eine Unbekannte x behandelt und gegebenenfalls beachtet, daß $i^2 = -1$ gilt.

Daher ergibt sich für die Addition zweier komplexer Zahlen $a_1 + b_1 i$ bzw. $a_2 + b_2 i$ das Ergebnis $(a_1 + a_2) + (b_1 + b_2)i$
also wieder eine komplexe Zahl in der Standarddarstellung a + bi.

Man kann auch komplexe Zahlen wie gewohnt multiplizieren.
Dazu ein Beispiel:

$$(3 + 5i)(7 - \sqrt{2}i) = 21 + 35i - 3\sqrt{2}i - 5\sqrt{2}i^2 = (21 + 5\sqrt{2}) + (35 - 3\sqrt{2})i$$

Es ergibt sich also wieder eine komplexe Zahl in der Standarddarstellung a + bi.
Auch die Division ist ausführbar. So ergibt sich z. B. für (3 + 5i) / (6 – 2i), wenn wir diesen Bruch mit (6 + 2i) erweitern, für den Zähler der Wert 8 + 36i und für den Nenner der Wert 40. Insgesamt lautet das Ergebnis der Division in Standardform

$$\frac{8}{40} + \frac{36}{40}i$$

Die Frage ist, ob man eine komplexe Zahl hoch einer komplexen Zahl nehmen kann oder ob der Sinus oder der Logarithmus einer komplexen Zahl definiert ist. Die Antwort ist ja, allerdings wollen wir auf diese Probleme nicht eingehen. Man kann zeigen, daß der Bereich der komplexen Zahlen abgeschlossen ist bezüglich der üblichen Rechenoperationen und daß man die üblichen Funktionen im Bereich der reellen Zahlen wie Sinus, Logarithmus oder exp (also e hoch, wobei e die Eulersche Zahl ist) auf den Bereich der komplexen Zahlen erweitern kann. Diese Probleme sind Gegenstand der Funktionentheorie. Für die Anwendung ist eine Beziehung von besonderer Bedeutung, nämlich die folgende:

(1) $\exp(ia) = \cos(a) + i \sin(a)$
wobei a reell ist und in Radian gemessen ist, d. h. 2π entspricht 360 Grad.
Zum Schluß soll noch auf die geometrische Veranschaulichung der komplexen Zahl eingegangen werden. Es ist üblich, die komplexen Zahlen in einem karthesischen Koordinatensystem darzustellen, wobei die Ordinate der **imaginären Achse** entspricht und die Abszisse der **reellen Achse.** Siehe Abbildung 1.

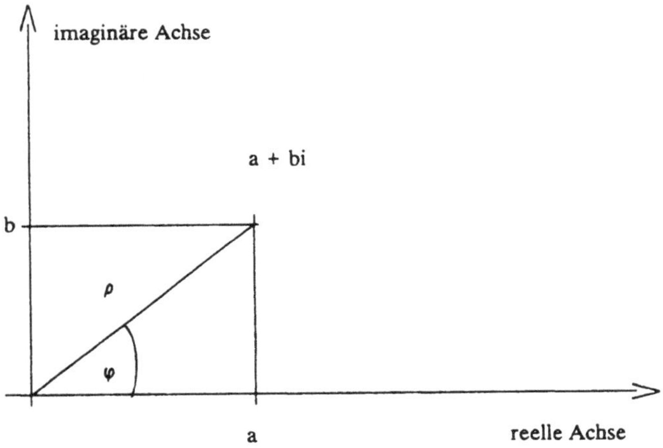

Abb. 1

Jede komplexe Zahl a + bi entspricht dann einem Punkt in der Ebene und umgekehrt. Man spricht daher von der **komplexen Zahlenebene.** Jeder Punkt in der Ebene hat vom Ursprung einen wohldefinierten Abstand: $\rho = \sqrt{a^2 + b^2}$.

Man bezeichnet die Zahl ρ auch als **Absolutbetrag** der komplexen Zahl a + bi. Er entspricht im Reellen gerade dem üblichen Absolutbetrag. Für manche Überlegungen ist es zweckmäßig, eine komplexe Zahl in einer etwas anderen Form, der sogenannten **Polarkoordinatenform,** darzustellen.

Wir gehen von der Standardform a + bi aus und schreiben dafür

$$\rho\,[a/\rho + (b/\rho)\,i]$$

Aus der Trigonometrie ist bekannt, daß es nach Definition von ρ immer einen Winkel φ gibt, so daß

$$a/\rho = \cos\varphi \text{ und } b/\rho = \sin\varphi$$

Also erhalten wir (siehe auch Abb. 1) die Darstellung

$$a + bi = \rho\,[\cos\varphi + i\sin\varphi]$$

Aus (1) folgt daher

(2) $a + bi = \rho \exp(i\varphi)$

Mit Hilfe dieser Formel ergibt sich nach den üblichen Rechenregeln

(3) $(a + bi)^n = \rho^n \exp(in\varphi) = \rho^n\,[\cos(n\varphi) + i\sin(n\varphi)]$

wobei n eine reelle Zahl ist.
Unter Verwendung von (3) kann man sehr einfach alle Lösungen einer „Wurzelgleichung" ermitteln. Wir betrachten das Beispiel vierte Wurzel aus 1.
Es ergibt sich

$$1 = \exp(0i) = \cos(0) + i\sin(0) = \cos(2k\pi) + i\sin(2k\pi) = \exp(2k\pi) \text{ mit } k = 0, 1, 2, \ldots$$

Daraus folgt für die vierte Wurzel aus 1

$$\exp(2k\pi/4) = \exp(k\pi/2) = \cos(k\pi/2) + i\sin(k\pi/2).$$

Aufgrund der Periodizität der trigonometrischen Funktionen ergeben sich vier verschiedene Lösungen für k = 0, 1, 2, 3:

$$1,\ \cos(\pi/2) + i\sin(\pi/2),\ \cos\pi + i\sin\pi,\ \cos(3\pi/2) + i\sin(3\pi/2)$$

oder

$$1,\ i,\ -1,\ -i.$$

10.3. Die Bedeutung der komplexen Zahlen

Die Lineare Algebra, wie sie in den Kapiteln 1 bis 7 dargestellt wurde, kann im Prinzip auch unter Verwendung der komplexen Zahlen (anstelle der reellen Zahlen) entwickelt werden. Man spricht dann von einer Linearen Algebra über dem Körper der komplexen Zahlen. Manche Bücher über Lineare Algebra verwenden durchgehend die komplexen Zahlen. Daß die Verwendung der komplexen Zahlen an den Überlegungen in der Linearen Algebra nichts ändert, liegt an der Tatsache, daß die vier Grundrechenarten für komplexe Zahlen genauso definiert sind wie für reelle Zahlen. Zu beachten ist zusätzlich, daß der Absolutbetrag einer komplexen Zahl richtig definiert wird (siehe 10.2.). Ferner ist zu beachten, daß die geometrische Darstellung von Sachverhalten bei Verwendung komplexer Zahlen nicht gut möglich ist. Da wir aber die geometrische Veranschaulichung nur aus didaktischen Gründen verwendet haben, ist das nur ein didaktischer und kein inhaltlicher Mangel.

Die Einführung der komplexen Zahl ist für die Ermittlung der Nullstellen eines Polynoms von großer Bedeutung. Der Fundamentalsatz der Algebra besagt, daß ein Polynom P(λ) von Grade n mit reellen Koeffizienten immer in folgender Form geschrieben werden kann

$$P(\lambda) = a\,(\lambda - \lambda_1)(\lambda - \lambda_2)\ldots(\lambda - \lambda_n)$$

Dabei müssen die λ_i nicht alle verschieden sein, sie sind aber im allgemeinen komplex. Die n λ_i sind die einzigen möglichen Nullstellen des Polynoms. Diese Aussage ist im Rahmen der Eigenwerttheorie sehr wichtig.

Literaturverzeichnis

An mathematischen Lehrbüchern seien genannt

[1] Gantmacher, F. R.:
Matrizenrechnung, Band I und II
Übersetzung aus dem Russischen
Berlin 1966

[2] Sperner, E.:
Einführung in die Analytische Geometrie und Algebra, 1. und 2. Teil
Göttingen 1963

Das Buch von Gantmacher kann angesehen werden als ein Standardbuch für Lineare Algebra, in dem insbesondere auch physikalische und technische Anwendungen behandelt werden. Es ist für mathematisch Vorgebildete leicht lesbar und behandelt insbesondere die für Ökonomen wichtigen nichtnegativen Matrizen sehr ausführlich.

Das Buch von Sperner ist das Lehrbuch, das in den fünfziger und sechziger Jahren hauptsächlich für Studenten der Mathematik empfohlen wurde. Es ist sehr ausführlich, leicht lesbar aber nicht so sehr anwendungsbezogen wie das Buch von Gantmacher.

An Lehrbüchern mit ökonomischen Anwendungen seien genannt

[3] Searle, S. R., Hausman, W. H.:
Matrix Algebra for Business and Economics
New York 1970

[4] Stöppler, S.:
Mathematik für Wirtschaftswissenschaften
Lineare Algebra und ökonomische Anwendung
Opladen 1972

[5] Wetzel, W. - Skarabis, H. - Naeve, P.:
Mathematische Propädeutik für Wirtschaftswissenschaften
I Lineare Algebra
Berlin 1968

[6] Hadley, G.:
Linear Algebra
London 1961

[7] Bliefernich, M., et al.:
Aufgaben zur Matrizenrechnung und Linearen Optimierung
Würzburg 1968

Das Buch von Searle eignet sich sehr gut als Einstieg in die Lineare Algebra. Die Begriffe Vektor und Matrix werden sehr ausführlich und mit Hilfe vieler Beispiele eingeführt. Es ist besonders solchen Lesern zu empfehlen, die mathematisch nicht gut vorgebildet sind.

Das Buch von Stöppler behandelt neben der Linearen Algebra noch etwas mathematische Grundlagen und Lineare Programmierung. Besonders hervorzuheben sind die vielen Anwendungen.

Demgegenüber werden im Buch von Wetzel keine Anwendungen gebracht, und es bringt eine sehr straffe Darstellung der Linearen Algebra.

Als Standardbuch über Lineare Algebra kann das Buch von Hadley angesehen werden. Es hat allerdings in den Augen vieler Studenten den Nachteil, daß es in englischer Sprache verfaßt ist.

Schließlich wird noch auf das Buch von Bliefernich verwiesen, das Aufgaben zur Matrizenrechnung bringt.

Im Text wird noch auf die folgenden Literaturstellen verwiesen

[8] Dieudonné, J.:
Grundzüge der modernen Analysis
Braunschweig 1972

[9] Berge, C.:
Theorie des graphes et ses applications
Paris 1967

[10] Schumann, J.:
Input-Output Analyse
Berlin 1968

Lösungsteil

Lösungen der Aufgaben zu Kapitel 2 (Vektoren)

Abschnitt 2.1. (Grundbegriffe und Operationen)

1. $\mathbf{x} = (L_1, L_2, L_3, L_4, L_5)$, $\mathbf{y} = 0.95\,\mathbf{x}$, $\mathbf{z} = \mathbf{y} - a\,(1, 1, 1, 1, 1)$

2. Die i-te Komponente von $\alpha\,(\mathbf{a} + \mathbf{b})$ lautet: $\alpha\,(a_i + b_i) = \alpha a_i + \alpha b_i$ und die i-te Komponente von $\alpha\mathbf{a} + \alpha\mathbf{b}$: $\alpha a_i + \alpha b_i$.
Die i-te Komponente von $(\alpha + \beta)\,\mathbf{a}$ lautet: $(\alpha + \beta)\,a_i = \alpha a_i + \beta a_i$ und die i-te Komponente von $\alpha\mathbf{a} + \beta\mathbf{a}$: $\alpha a_i + \beta a_i$.

3. Bei der Aggregation dreier Haushalte H_1, H_2 und H_3 kann man zuerst H_2 und H_3 zu H' und dann H_1 und H' aggregieren oder zuerst H_1 und H_2 zu H'' und dann H'' und H_3.
Die i-te Komponente von $\mathbf{a} + (\mathbf{b} + \mathbf{c})$ lautet: $(a_i + b_i) + c_i$ und die von $\mathbf{a} + \mathbf{b} + \mathbf{c}$: $a_i + b_i + c_i$.

4. $\alpha(a) = (\alpha a)$ entspricht αa also der üblichen Multiplikation. $(a) + (b) = (a + b)$ entspricht $a + b$ also der üblichen Addition.

5. Es werden vier Haushalte $H_1, \ldots, H_4$ betrachtet. Zu H_i gehöre der Konsumvektor $\mathbf{a}_i$. Durch Aggregation entstehe der Haushalt H mit dem Konsumvektor $\mathbf{a}$.
Dann gilt: $a_j = a_{1j} + a_{2j} + a_{3j} + a_{4j}$ für $1 \leqq j \leqq m$.

6. $2\,(\mathbf{a} + \mathbf{x}) = -\mathbf{b} - \mathbf{c}$, $\mathbf{a} + \mathbf{x} = -\frac{1}{2}(\mathbf{b} + \mathbf{c})$, $\mathbf{x} = -\mathbf{a} - \frac{1}{2}(\mathbf{b} + \mathbf{c})$;
$6\mathbf{x} + 3\mathbf{a} + \mathbf{x} + \mathbf{c} = \mathbf{0}$, $7\mathbf{x} = -3\mathbf{a} - \mathbf{c}$, $\mathbf{x} = -\frac{1}{7}(3\mathbf{a} + \mathbf{c})$

7.* $a_1 + a_2 x + b_1 + b_3 x = (a_1 + a_2) + (b_1 + b_2)\,x$
Also bedeutet diese Addition für die entsprechenden Vektoren die Vektoraddition.

$$\alpha\,(a_1 + a_2 x) = \alpha a_1 + \alpha a_2 x$$

Also bedeutet diese Multiplikation für die entsprechenden Vektoren die Skalarmultiplikation.
Es gilt z. B.

$$(\alpha + \beta)\,(a_1 + a_2 x) = \alpha\,(a_1 + a_2 x) + \beta\,(a_1 + a_2 x)$$

Dies entspricht bei den Vektoren der Rechenregel:

$$(\alpha + \beta)\,\mathbf{a} = \alpha\mathbf{a} + \beta\mathbf{a}$$

Die Überlegungen für den Fall, daß $x = \sqrt{-1}$ gesetzt wird verlaufen völlig analog, da in beiden Fällen x unbekannt ist.

Lösungen zum Abschnitt 2.2. (Geometrische Darstellung von Vektoren)

1.

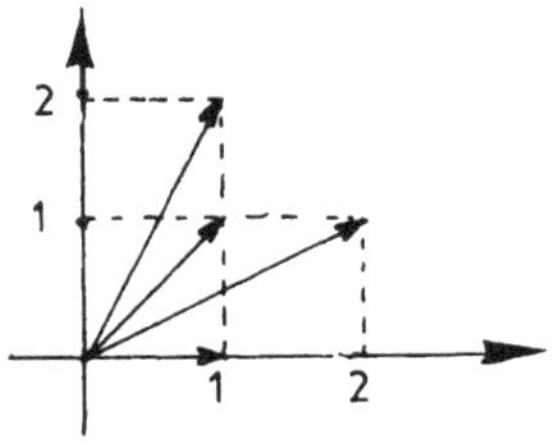

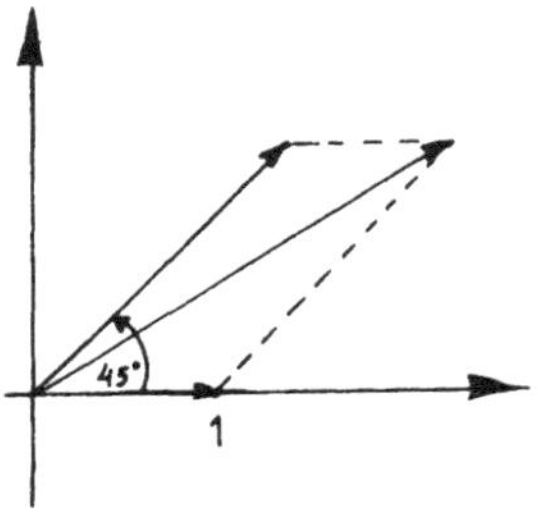

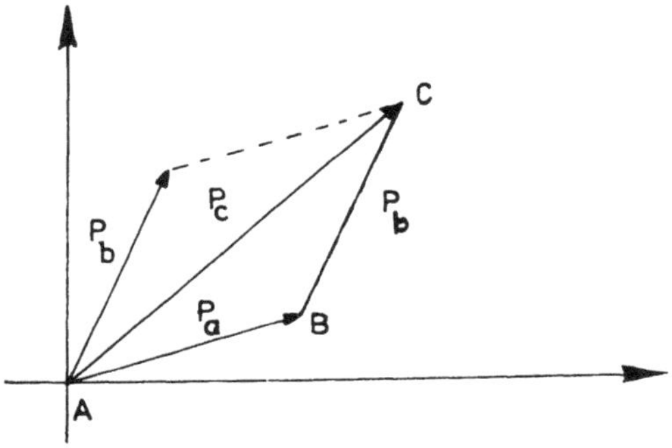

2. Der Abszisse entspricht der Äquator. Der Ordinate entspricht der Nullmeridian, der durch Greenwich geht. Die Längen- und Breitengrade schneiden sich in einem rechten Winkel. Die Einheiten werden festgelegt durch die Segmente auf der Erdoberfläche, die einem Winkelgrad entsprechen.

   Einen Punkt in der Erde könnte man durch die zusätzliche Angabe des Abstandes vom Erdmittelpunkt angeben.

3. $a_1/a_2 = c_1/c_2$, wobei a_2 und $c_2 \neq 0$.

   Es gibt ein α mit $a_1 = \alpha c_1$ und ein β mit $a_2 = \beta c_2$. Daraus folgt

$$a_1/a_2 = (\alpha/\beta)\frac{c_1}{c_2} = \frac{c_1}{c_2} \text{ d.h. } \alpha = \beta$$

   Damit ist gezeigt: $\mathbf{a} = \alpha \mathbf{c}$

   Aus $\mathbf{a} = \alpha \mathbf{c}$ und $\mathbf{b} = \gamma \mathbf{c}$ folgt für $\gamma \neq 0$: $\mathbf{a} = (\alpha/\gamma)\mathbf{b}$

   Die Definition des Sinus folgt aus Beziehung (2)

$$\sin \varphi = c_1/b_1 = c_2/b_2$$

4. Jedem Punkt, der nicht gleich ist dem Nullpunkt, entspricht genau ein Pfeil. Dem Nullpunkt entspricht der Nullpfeil und nur dieser.

5.

$$\mathbf{x} = (1,0) + (\sqrt{2}, \sqrt{2}) = (1 + \sqrt{2}, \sqrt{2}).$$

6.* Die Punktmenge ist eine Gerade, die parallel zur Zeitachse verläuft.

7. $\varrho = \sqrt{2}, \ \varphi = 45°$
   $\varrho = 1, \quad \varphi = 60°$
   $\varrho = 1, \quad \varphi = 0$
   $\varrho = 1, \quad \varphi = 90^0$

Abschnitt 2.3. (Das innere Produkt)

1. $a_1 x_1 + \ldots + a_n x_n = b$
   entspricht
   $\mathbf{a}\mathbf{x} = b$

2. Wenn **a** und **b** parallel sind, so resultiert $\varphi = 0$ oder $\varphi = 180°$, d.h. $\cos\varphi = \pm 1$
   Daraus folgt
   $$\mathbf{a}\mathbf{b} = \pm |\mathbf{a}|\,|\mathbf{b}|$$

5. Bezeichnen wir den Nullpunkt mit A, den Punkt, der in der Spitze von P_a liegt mit B und den, der in der Spitze von P_c liegt mit C, so resultiert, daß die Entfernung von A nach C nicht länger ist als die von A über B nach C.

Lösungen der Aufgaben zu Kapitel 3 (Matrizen)

Abschnitt 3.1. (Grundbegriffe und Operationen)

2. Das Zahlenschema ist nicht rechteckig.
3. In beiden Fällen besteht Ungleichheit. Im ersten ist $a_{23} \neq b_{23}$ und im zweiten stimmen die Dimensionen nicht überein.
4. $\text{zvec}\,\mathbf{A} = (1, 2, 3, 4, 5, 6)$
   und

$$\text{svec}\,\mathbf{A} = \begin{pmatrix} 1 \\ 2 \\ 3 \\ 4 \\ 5 \\ 6 \end{pmatrix}$$

bzw.

$\text{zvec}\,\mathbf{A} = \mathbf{A}$

$$\text{svec}\,\mathbf{A} = \begin{pmatrix} 1 \\ 2 \\ 3 \\ 4 \\ 5 \end{pmatrix}$$

5. Nur das erste Paar hat dieselbe Ordnung, und daher gilt

$$\mathbf{A} + \mathbf{B} = \begin{pmatrix} 2 & 3 & 4 \\ 5 & 6 & 7 \end{pmatrix}$$

Abschnitt 3.2. (Die Matrizenmultiplikation)

1. Nur für das dritte Paar gilt $s(\mathbf{A}) = z(\mathbf{B})$, und daher ist nur dieses Produkt definiert.
2. $$\mathbf{A} \cdot \mathbf{B} = \begin{pmatrix} 6 & 17 \\ 9 & 25 \\ 12 & 33 \end{pmatrix}$$

   bzw.

   $$\mathbf{A} \cdot \mathbf{B} = \begin{pmatrix} 1 & 1 & 1 \\ 2 & 2 & 2 \\ 3 & 3 & 3 \end{pmatrix}$$

3. Es soll

   $$(\mathbf{A} + \mathbf{B})^2 = (\mathbf{A} + \mathbf{B})(\mathbf{A} + \mathbf{B}) = \mathbf{A}^2 + \mathbf{BA} + \mathbf{AB} + \mathbf{B}^2$$

   gleich sein

   $$\mathbf{A}^2 + 2\mathbf{AB} + \mathbf{B}^2$$

   Dies gilt nur für $\mathbf{AB} = \mathbf{BA}$.

4.1. Es ergibt sich $\mathbf{C} = \mathbf{A} \cdot \mathbf{B}$
Damit multiplizieren sich Übermatrizen (deren Elemente Matrizen sind) formal genauso wie Matrizen.

4.2. Die Matrizen $\mathbf{A}_{ij}$ und $\mathbf{B}_{ij}$ seien von der Ordnung (n, n). Dann gilt für das Element in Zeile i und Spalte j des Produkts der beiden Übermatrizen
für $1 \leqq i, j \leqq n$

$$c_{ij} = \sum_{\nu=1}^{n} a_{11i\nu} b_{11\nu j} + \sum_{\nu=1}^{n} a_{12i\nu} b_{21\nu j},$$

für $1 \leqq i \leqq n$ und $n + 1 \leqq j \leqq 2n$

$$c_{ij} = \sum_{\nu=1}^{n} a_{11i\nu} b_{12\nu j} + \sum_{\nu=1}^{n} a_{12i\nu} b_{22\nu j}$$

usw.

Dieses Ergebnis läßt sich direkt auf Übermatrizen höherer Ordnung übertragen.

4.3. Man überlegt sich, daß das Element in Zeile i und Spalte j in der Matrix $\mathbf{C} = \mathbf{A}^2$ folgendermaßen aussieht

$$c_{ij} = \sum_{\nu=1}^{n_1} a_{1i\nu} a_{1\nu j} \quad \text{für } 1 \leqq i, j \leqq n_1$$

und

$$c_{ij} = 0 \text{ für } 1 \leqq i \leqq n_1, n_1 < j \leqq n.$$

Analoges gilt für die restlichen Zeilen.

5. $(\mathbf{A} + \mathbf{B})(\mathbf{x} + \mathbf{y}) = (\mathbf{A} + \mathbf{B})\mathbf{x} + (\mathbf{A} + \mathbf{B})\mathbf{y} = \mathbf{A}\mathbf{x} + \mathbf{B}\mathbf{x} + \mathbf{A}\mathbf{y} + \mathbf{B}\mathbf{y}$

6. $(\mathbf{A} + \mathbf{B})(\mathbf{C} + \mathbf{D}) = \mathbf{A}(\mathbf{C} + \mathbf{D}) + \mathbf{B}(\mathbf{C} + \mathbf{D}) = \mathbf{AC} + \mathbf{AD} + \mathbf{BC} + \mathbf{BD}$

7. Sei d_{1i} das i-te Diagonalelement von $\mathbf{D}_1$ und d_{2i} das i-te Diagonalelement von $\mathbf{D}_2$.
Dann sind $\mathbf{D}_1\mathbf{D}_2$ und $\mathbf{D}_2\mathbf{D}_1$ diagonal mit dem i-ten Diagonalelement $d_{1i}d_{2i}$.
Wenn nur $\mathbf{D}_1$ diagonal ist, so entspricht die Multiplikation mit $\mathbf{D}_1$ einer Multiplikation der Zeile i mit dem Faktor d_{1i}, und wenn $\mathbf{D}_2$ diagonal ist, so wird die Spalte j von $\mathbf{D}_1$ mit dem Faktor d_{2j} multipliziert.

8.* $$\frac{a_{11}\left(\dfrac{b_{11}x + b_{12}}{b_{21}x + b_{22}}\right) + a_{12}}{a_{21}\left(\dfrac{b_{11}x + b_{12}}{b_{21}x + b_{22}}\right) + a_{22}} = \frac{(a_{11}b_{11} + a_{12}b_{21})x + a_{11}b_{12} + a_{12}b_{22}}{(a_{21}b_{11} + a_{22}b_{21})x + a_{21}b_{12} + a_{22}b_{22}}$$

9.* $$\mathbf{A}^2 = \begin{pmatrix} 0 & 1 \\ 1 & 0 \end{pmatrix}\begin{pmatrix} 0 & 1 \\ 1 & 0 \end{pmatrix} = \begin{pmatrix} 1 & 0 \\ 0 & 1 \end{pmatrix}$$

Es seien $\alpha, \beta \geqq 0$. Dann gilt

$$(\alpha\mathbf{I}_2)(\beta\mathbf{A}) = \alpha \cdot \beta\mathbf{A}$$

Für $\alpha, \beta \leqq 0$ ergibt sich

$$(|\alpha|\mathbf{A})(|\beta|\mathbf{A}) = |\alpha \cdot \beta|\mathbf{I}_2$$

10. Schematisch ergibt sich, wenn E_i eine Einheit des Endprodukts i, Z_j eine Einheit des Zwischenprodukts j und R_k eine Einheit des Rohstoffs k symbolisieren

$$\begin{aligned} E_1 &= 1Z_1 + 0Z_2 \\ Z_1 &= 1R_1 + 2R_2 + 1R_3 \\ Z_2 &= 0R_1 + 1R_2 + 1R_3 \end{aligned}$$

Daraus folgt durch Ersetzen

$$\begin{aligned} E_1 &= 1(1R_1 + 2R_2 + 1R_3) + 0(0R_1 + 1R_2 + 1R_3) \\ &= (1 \cdot 1 + 0 \cdot 0)R_1 + (1 \cdot 2 + 0 \cdot 1)R_2 + (1 \cdot 1 + 0 \cdot 1)R_3. \end{aligned}$$

Damit ergibt sich die erste Zeile von $\mathbf{R}_E$ gerade als die erste Zeile des Produkts von $\mathbf{R}_Z$ und $\mathbf{Z}_E$. Entsprechendes gilt für die zweite und dritte Zeile von $\mathbf{R}_E$. Weiter ergibt sich für $\mathbf{e}' = (100, 200, 500)$ der folgende Rohstoffverbrauchsvektor

$$\mathbf{R}_E \cdot \mathbf{e}$$

Lösungen der Aufgaben zu Kapitel 4 (Lineare Gleichungssysteme)

Abschnitt 4.2. (Der Gaußsche Algorithmus)

1. Es ergibt sich

$$x_1 = -1, x_2 = -2, x_3 = 0, x_4 = 2, x_5 = 1$$

3. Es ist

$$\mathbf{a}_1^{(k)} = \mathbf{a}_1$$
$$\mathbf{a}_2^{(k)} = \mathbf{a}_2 + g_{21}\mathbf{a}_1$$
$$\mathbf{a}_3^{(k)} = \mathbf{a}_3 + g_{31}\mathbf{a}_1 + g_{32}\mathbf{a}_2$$

Setzen wir

$$\mathbf{G} = \begin{pmatrix} 1 & 0 & 0 \\ g_{21} & 1 & 0 \\ g_{31} & g_{32} & 1 \end{pmatrix},$$

so sind obige Gleichungen gleichbedeutend mit

$$\mathbf{A}^{(k)} = \begin{pmatrix} \mathbf{a}_1^{(k)} \\ \mathbf{a}_2^{(k)} \\ \mathbf{a}_3^{(k)} \end{pmatrix} = \mathbf{G}\mathbf{A} = \begin{pmatrix} 1 & 0 & 0 \\ g_{21} & 1 & 0 \\ g_{31} & g_{32} & 1 \end{pmatrix} \begin{pmatrix} \mathbf{a}_1 \\ \mathbf{a}_2 \\ \mathbf{a}_3 \end{pmatrix}$$

Abschnitt 4.3. (Die lineare Abhängigkeit von Vektoren)

1. $$\mathbf{A} = \begin{bmatrix} 1 & 1 & 1 & 1 \\ 2 & 2 & 1 & 1 \\ 2 & 3 & 2 & 2 \\ 3 & 3 & 1 & 1 \\ 4 & 2 & 1 & 1 \end{bmatrix}, \quad \mathbf{A}^{(1)} = \begin{bmatrix} 1 & 1 & 1 & 1 \\ 0 & 0 & -1 & -1 \\ 0 & 1 & 0 & 0 \\ 0 & 0 & -2 & -2 \\ 0 & -2 & -3 & -3 \end{bmatrix}$$

Wir vertauschen in $\mathbf{A}^{(1)}$ Spalte 3 und 2 (Pivotisierung) und erhalten weiter

$$\mathbf{A}^{(2)} = \begin{bmatrix} 1 & 1 & 1 & 1 \\ 0 & -1 & 0 & -1 \\ 0 & 0 & 1 & 0 \\ 0 & 0 & 0 & 0 \\ 0 & 0 & -2 & 0 \end{bmatrix}$$

Wir vertauschen in $\mathbf{A}^{(2)}$ Zeile 4 und 5 und erhalten weiter

$$\mathbf{A}^{(3)} = \begin{bmatrix} 1 & 1 & 1 & 1 \\ 0 & -1 & 0 & -1 \\ 0 & 0 & 1 & 0 \\ 0 & 0 & 0 & 0 \\ 0 & 0 & 0 & 0 \end{bmatrix}$$

Also sind $\mathbf{a}_1$, $\mathbf{a}_2$ und $\mathbf{a}_3$ linear unabhängig, während $\mathbf{a}_4$ und $\mathbf{a}_5$ von $\mathbf{a}_1$, $\mathbf{a}_2$ und $\mathbf{a}_3$ linear abhängen.

2. Da die Matrix

$$\begin{bmatrix} 1 & 0 & 0 & 0 & 0 \\ 0 & 1 & 0 & 0 & 0 \\ 0 & 0 & 1 & 0 & 0 \\ 0 & 0 & 0 & 1 & 0 \\ 0 & 0 & 0 & 0 & 1 \end{bmatrix}$$

von der Form ist, wie sie beim Gaußschen Algorithmus resultiert und keine Nullzeile enthält, sind die 5 Einheitsvektoren linear unabhängig.

3. Aus

$$\mathbf{a} = x_1 \mathbf{b} + x_2 \mathbf{c}$$

folgt

$$\begin{aligned} a_1 &= x_1 b_1 + x_2 c_1 \quad \text{bzw.} \quad & 4 &= x_1 + x_2 \\ a_2 &= x_1 b_2 + x_2 c_2 & 5 &= 3x_1 + x_2 \end{aligned}$$

Daraus ergibt sich: $x_1 = 1/2$ und $x_2 = 7/2$

Sei

$$\mathbf{A} = \begin{pmatrix} 1 & 1 \\ 1 & 3 \\ 4 & 5 \end{pmatrix}$$

Ziehen wir von Zeile 2 die Zeile 1 und von Zeile 3 das 4-fache von Zeile 1 ab, so resultiert

$$\mathbf{A}^{(1)} = \begin{pmatrix} 1 & 1 \\ 0 & 2 \\ 0 & 1 \end{pmatrix}$$

Nun ziehen wir die Hälfte der Zeile 2 von Zeile 3 ab, und es ergibt sich

$$\mathbf{A}^{(2)} = \begin{pmatrix} 1 & 1 \\ 0 & 2 \\ 0 & 0 \end{pmatrix}$$

Das bedeutet

$$\mathbf{0} = \mathbf{a}_3^{(2)} = \mathbf{a} - 4\ \ \mathbf{c} - (1/2)(\mathbf{b} - \mathbf{c}) = \mathbf{a} - 1/2\mathbf{b} - 7/2\mathbf{c}$$

oder $\mathbf{a} = 1/2\mathbf{b} + 7/2\mathbf{c}$.

4. Sei

$$\mathbf{A} = \begin{pmatrix} \mathbf{a} \\ \mathbf{b} \\ \mathbf{c} \end{pmatrix},$$

so gilt, daß die Matrix, die aus **A** durch elementare Zeilenoperationen entsteht, gleichviel linear unabhängige Zeilenvektoren hat. Speziell ergibt sich aus **A** durch elementare Zeilenoperationen

$$\begin{pmatrix} \mathbf{a} \\ \mathbf{b} + \mathbf{c} \\ \mathbf{c} + \mathbf{a} \end{pmatrix}$$

5. Die Matrix

$$\mathbf{A} = \begin{pmatrix} 1 & 1 & 1 \\ 1 & 0 & 1 \\ 0 & 1 & 1 \end{pmatrix}$$

hat drei linear unabhängige Zeilenvektoren. Also bilden $\mathbf{a}_1$, $\mathbf{a}_2$, $\mathbf{a}_3$ eine Basis.

Die Matrizen

$$\begin{pmatrix} 1 & 0 & 0 \\ 1 & 0 & 1 \\ 0 & 1 & 1 \end{pmatrix} \text{ und } \begin{pmatrix} 1 & 1 & 1 \\ 1 & 0 & 1 \\ 1 & 0 & 0 \end{pmatrix}$$

haben beide drei linear unabhängige Zeilenvektoren. Also kann man $\mathbf{a}_1$ und $\mathbf{a}_3$ gegen **b** austauschen.

Andererseits ist aber $\mathbf{a}_3 + \mathbf{b} = \mathbf{a}_1$, d.h. die drei Vektoren $\mathbf{a}_1$, $\mathbf{a}_3$ und **b** sind linear abhängig und bilden keine Basis.

Abschnitt 4.4. (Der Rang einer Matrix)

1. Es ergibt sich

$$\mathbf{A}^{(1)} = \begin{pmatrix} 1 & 1 & 1 & 1 & 1 \\ 0 & 1 & 2 & 3 & 4 \\ 0 & 2 & 0 & 0 & 0 \\ 0 & 3 & 0 & 0 & 0 \end{pmatrix} \quad \mathbf{A}^{(2)} = \begin{pmatrix} 1 & 1 & 1 & 1 & 1 \\ 0 & 1 & 2 & 3 & 4 \\ 0 & 0 & -4 & -6 & -8 \\ 0 & 0 & -6 & -9 & -12 \end{pmatrix}$$

$$A^{(3)} = \begin{pmatrix} 1 & 1 & 1 & 1 & 1 \\ 0 & 1 & 2 & 3 & 4 \\ 0 & 0 & -4 & -6 & -8 \\ 0 & 0 & 0 & 0 & 0 \end{pmatrix}$$

Also hat die Matrix den Rang 3.

2. Es ergibt sich durch Abziehen der Zeile 1 von allen anderen Zeilen der Matrix

$$\mathbf{B} = \begin{pmatrix} 1-p & p & p \; \cdots & p \\ 2p-1 & 1-2p & 0 \; \cdots & 0 \\ 2p-1 & 0 & & \vdots \\ \vdots & & & 0 \\ 2p-1 & 0 & \ldots \; 0 & 1-2p \end{pmatrix}$$

und weiter durch Division von Zeile $i > 1$ durch $1-2p$ und Abziehen des p-fachen von Zeile 1

$$\mathbf{C} = \begin{pmatrix} 1+(n-2)p & 0 & 0 \; \ldots & 0 \\ 2p-1 & 1-2p & & \vdots \\ \vdots & & & 0 \\ 2p-1 & 0 \; \ldots & 0 & 1-2p \end{pmatrix}$$

Für $1-2p=0$ hat die Matrix den Spaltenrang (und damit den Rang) 1. Für $1+(n-2)p=0$ hat die Matrix den Rang $n-1$. Für $1-2p \neq 0$ und $1+(n-2)p \neq 0$ hat die Matrix den vollen Rang n.

Abschnitt 4.5. (Ergebnisse des Gaußschen Algorithmus)

1.1. Das Gleichungssystem

$$\mathbf{Xb} = \mathbf{y}$$

besitzt mindestens eine Lösung, wenn

$$\text{Rang}(\mathbf{X}) = \text{Rang}(\mathbf{X}, \mathbf{y}).$$

Für $T \leqq K$ und Rang $(\mathbf{X}) = T$ (d. h. die Gleichungen sind unabhängig) ist diese Rangbedingung erfüllt.

Für $T > K$ und Rang $(\mathbf{X}) = K$ (d. h. die Regressoren sind linear unabhängig) ist obige Rangbedingung im allgemeinen nicht erfüllt, wenn **y** ein zufälliger Vektor ist.

1.5. Aus (2) und (3) folgt, daß die Normalgleichungen immer eine Lösung besitzen.

Lösungen der Aufgaben zu Kapitel 5 (Die Matrixinversen)

1. Es folgt aus

$$\mathbf{A}\mathbf{X} = \mathbf{I}_3$$

$$\mathbf{X} = \begin{pmatrix} 3 & -5/2 & 1/2 \\ -3 & 4 & -1 \\ 1 & -3/2 & 1/2 \end{pmatrix}$$

2. Es ist

$$\mathbf{A}\mathbf{B} = \begin{pmatrix} 1 & 0 \\ 0 & 1 \end{pmatrix}$$

Die Matrix **B** bezeichnen wir nicht als die Inverse von **A**, da wir nur für quadratische Matrizen die Inverse definiert haben.

3. Es gilt

$$(\mathbf{A}\mathbf{B})^{-1} = \mathbf{B}^{-1}\mathbf{A}^{-1}$$

und

$$\mathbf{A}^{-1} = \begin{pmatrix} 1 & 0 & 0 \\ -2 & 1 & 0 \\ 4 & -3 & 1 \end{pmatrix}, \mathbf{B}^{-1} = \begin{pmatrix} 1 & -2 & 2 \\ 0 & 1 & -2 \\ 0 & 0 & 1 \end{pmatrix}$$

Lösungen der Aufgaben zu Kapitel 6 (Die Determinante)

1. Es ergibt sich

$$\det \mathbf{A} = 1(-16) - 1(0) + 1(16) - 1(8) = -8$$

2. Es ergibt sich mit Hilfe des Gaußschen Algorithmus

$$\mathbf{A}^{(3)} = \begin{pmatrix} 1 & 1 & 1 & 1 \\ 0 & 1 & 2 & 3 \\ 0 & 0 & 2 & 6 \\ 0 & 0 & 0 & -4 \end{pmatrix}$$

und damit

$$\det \mathbf{A} = 1 \cdot 1 \cdot 2(-4) = -8$$

3. Es gilt

$$\det \mathbf{A} = (1 + (n-2)p)(1-2p)^{n-1}$$

Für $1 + (n-2)p \neq 0$ und $(1-2p) \neq 0$ ist $\det \mathbf{A} \neq 0$ also **A** invertierbar.

4. Es sei P das durch $\mathbf{a}_1$, $\mathbf{a}_2$ und $\mathbf{a}_3$ aufgespannte Parallelogramm. Das Volumen

von P wird dann und nur dann zu Null, wenn die drei Vektoren in einer Ebene liegen. Genau dann, wenn das Volumen zu Null wird, gilt:

$$\det\begin{pmatrix} \mathbf{a}_1 \\ \mathbf{a}_2 \\ \mathbf{a}_3 \end{pmatrix} = 0$$

d. h. die drei Vektoren sind genau dann linear abhängig.

5.1. Es sei $\mathbf{B}^{(k)}$ bzw. $\mathbf{C}^{(k)}$ die obere Dreiecksmatrix,die aus **B** bzw. **C** durch elementare Zeilenoperationen resultiert. Dann resultiert die obere Dreiecksmatrix

$$\begin{pmatrix} \mathbf{B}^{(k)} & \mathbf{0} \\ \mathbf{0} & \mathbf{C}^{(k)} \end{pmatrix}$$

aus **A** genau so durch elementare Zeilenoperationen. Das Ergebnis folgt dann daraus, daß für eine obere Dreiecksmatrix gilt: Die Determinanten ist gleich dem Produkt der Hauptdiagonalelemente.

5.2. Falls **B** singulär ist, sind die ersten n Zeilen von **B** und von **A** linear abhängig, d. h. det **A** = 0 und det **B** = 0. Also gilt für diesen Fall die Beziehung.
Falls **B** regulär ist, multiplizieren wir **A** von links mit der Matrix

$$\begin{pmatrix} \mathbf{I}_n & \mathbf{0} \\ -\mathbf{C}\mathbf{B}^{-1} & \mathbf{I}_m \end{pmatrix}$$

Es resultert dann die „Diagonalmatrix"

$$\begin{pmatrix} \mathbf{B} & \mathbf{0} \\ \mathbf{0} & \mathbf{D} \end{pmatrix},$$

die sich aus **A** auch durch elementare Zeilenoperationen ergibt. Daraus folgt dann die Beziehung auch für diesen Fall.

5.3. Durch die Multiplikation mit

$$\begin{pmatrix} \mathbf{I}_n & \mathbf{0} \\ \mathbf{0} & \mathbf{E}^{-1} \end{pmatrix}$$

von links ergibt sich die Matrix

$$\mathbf{F} = \begin{pmatrix} \mathbf{B} & \mathbf{C} \\ \mathbf{E}^{-1}\mathbf{D} & \mathbf{I}_m \end{pmatrix}$$

Weiter ergibt sich durch Multiplikation mit

$$\begin{pmatrix} \mathbf{I}_n & -\mathbf{C} \\ \mathbf{0} & \mathbf{I}_m \end{pmatrix}$$

von links die Matrix

$$\mathbf{G} = \begin{pmatrix} \mathbf{B} - \mathbf{C}\,\mathbf{E}^{-1}\mathbf{D}, & \mathbf{0} \\ \mathbf{E}^{-1}\mathbf{D}, & \mathbf{I}_m \end{pmatrix}$$

Schließlich ergibt sich

$$\det \mathbf{E}^{-1} \det \mathbf{A} = \det \mathbf{F} = \det \mathbf{G} = \det (\mathbf{B} - \mathbf{C}\,\mathbf{E}^{-1}\mathbf{D})$$

Also gilt

$$\det \mathbf{A} = \det \mathbf{E} \det (\mathbf{B} - \mathbf{C}\mathbf{E}^{-1}\mathbf{D})$$

Für eine (2,2)-Matrix

$$\mathbf{A} = \begin{pmatrix} b & c \\ d & e \end{pmatrix}$$

ergibt sich

$$\det \mathbf{A} = \det e \det (b - ce^{-1}d) = be - cd$$

Lösungen der Aufgaben zu Kapitel 7 (Grundelemente der Geometrie)

Abschnitt 7.1. (Geometrie in der Ebene)

1. Die Geradendarstellung lautet

$$\mathbf{x} = (1,1) + t\,(0,1)$$

2. Die beiden Geraden haben die Darstellung

$$\mathbf{x} = (1,1) + t\,(0,1)$$

bzw.

$$\mathbf{x} = (1,0) + t\,(-1,1)$$

Daraus folgt

$$x_1 = 1,\ x_2 = 1 + t \quad \text{d.h.} \quad x_1 = 1 \quad \text{und} \quad x_2 \quad \text{beliebig}$$

bzw.

$$x_1 = 1 - t,\ x_2 = t, \quad \text{d.h.} \quad x_2 = 1 - x_1$$

Der gemeinsame Schnittpunkt lautet: (1,0).

3. Die Geradendarstellung der Geraden durch die beiden Punkte lautet

in der Parameterdarstellung

$$\mathbf{x} = (1,0) + t(-1,1)$$

Daraus folgt

$$x_1 = 1 - t \quad \text{und} \quad x_2 = t$$

und durch Elimination von t

$$x_1 + x_2 = 1$$

Daraus folgt die Hessesche Normalform

$$(1/\sqrt{2}, 1/\sqrt{2})\mathbf{x}' = 1/\sqrt{2}.$$

Also ist der Vektor $(1/\sqrt{2}, 1/\sqrt{2})$ senkrecht zu dieser Geraden, und die gesuchte Gerade hat die Darstellung:

$$\mathbf{x} = t(1/\sqrt{2}, 1/\sqrt{2}).$$

Abschnitt 7.2. (Geometrie im dreidimensionalen Raum)

1. Die Geradendarstellung lautet in der Parameterdastellung

$$\mathbf{x} = (1,1,1) + t(0,0,-1).$$

2. Die zur Ebene senkrechte Gerade enthält alle Punkte, deren Vektoren Vielfache von (1, 1, 1) sind. Daher steht der normierte Vektor

$$\mathbf{p}' = (1/\sqrt{3}, 1/\sqrt{3}, 1/\sqrt{3})$$

senkrecht zur Ebene E.
Also lautet die Darstellung in der Hesseschen Normalform

$$\mathbf{p}'\mathbf{x} = 1.$$

3. Die Geradendarstellung lautet

$$\mathbf{x} = t(1,1,1),$$

und die Ebenendarstellung

$$1/\sqrt{3}x_1 + 1/\sqrt{3}x_2 + 1/\sqrt{3}x_3 = 1$$

Eliminieren wir in der Geradendarstellung t, so ergibt sich

$$x_1 = x_2 = x_3$$

Wir haben also das folgende lineare System zu lösen

$$\begin{array}{llll} 1/\sqrt{3}x_1 + 1/\sqrt{3}x_2 + 1/\sqrt{3}x_3 & = 1 \\ x_1 \quad - x_2 & = 0 \\ \qquad x_2 \quad - x_3 & = 0 \end{array}$$

Die Lösung lautet: $x_1 = 1/\sqrt{3}, x_2 = 1/\sqrt{3}, x_3 = 1/\sqrt{3}$.

Abschnitt 7.3. (Geometrie im $\mathbb{R}^n$, n > 3)

1. Es ergibt sich für den Winkel φ zwischen $\mathbf{e}_1$ und $\mathbf{e}_2$: $\cos\varphi = \mathbf{e}_1'\mathbf{e}_2 = 0$

$$\Rightarrow \varphi = 90 \text{ oder } \varphi = 270$$

Dabei hängt es von der Richtung der Vektoren ab, ob $\varphi = 90$ bzw. $\varphi = 270$. Analoges gilt für die anderen Vektoren.

2. $$|\mathbf{a}| = \sqrt{1+4+4+9} = \sqrt{18}$$
$$|\mathbf{b}| = \sqrt{4+1+9} = \sqrt{14}$$

3. Die Koeffizientenmatrix lautet

$$\mathbf{A} = \begin{pmatrix} 1 & 1 & 1 & 1 \\ 1 & -1 & 0 & 0 \\ 1 & 1 & 0 & 0 \end{pmatrix}$$

Es ergibt sich

$$\mathbf{A}^{(1)} = \begin{pmatrix} 1 & 1 & 1 & 1 \\ 0 & -2 & -1 & -1 \\ 0 & 0 & -1 & -1 \end{pmatrix}$$

Daraus folgt, daß der Rang von **A** drei ist, d. h. die Menge der gemeinsamen Punkte ergibt eine Gerade.

Abschnitt 7.4. (Koordinatentransformationen)

1. Durch die Verschiebung wird aus dem Vektor **x** der Vektor

$$\mathbf{z} = \mathbf{x} - (1,1).$$

Durch die Drehung wird aus dem Vektor **z** der Vektor **y** mit

$$y_1 = -z_2, y_2 = z_1$$

Insgesamt resultiert

$$y_1 = -x_2 + 1, y_2 = x_1 - 1$$

Abschnitt 7.5. (Lineare Transformationen)

1. Die Transformation lautet

$$y_1 = -x_1, y_2 = x_2$$

2. Die Transformation lautet

$$y_1 = x_1$$

und $y_2 = y_1 = x_1$.

3. Nur die erste ist linear.
4. $\mathbf{y}_1 = (1,2)$, $\mathbf{y}_2 = (2,3)$ und $\mathbf{y}_3 = (0,0)$.

Lösungen der Aufgaben zu Kapitel 8 (Das Eigenwertproblem)

Abschnitt 8.1. und 8.2. (Grundbegriffe und Matrizen einfacher Struktur)

1. $\lambda_1 = -2, \lambda_2 = 4$

$$\mathbf{x}_1' = (1/\sqrt{2}, -1/\sqrt{2}), \mathbf{x}_2' = (1/\sqrt{2}, 1/\sqrt{2})$$

2. Wir betrachten die Matrix

$$\mathbf{A} - \lambda \mathbf{I}_m,$$

die von analoger Struktur ist, wie die Matrix **A** in Übung 2 zu Abschnitt 4.4. Auf dieselbe Weise bringen wir diese Matrix auf die folgende Gestalt

$$\begin{bmatrix} -\lambda + (m-1)p & 0 & 0 & \dots & 0 \\ \lambda + p & -\lambda - p & 0 & \dots & 0 \\ \vdots & & & & \vdots \\ & & & & 0 \\ \lambda + p & 0 & \dots & 0 & -\lambda - p \end{bmatrix}$$

Daraus resultiert das charakteristische Polynom

$$P(\lambda) = (-\lambda - p)^{m-1}(-\lambda + (m-1)p)$$

mit den beiden Wurzeln

$\mu_1 = (m-1)p$ mit der Vielfachheit 1 und

$\mu_2 = -p$ mit der Vielfachheit $m-1$.

Der Eigenvektor $\mathbf{x}_1$ zu μ_1 lautet (nicht normiert)

$$\mathbf{x}'_i = (1, 1, 1, \dots, 1),$$

und zu μ_2 gibt es die $m-1$ Eigenvektoren $\mathbf{x}_2, \dots, \mathbf{x}_m$, wobei jeder dieser Vektoren an der ersten Stelle eine 1 und der Vektor $\mathbf{x}_i$ an der Stelle i eine -1 stehen hat. Die m Eigenvektoren sind linear unabhängig.

3. Es gilt

$$\mathbf{A} = \mathbf{X}\Lambda\mathbf{X}^{-1}$$

und daraus folgt

$$\mathbf{A}^{-1} = \mathbf{X}\Lambda^{-1}\mathbf{X}^{-1}$$

Dabei ist Λ^{-1} diagonal mit den zu Λ reziproken Diagonalelementen.

Lösungen der Aufgaben zu Kapitel 9 (Quadratische Formen)

1. Die Matrix **A** lautet

$$\mathbf{A} = \begin{pmatrix} 1 & -1 \\ -1 & 1 \end{pmatrix} \quad \text{bzw.} \quad \mathbf{A} = \begin{pmatrix} 4 & 4 \\ 4 & 1 \end{pmatrix} \quad \text{bzw.} \quad \mathbf{A} = \begin{pmatrix} 1 & \frac{1}{2} \\ \frac{1}{2} & 1 \end{pmatrix}$$

2. Der Ausdruck

$\mathbf{x}'\mathbf{A}\mathbf{x}$ läßt sich schreiben als $\mathbf{x}'\mathbf{B}\mathbf{B}'\mathbf{x} = \mathbf{z}'\mathbf{z} = \sum z_i^2$
mit $\mathbf{z} = \mathbf{B}'\mathbf{x}$ und wird daher nie negativ.
Weiter folgt aus der Beziehung
$\mathbf{x}'\mathbf{A}\mathbf{x} = 0$ die Beziehung
$\mathbf{x}'\mathbf{B}\mathbf{B}'\mathbf{x} = 0$ bzw. $\mathbf{B}'\mathbf{x} = \mathbf{0}$.
Da aber **A** regulär ist muß **B** auch regulär sein, da Rang $\mathbf{A} \leqq$ Rang **B**.
Wenn aber **B** regulär ist, so folgt aus $\mathbf{B}'\mathbf{x} = \mathbf{0}$ die Beziehung $\mathbf{x} = \mathbf{0}$. Also folgt aus $\mathbf{x}'\mathbf{A}\mathbf{x} = \mathbf{0}$ die Beziehung $\mathbf{x} = \mathbf{0}$. Daher ist **A** positiv definit.

3. **A** ist von einfacher Struktur, da **A** symmetrisch ist. Daraus folgt die Darstellung

$$\mathbf{A} = \mathbf{X}\Lambda\mathbf{X}'$$

Definieren wir $\Lambda^{\frac{1}{2}}$ als die Diagonalmatrix, welche als Hauptdiagonalelemente die Wurzeln aus den Hauptdiagonalelementen von Λ hat, so ergibt sich mit $\mathbf{P} = \mathbf{X}\Lambda^{\frac{1}{2}}$ die Behauptung. Man beachte, daß die Eigenwerte von **A** reell und nichtnegativ sind.

Stichwortverzeichnis

(Die Zahlen verweisen auf die Seiten)

www.ingramcontent.com/pod-product-compliance
Lightning Source LLC
Chambersburg PA
CBHW031439180326
41458CB00002B/596